Grohmann · Papendieck · Westphal-Nagel

Automatisierungstechnik mit dem TIA-Portal

Programmierprojekte für die berufliche Aus- und Weiterbildung

ISBN 978-3-96901-010-5

EPV

Bibliografische Information der Deutschen Bibliothek:
Die Deutsche Bibliothek verzeichnet diese Publikation in der Deutschen Nationalbibliografie;
detaillierte bibliografische Daten sind im Internet über **http://dnb.ddb.de** abrufbar.

ISBN 978-3-96901-010-5

E-Mail: info@epv-verlag.de
Web: www.epv-verlag.de

Hinweise zur Simatic-Software als Unterrichts- bzw. Lerngegenstand:

Für die Simatic-Software gibt es über die Laufzeit von 365 Tagen Studenten-Lizenzen. Ist in einer Bildungseinrichtung die Simatic-Software Gegenstand des Unterrichts, haben die teilnehmenden Lernenden die Möglichkeit, über ihre Bildungseinrichtung meist gegen einen geringen Kostenbeitrag Studenten-Lizenzen zu erwerben.

Für **»STEP 7 Professional, PLCSIM, Safety und WinCC Advanced und WinCC Unified TRIAL V16«** im Totally Integrated Automation Portal (TIA-Portal) gibt es einen Download unter:

► **https://support.industry.siemens.com/cs/ww/de/view/109772803**

Für **»WinCC Advanced Runtime TRIAL V16«** im Totally Integrated Automation Portal (TIA-Portal) gibt es einen Download unter:

► **https://support.industry.siemens.com/cs/ww/de/view/109772878**

Folgende Betriebssysteme unterstützen die Trial/DEMO SW:
Windows 10 (64-bit) Professional, Enterprise Version 1903

Weitere Informationen zum TIA-Portal finden Sie unter:

► **https://support.industry.siemens.com/cs/ww/de/view/65601780**

Weitere Informationen zu Siemens Automation Cooperates with Education erhalten Sie im Internet unter:

► **https://www.siemens.de/sce**

Vorwort

Das **TIA-Portal** für die SIMATIC Familie ist das Engineering Tool für die etablierten Steuerungen S7-1200 und S7-1500 sowie die älteren Steuerungen S7-300/400. TIA-Portal steht für Totally Integrated Automation Portal und stellt eine einheitliche Arbeitsumgebung für SPS-Steuerungen, Antriebe und Systeme zum Bedienen und Beobachten zur Verfügung. In ihm werden alle Möglichkeiten einer modernen, normgerechten und strukturierten Programmierung nach **IEC-61131** zur Verfügung gestellt. Dadurch ist eine Bibliotheksfähigkeit und die damit verbundene Wiederverwendbarkeit der einmal geschriebenen Programme gegeben.
Es stehen unterschiedliche Programmiersprachen zur Verfügung. Mittels der Funktionsbausteinsprache **FUP** lassen sich kombinatorische und gut wartbare Bausteine, mit dem hochsprachenähnlichen **SCL** komplexe Algorithmen und mathematische Funktionen und mit **GRAPH** Ablaufsteuerungen programmieren.
In diesem Arbeitsheft werden jeweils mit einem Grundlagen- und einem Vertiefungsprojekt folgende Inhalte IEC-konform vermittelt:

- Mit den kombinatorischen Projekten **>Kühlhaussteuerung<** und **>Schleuse Brunsbüttel<** werden die programmtechnischen Grundlagen gelegt. RS-Tabellen dienen dabei als strukturgebende Planungshilfe. Es wird der sinnvolle Einsatz von Multiinstanzen erfahren, um diese Programme in **FUP** zu realisieren.
- Die Projekte **>Belastungs-Test<** und **>Filterprüfstand<** sind Ablaufsteuerungen und werden mit der genormten Spezifikationssprache **GRAFCET** beschrieben. Die so geplanten Abläufe werden mit **GRAPH,** der Programmiersprache für Schrittketten umgesetzt. Ausgehend von linearen Ketten werden die Projekte Schritt für Schritt erweitert bis zu komplexen, zwangsgesteuerten Ketten.
- In den beiden Projekten **>Motor-Generator-Anlage<** und **>Luftstromregelung<** werden Inhalte zu den Themen Analogwertverarbeitung und Regelungstechnik erarbeitet und programmiert. Hierbei kommen neben fertigen Technologiefunktionen, wie PID-Compact, auch Programmteile mit **SCL** zum Einsatz.

Alle Automatisierungsprojekte sind strukturiert angelegt. Die einzelnen Kapitel führen den Lernenden bei seiner Programmierarbeit anhand von Beschreibungen und Screenshots durch die Fachthematik. Der Umgang mit dem TIA-Portal wird dabei ebenso unterstützt wie das konsequente Anwenden von IEC-61131-konformen S7-Programmelementen. Für die Programmvisualisierung steht jeweils eine virtuelle Anlage mit Simulationsbaustein und einer WinCC-Advanced-Runtime zur Verfügung.

Die hierfür erforderlichen Runtime-Versionen und die Simatic-Funktionsbausteine für die virtuellen Anlagen stehen zur Verfügung unter:

https://www.epv-verlag.de/automatisierung/virtuelle-Anlagen-TIA.zip

Schleswig-Holstein im November 2020
Peter Westphal-Nagel, Dirk Papendieck, Siegfried Grohmann

Inhaltsverzeichnis

Projekt Kühlhaussteuerung

Projekt Schleuse Brunsbüttel

Projekt Belastungs-Test

Projekt Filterprüfstand

Projekt Luftstrom-Regelung

Virtuelle Anlagen einbinden

Troubleshooting

SIEMENS
Ingenuity for life
SIEMENS
Global Industry Partner of WorldSkills International
worldskills
Lehren leicht gemacht
Umfassende Angebote für Lehrende zur Industrie 4.0 Transformation
Die Digitalisierung stellt Lehrende vor die Herausforderung, Industrie 4.0-Wissen in Lehre und Ausbildung zu vermitteln. Das Programm Siemens Automation Cooperates with Education (SCE) unterstützt Lehrende und Ausbilder/-innen bei der Wissensvermittlung auf dem Weg zu Industrie 4.0.
siemens.de/sce

Projekt Kühlhaussteuerung
unter Berücksichtigung von Energieeffizienz-Aspekten

Einleitung

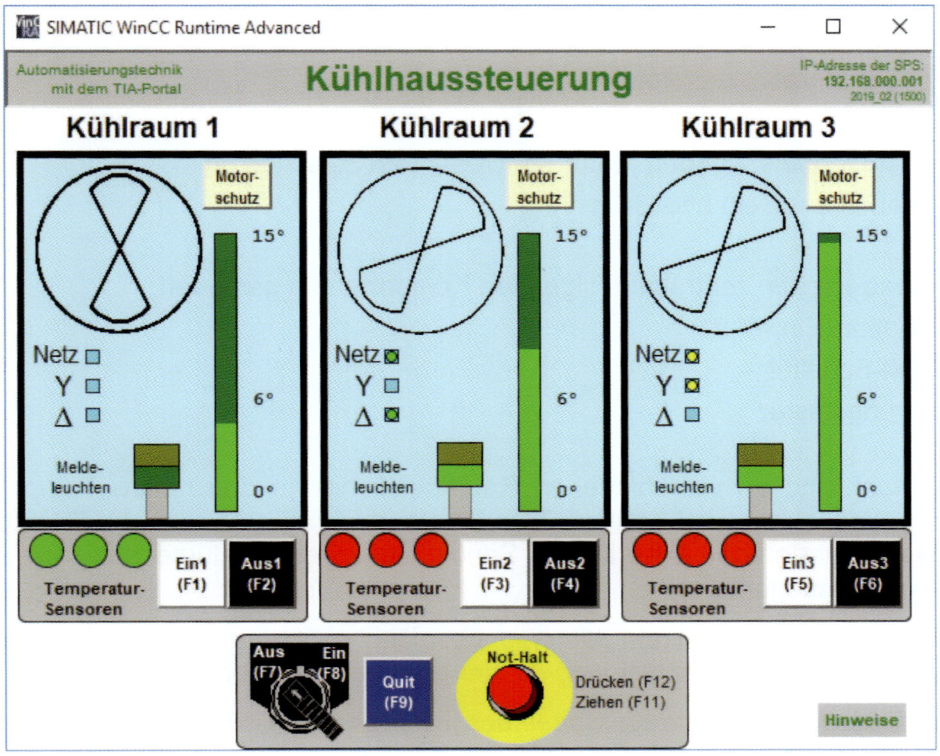

Dieses Projekt ist zum Einstieg in die S7-Welt gedacht. Das Automatisierungsprojekt „Kühlhaussteuerung" wird mit grundlegenden kombinatorischen Verknüpfungen mit dem TIA-Portal programmiert. Dabei sollen folgende Programmierkenntnisse in diesem Automatisierungsprojekt in strukturierten Abschnitten erarbeitet werden:

- Das Konfigurieren der Hardware einer S7-1500-Station
- Das Anlegen von PLC-Variablen
- Das Erstellen und Programmieren von Funktionen, Funktionsbausteinen mit Instanzdatenbaustein und eines Organisationsbausteins
- Das Benutzen von globalen und lokalen Daten
- Das Nutzen von Multiinstanzen bei Funktionsbaustein-Aufrufen
- Das Verwenden des IEC-Timers TON
- Das Arbeiten mit binären Funktionen
- Das Arbeiten mit Zuweisungen, mit Flanken und mit Taktmerkern

Für die Anlagenvisualisierung steht eine WinCC-Advanced - Runtime in verschiedenen Versionen (V14, V14SP1, V15, V15.1, V16) zur Verfügung.

Die Screenshots wurden mit dem TIA-Portal V15.1 gemacht.

Hinweis: Das Programm lässt sich auch auf einer S7-300 programmieren. Der Hauptunterschied ist der Simulator. Er ist deutlich einfacher und stammt aus der Step7-Welt. **Für die 300er sind andere WinCC-Advanced - Runtimes notwendig!**

Die Programmbeschreibung des Projektes Kühlhaussteuerung

Ein Kühlhaus soll mit einer PLC automatisiert werden. Das Kühlhaus besteht aus mehreren - in diesem Fall aus 3 - einzelnen Kühlräumen.

Jeder Kühlraum ist mit den folgenden Komponenten ausgestattet:

- 2 Taster: Ein und Aus
- 3 binäre Temperatursensoren
- 1 Kühlaggregat, dessen Drehstrommotor im Y–Δ–Anlauf gestartet werden muss
- 1 Motorschutzrelais, um den Motor vor Überstrom zu schützen
- 2 Meldeleuchten: Gelb und Grün

Alle Kühlräume werden zentral mit folgenden Komponenten gesteuert:

- 1 Umschalter (Ein – Aus)
- 1 Not-Halt-Schalter
- 1 Quittierungstaster

In jedem Kühlraum sind an verschiedenen Raumpositionen je drei binäre Temperatursensoren montiert. Wenn mindestens zwei der drei Temperatursensoren eine zu hohe Temperatur melden (="1"), soll das Kühlaggregat anspringen. Spricht kein Temperatursensor mehr an, soll das Kühlaggregat wieder ausgehen.

Die Drehstrommotoren sind mittels Motorschutzrelais gesichert und werden im Y–Δ–Anlauf angelassen. Der eingeschaltete Motor wird mit der grünen Meldeleuchte angezeigt.

Das Auslösen eines Motorschutzrelais oder das Betätigen des Not-Halt werden mit der gelben Meldeleuchte signalisiert und müssen quittiert werden, bevor die Anlage wieder in Betrieb gehen kann.

Um das Stromnetz möglichst gleichmäßig zu belasten und Stromspitzen zu vermeiden

- dürfen nicht mehr als 2 Motoren gleichzeitig laufen.
- darf nur ein Motor gleichzeitig angelassen werden. Solange sich ein Motor im Stern-Betrieb befindet, darf kein weiterer Motor angelassen werden.

Ein neues Projekt erstellen

Über das gestartete **TIA-Portal** kann ein **neues Projekt** angelegt werden:
Projektname und **Pfad** festlegen, dann **Erstellen** anklicken und das Projekt wird angelegt.

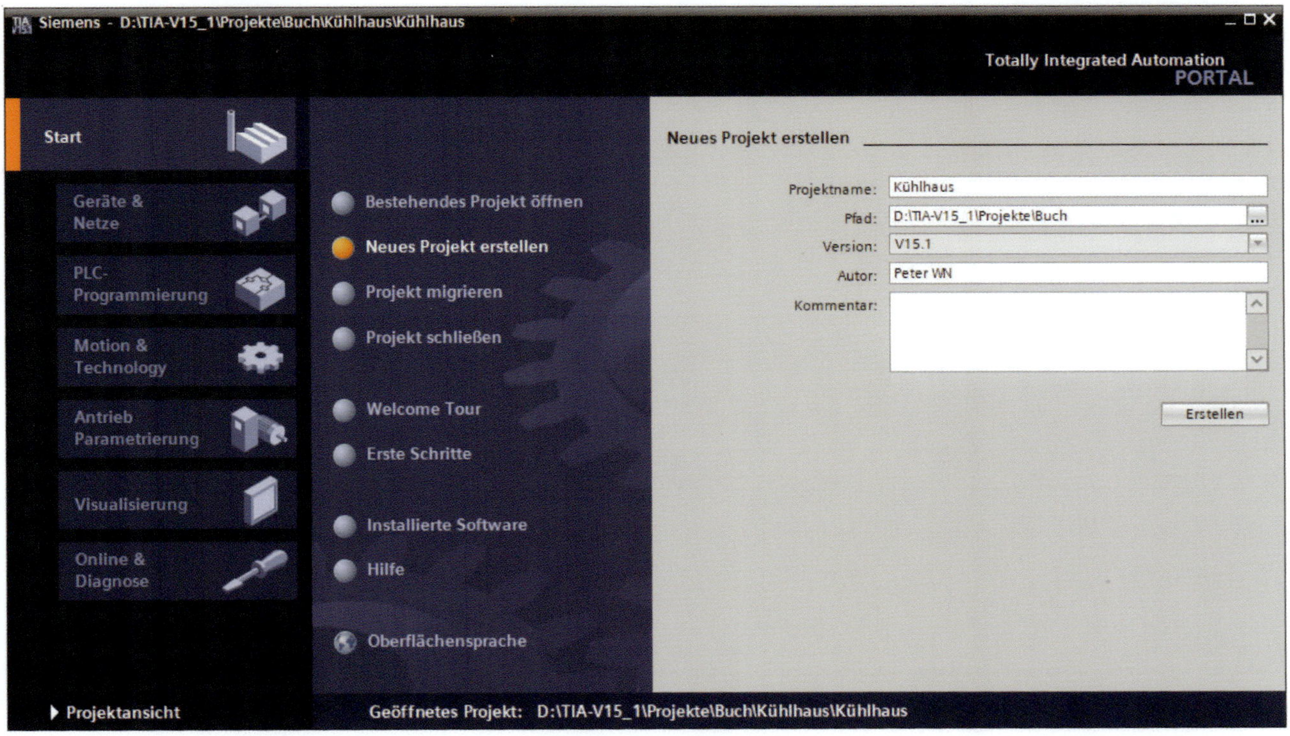

In der Portal-Ansicht unter dem Punkt "**Erste Schritte**" den Schritt "**Ein Gerät konfigurieren"** anklicken.

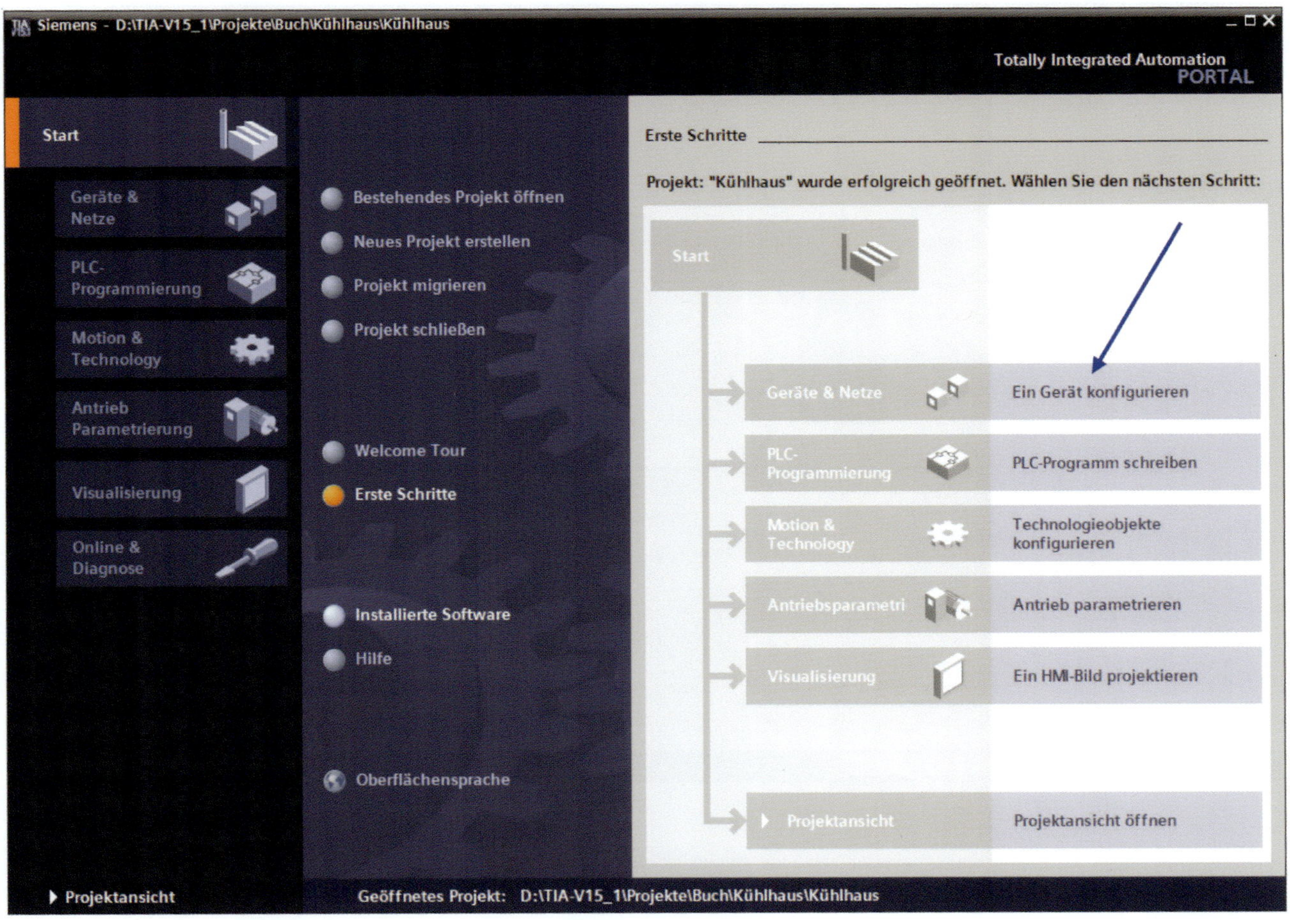

Als nächstes ein **"Neues Gerät hinzufügen"** anklicken, Controller anwählen und die CPU auswählen:

Evtl. muss auch noch die **Version** ausgewählt werden!

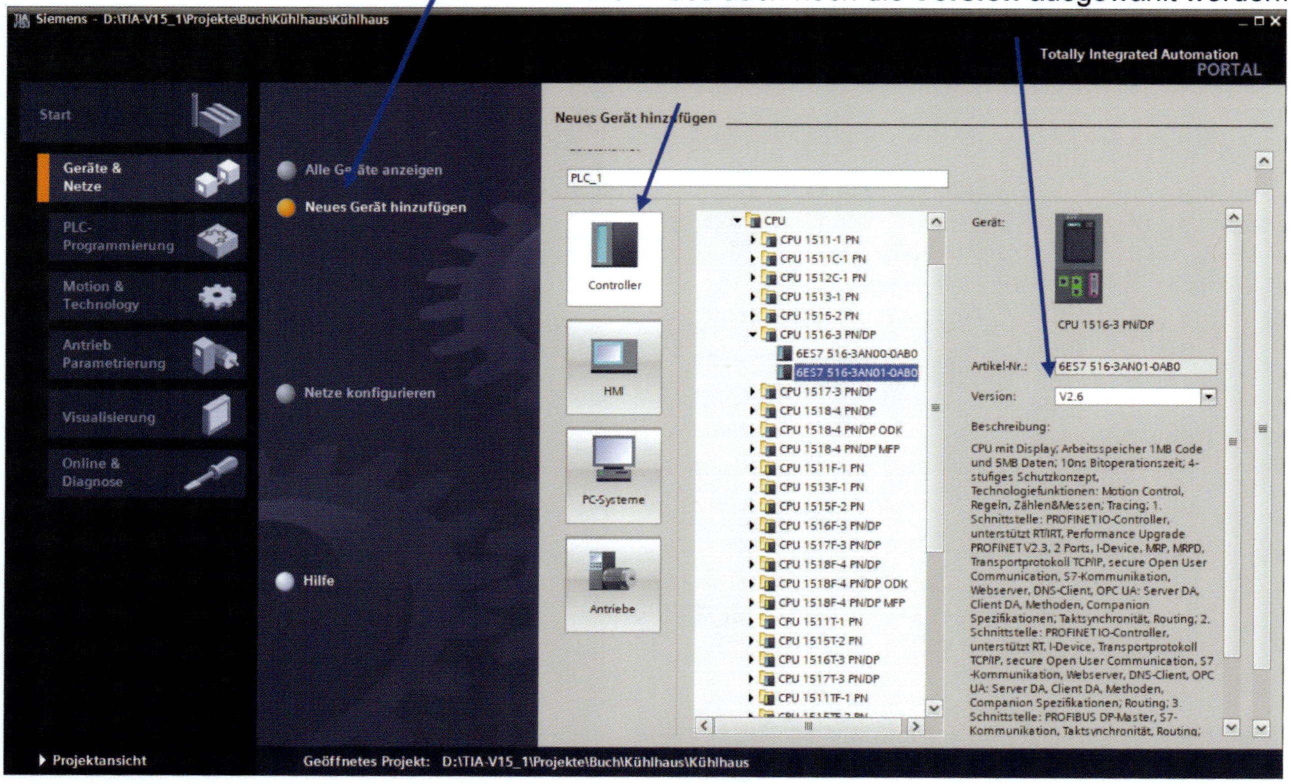

Durch Doppelklick auf die CPU öffnet sich die **Projektansicht**:

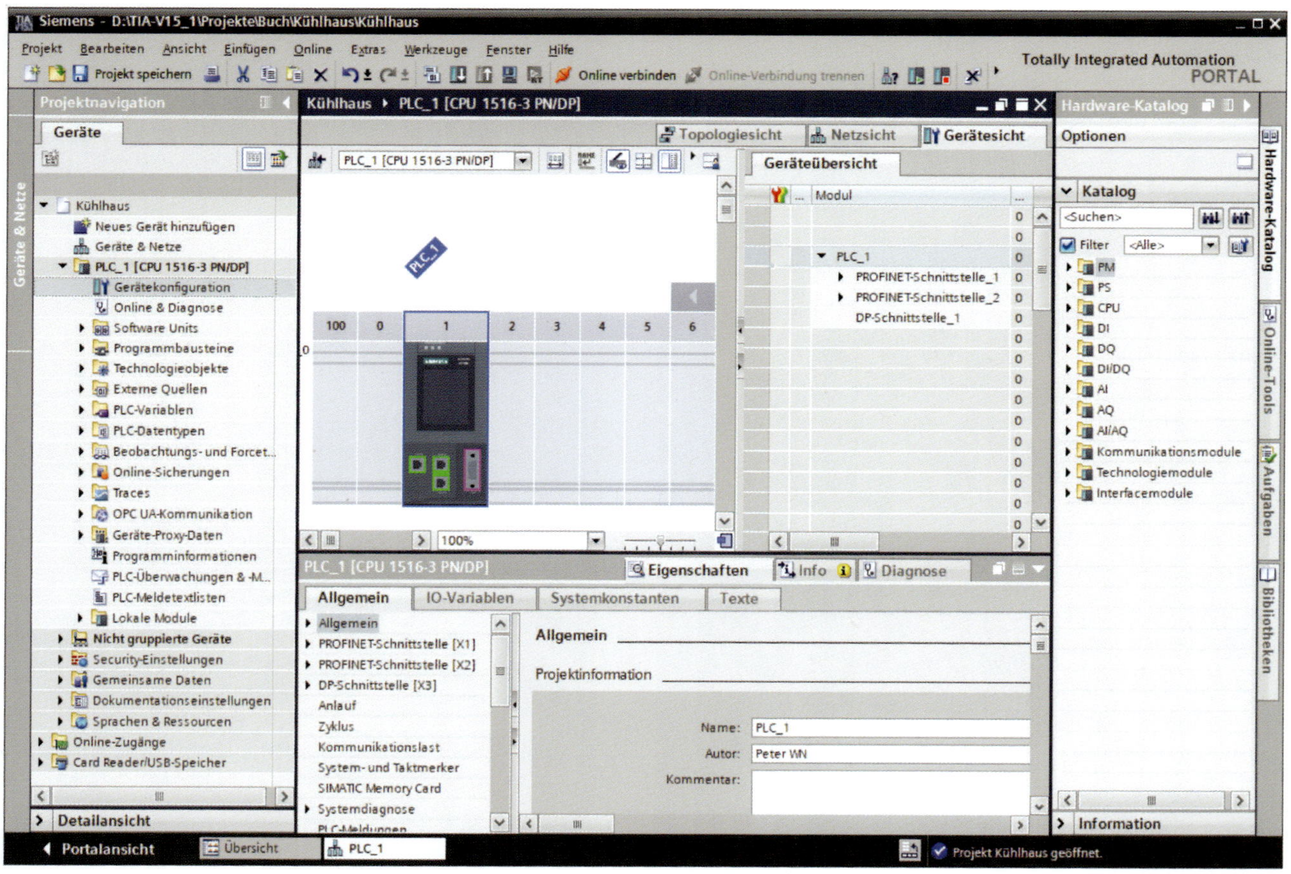

Aus dem Katalog auf der rechten Seite können nun die verbauten Baugruppen ausgewählt und auf die Steckplätze gezogen werden:

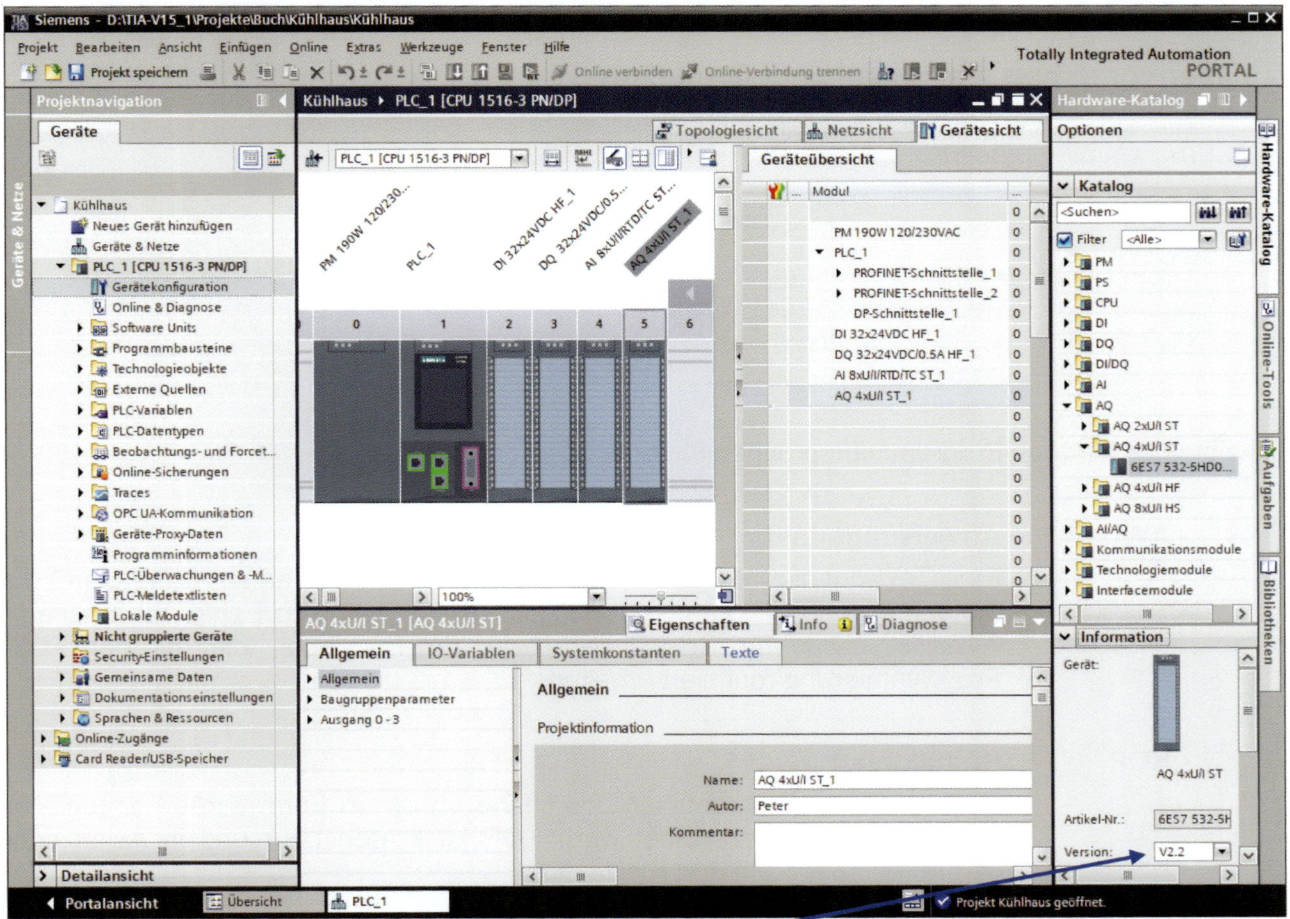

Auch hier muss evtl. die entsprechende **Version der Baugruppe** ausgewählt werden!

Auf dem Steckplatz 0 (links neben der CPU) liegt das Powermodul.

Es folgt ein sehr wichtiger Hinweis:

Das TIA-Portal **speichert** während der Arbeit **NICHT automatisch** ab. Erst beim Schließen des Programms fragt es nach!

➔ **Fazit**: Man sollte sich angewöhnen, **regelmäßig** den Button **"Projekt speichern"** anzuklicken!!

Die Baugruppen und die CPU können noch parametriert werden. Je nachdem, was in dem mittleren Fenster markiert ist, können im unteren Bereich unter der Registerkarte "Eigenschaften" die Parameter geändert werden.

Die ersten Schritte

... auf dem Weg zur strukturierten Programmierung

.... aber vorab erst einmal ein paar Grundlagen:

PLC-Programmiersprachen

Ein PLC-Programm besteht aus logischen Verknüpfungen, die alle nacheinander und sehr schnell zyklisch abgearbeitet werden. Alle „paar Millisekunden" werden die Anweisungen durchlaufen.

Es gibt verschiedene Programmiersprachen für ein PLC-Programm:

- **AWL** **Anweisungs-Liste**:
  Eine Text-orientierte Sprache, die sehr an Assembler erinnert. Sie bietet die umfangreichsten Programmier-Möglichkeiten (auch um Fehler zu machen). AWL ist etwas für Spezialisten bzw. für Fachleute, die mit der PLC-Programmierung routiniert arbeiten.

- **KOP** **Kontaktplan**:
  Eine grafische Programmier-Oberfläche, in der in Form eines horizontalen Stromlaufplanes gezeichnet wird. KOP ist in den USA und in Asien sehr verbreitet, aber auch dort rückläufig.

- **FUP** **Funktionsplan:**
  Eine grafische Programmier-Oberfläche, die mit Logiksymbolen (UND, ODER, NICHT, ...) arbeitet. Sie ist in Europa weit verbreitet. Diese Programmiersprache ist nach IEC 61131 genormt und hat die offizielle Bezeichnung **FBS** (**Funktionsbausteinsprache**).

- **SCL** **Structured Control Language**:
  Eine PASCAL- bzw. C-nahe Programmiersprache, deren Verbreitung stark zunimmt.

- **GRAPH** **Grafische Programmiersprache**:
  Sie wird für Ablaufsteuerungen eingesetzt.

- **CFC** **Continuous Function Chart**:
  Grafische Verschaltung von Bausteinen und Signalen durch festgelegte Ablaufeigenschaften. (PCS7 wird von TIA z.Zt. noch nicht unterstützt)

Strukturierte Programmierung

Es werden drei verschiedene **Strukturarten** unterschieden:

- **lineares Programm:**
  Alle Anweisungen / logische Verknüpfungen werden hintereinander geschrieben. Das Ergebnis sind lange, unübersichtliche Programme. Es wird überwiegend mit absoluten Adressen / Variablen (Eingänge, Ausgänge, Merker) gearbeitet.
  Diese Methode ist bestenfalls für Mini-Programme anwendbar, auf keinen Fall empfehlenswert!

- **gegliedertes Programm:**
  Funktionell zusammengehörende Anweisungen werden in Bausteinen zusammengefasst. Diese werden nach Bedarf bearbeitet. Ein Datenaustausch zwischen den Programm-Teilen findet nicht statt. Auch hier wird überwiegend mit absoluten Adressen / Variablen gearbeitet.

- **strukturiertes Programm:**
  Einer der wichtigsten Punkte in einem Programmiersystem ist die Möglichkeit, ein größeres Programm in überschaubare und universell nutzbare Einheiten zu unterteilen. Einzelne Programmfunktionen werden dabei in Programmbausteinen zusammengefasst. Diese Bausteine werden bei Bedarf in einem Programm auch mehrfach verwendet (z.B. der Y-Δ-Anlauf bei mehreren Drehstromantrieben).

  Die Programmbausteine haben dann folgende Eigenschaften:

  - Sie sind bibliotheksfähig (mehrfach und universell nutzbar) und
  - sie entsprechen der IEC-Norm 61131.

  Das bedeutet konkret:

  - Die verwendeten Variablen sind nur lokal definiert.
  - Der Programmcode ist hardwareunabhängig, d.h. ohne Bezug zu globalen oder Hardware-Adressen.
  - Es werden nur IEC-genormte Programmelemente verwendet (z.B. keine S5-Timer oder -Zähler, sondern nur die IEC-Timer und -Zähler).
  - Alle im Baustein verwendeten und erzeugten Informationen werden über die Schnittstellen zugeführt bzw. zurückgegeben. Es findet keine direkte oder versteckte Kommunikation mit anderen Bausteinen statt.

  Strukturierte Programme sind übersichtlich, servicefreundlich, erlauben ein effektives Programmieren und senken auf Dauer wegen der entstehenden Baustein-Bibliotheken die Software-Engineering-Kosten.

Das hier vorgestellte Projekt soll strukturiert aufgebaut sein! Die einzelnen Programmteile sollen **hardwareunabhängig**, **bibliotheksfähig** und damit der IEC-Norm 61131 entsprechend programmiert werden!

PLC-Programmbausteine

- Main [OB1] **Organisationsbaustein 1**: Das ist das „Hauptprogramm". Von dort werden die anderen Bausteine zyklisch aufgerufen. Er stellt die Schnittstelle zur Hardware dar. Es gibt noch weitere OBs mit besonderen Aufgaben, z.B. OB30 als Weckalarm oder OB82 als Diagnosealarm.

- FCxx **Funktionen**: funktionale Bausteine (Unterprogramme), in denen nichts (lokal) für den nächsten Programm-Zyklus gespeichert werden kann („Sofort-Logik").

- FBxx **Funktionsbausteine**: In diesen Bausteinen können Daten lokal in static-Variablen gespeichert werden. Die deklarierten static-Variablen haben Anfangswerte und bleiben auch bis zum nächsten Programm-Zyklus erhalten. Der Speicher besteht aus einem zugeordneten Datenbaustein (DBx, Instanz-Datenbaustein). Ein FB kann mehrfach mit verschiedenen DBs in einem Programm aufgerufen werden.

- DBxx **Datenbaustein**: In diesen Baustein werden Daten gespeichert. Es gibt globale Datenbausteine und Instanzdatenbausteine (Sie sind einem FB zugeordnet). Die Instanzdatenbausteine werden (mit Nachfrage) automatisch generiert und sie bekommen einen symbolischen Namen.

Hinweis

"xx" steht für 1, 2, 3 ... Im TIA-Portal werden die Nummern meist automatisch vergeben. Maßgeblich ist (im Gegensatz zur STEP7-Programmierung) der symbolische Name des Bausteins.

Die Ein- und Ausgänge der PLC zuordnen, die Zuordnungsliste erstellen

Bei den Eingangskontakten muss die Drahtbruchsicherheit beachtet werden. Bei jedem Schalter, Taster oder Sensor ist festzulegen, ob es sich um einen **Öffner**- oder **Schließer**-Kontakt handelt!

NC Normally closed	Öffner	Bevorzugt bei stoppender Befehlsgebung
NO Normally open	Schließer	Bevorzugt bei startender Befehlsgebung

Bezogen auf die konfigurierte PLC ergibt sich diese Zuordnungsliste. Bei einer anderen Hardwarekonfiguration müssen die Ein- und Ausgangsadressen entsprechend gewählt werden.

Eingänge		
Adresse	**Bezeichnung**	**Typ**
%I 0.0	Ein-Aus	Ein = 1
%I 0.1	EIN_1	NO Schließer
%I 0.2	AUS_1	NC Öffner
%I 0.3	EIN_2	NO Schließer
%I 0.4	AUS_2	NC Öffner
%I 0.5	EIN_3	NO Schließer
%I 0.6	AUS_3	NC Öffner
%I 0.7	MotorSchutz_1	NO Schließer
%I 1.0	MotorSchutz_2	NO Schließer
%I 1.1	MotorSchutz_3	NO Schließer
%I 1.2	Not_Halt	NC Öffner
%I 1.3	Quittieren	NO Schließer
%I 2.0	Temperatur11	NO Schließer
%I 2.1	Temperatur12	NO Schließer
%I 2.2	Temperatur13	NO Schließer
%I 2.3	Temperatur21	NO Schließer
%I 2.4	Temperatur22	NO Schließer
%I 2.5	Temperatur23	NO Schließer
%I 2.6	Temperatur31	NO Schließer
%I 2.7	Temperatur32	NO Schließer
%I 3.0	Temperatur33	NO Schließer
%I 3.1	Rückmeldung_Y_1	NO Schließer
%I 3.2	Rückmeldung_Y_2	NO Schließer
%I 3.3	Rückmeldung_Y_3	NO Schließer

Ausgänge	
Adresse	**Bezeichnung**
%Q 0.0	NetzSchuetz_1
%Q 0.1	Y_Schuetz_1
%Q 0.2	D_Schuetz_1
%Q 0.3	NetzSchuetz_2
%Q 0.4	Y_Schuetz_2
%Q 0.5	D_Schuetz_2
%Q 0.6	NetzSchuetz_3
%Q 0.7	Y_Schuetz_3
%Q 1.0	D_Schuetz_3
%Q 1.1	Meldeleuchte11
%Q 1.2	Meldeleuchte12
%Q 1.3	Meldeleuchte21
%Q 1.4	Meldeleuchte22
%Q 1.5	Meldeleuchte31
%Q 1.6	Meldeleuchte32

PLC-Variablen anlegen

Für eine gute Programmverständlichkeit und für eine schnelle Diagnose im Fehlerfall, werden prozessverständliche Namen für die Sensoren und Aktoren verwendet.

Beim Verwenden eines Ein- oder Ausgangs der PLC wird automatisch eine PLC-Variable angelegt. Der Standard-Name ist "**Tag_x**", das "**x**" ist eine automatische Nummerierung der angelegten Variablen. Besser ist es natürlich, den Variablen-Namen vorher festzulegen.

Man kann die Variablen strukturiert anlegen. Das TIA-Portal bietet die Möglichkeit, verschiedene Variablentabellen anzulegen. In unserem Fall kann z.B. für jeden Kühlraum eine Variablentabelle angelegt werden.
Dazu "**Neue Variablentabelle hinzufügen**" anklicken:

Die neue Variablentabelle kann nun umbenannt werden, z.B. in "Kühlraum 1"

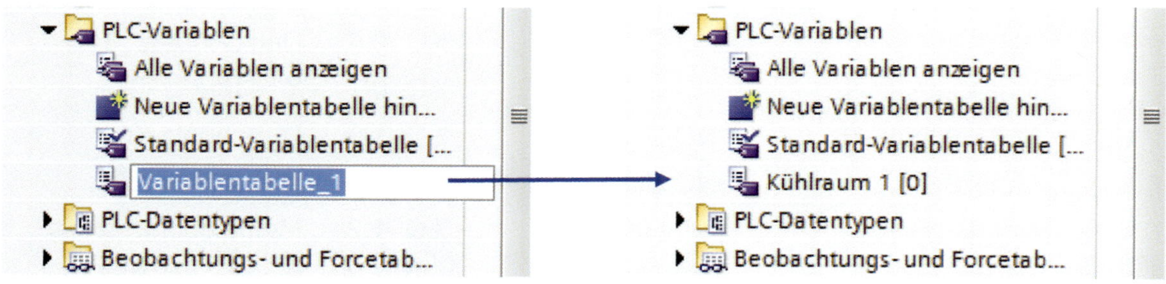

Sinnvoll sind in diesem Fall 3 Variablentabellen für die Kühlräume:

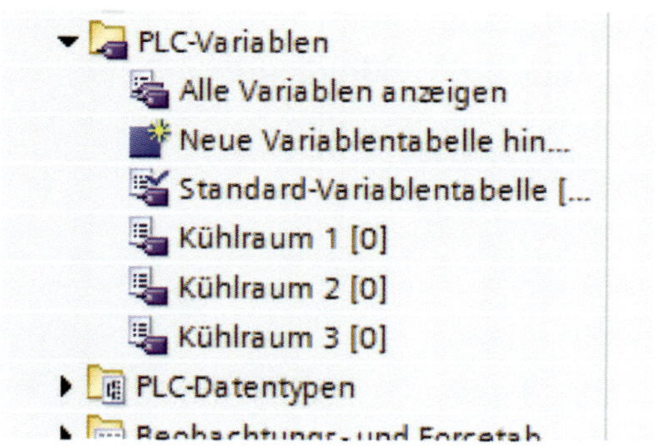

In der "Standard-Variablentabelle" werden dann die allgemeinen I/O's angelegt, hier:
Ein-Aus, Not-Halt, Quittieren

In der **Projektnavigation** die entsprechende Variablentabelle öffnen und die Variablen anlegen:

Standard-Variablentabelle

	Name	Datentyp	Adresse ▲	Rema...	Erreic...	Schrei...	Sichtb..	Übe...	Kommentar
1	Ein-Aus	Bool	%I0.0	☐	☑	☑	☑		S10, Schalter, Ein = 1
2	Not_Halt	Bool	%I1.2	☐	☑	☑	☑		S12, Öffner NC, rot
3	Quittieren	Bool	%I1.3	☐	☑	☑	☑		S13, Schließer NO, blau

Kühlraum 1

	Name	Datentyp	Adresse ▲	Rema...	Erreic...	Schrei...	Sichtb..	Übe...	Kommentar
1	EIN_1	Bool	%I0.1	☐	☑	☑	☑		S1, Schließer NO, weiss
2	AUS_1	Bool	%I0.2	☐	☑	☑	☑		S2, Öffner NC, schwarz
3	MotorSchutz_1	Bool	%I0.7	☐	☑	☑	☑		F1, Schließer NO
4	Temperatur11	Bool	%I2.0	☐	☑	☑	☑		B11, Raum1 Sensor1, Schließer wenn Temp. zu hoch
5	Temperatur12	Bool	%I2.1	☐	☑	☑	☑		B12, Raum1 Sensor2, Schließer wenn Temp. zu hoch
6	Temperatur13	Bool	%I2.2	☐	☑	☑	☑		B13, Raum1 Sensor3, Schließer wenn Temp. zu hoch
7	Rückmeldung_Y_1	Bool	%I3.1	☐	☑	☑	☑		Q11, Hilfskontakt 13-14, Freigabe für Netzschütz, NO
8	NetzSchuetz_1	Bool	%Q0.0	☐	☑	☑	☑		Q1, Netz-Schütz für Motor M1
9	Y_Schuetz_1	Bool	%Q0.1	☐	☑	☑	☑		Q11, Stern-Schütz 1
10	D_Schuetz_1	Bool	%Q0.2	☐	☑	☑	☑		Q12, Dreieck-Schütz 1
11	Meldeleuchte11	Bool	%Q1.1	☐	☑	☑	☑		P11, grün
12	Meldeleuchte12	Bool	%Q1.2	☐	☑	☑	☑		P12, gelb

Kühlraum 2

	Name	Datentyp	Adresse ▲	Rema...	Erreic...	Schrei...	Sichtb..	Übe...	Kommentar
1	EIN_2	Bool	%I0.3	☐	☑	☑	☑		S3, Schließer NO, weiss
2	AUS_2	Bool	%I0.4	☐	☑	☑	☑		S4, Öffner NC, schwarz
3	MotorSchutz_2	Bool	%I1.0	☐	☑	☑	☑		F2, Schließer NO
4	Temperatur21	Bool	%I2.3	☐	☑	☑	☑		B21, Raum2 Sensor1, Schließer wenn Temp. zu hoch
5	Temperatur22	Bool	%I2.4	☐	☑	☑	☑		B22, Raum2 Sensor2, Schließer wenn Temp. zu hoch
6	Temperatur23	Bool	%I2.5	☐	☑	☑	☑		B23, Raum2 Sensor3, Schließer wenn Temp. zu hoch
7	Rückmeldung_Y_2	Bool	%I3.2	☐	☑	☑	☑		Q21, Hilfskontakt 13-14, Freigabe für Netzschütz, NO
8	NetzSchuetz_2	Bool	%Q0.3	☐	☑	☑	☑		Q2, Netz-Schütz für Motor M2
9	Y_Schuetz_2	Bool	%Q0.4	☐	☑	☑	☑		Q21, Stern-Schütz 2
10	D_Schuetz_2	Bool	%Q0.5	☐	☑	☑	☑		Q22, Dreieck-Schütz 2
11	Meldeleuchte21	Bool	%Q1.3	☐	☑	☑	☑		P21, grün
12	Meldeleuchte22	Bool	%Q1.4	☐	☑	☑	☑		P22, gelb

Kühlraum 3

	Name	Datentyp	Adresse ▲	Rema...	Erreic...	Schrei...	Sichtb..	Übe...	Kommentar
1	EIN_3	Bool	%I0.5	☐	☑	☑	☑		S5, Schließer NO, weiss
2	AUS_3	Bool	%I0.6	☐	☑	☑	☑		S6, Öffner NC, schwarz
3	MotorSchutz_3	Bool	%I1.1	☐	☑	☑	☑		F3, Schließer NO
4	Temperatur31	Bool	%I2.6	☐	☑	☑	☑		B31, Raum3 Sensor1, Schließer wenn Temp. zu hoch
5	Temperatur32	Bool	%I2.7	☐	☑	☑	☑		B32, Raum3 Sensor2, Schließer wenn Temp. zu hoch
6	Temperatur33	Bool	%I3.0	☐	☑	☑	☑		B33, Raum3 Sensor3, Schließer wenn Temp. zu hoch
7	Rückmeldung_Y_3	Bool	%I3.3	☐	☑	☑	☑		Q31, Hilfskontakt 13-14, Freigabe für Netzschütz, NO
8	NetzSchuetz_3	Bool	%Q0.6	☐	☑	☑	☑		Q3, Netz-Schütz für Motor M3
9	Y_Schuetz_3	Bool	%Q0.7	☐	☑	☑	☑		Q31, Stern-Schütz 3
10	D_Schuetz_3	Bool	%Q1.0	☐	☑	☑	☑		Q32, Dreieck-Schütz 3
11	Meldeleuchte31	Bool	%Q1.5	☐	☑	☑	☑		P31, grün
12	Meldeleuchte32	Bool	%Q1.6	☐	☑	☑	☑		P32, gelb

In der Button-Leiste des Fensters für die PLC-Variablen gibt es zwei Button zum Im- und Exportieren der PLC-Variablen. Das kann die Tipp-Arbeit etwas erleichtern 😊

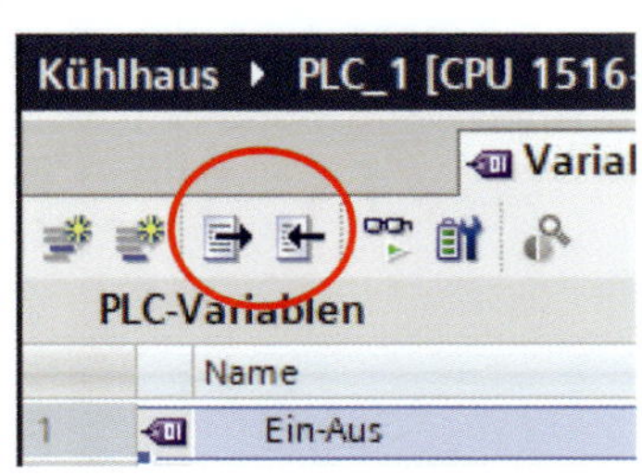

Vorgehensweise bei der Programm-Planung

Die Aufgabenstellung analysieren und die Programmstruktur festlegen:
(Beschreibung siehe auch S.9)

> In jedem Kühlraum sind an verschiedenen Raumpositionen je drei binäre Temperatursensoren montiert. Wenn mindestens 2 der drei Temperatursensoren eine zu hohe Temperatur melden (="1"), soll das Kühlaggregat anspringen. Spricht kein Temperatursensor mehr an, soll das Kühlaggregat wieder ausgehen.

⇨ Diese Logik kann in einem eigenständigen Baustein programmiert werden: **2-aus-3**

> Die Drehstrommotoren sind mittels Motorschutzrelais gesichert und werden im Y–Δ–Anlauf angelassen. Der eingeschaltete Motor wird mit der grünen Meldeleuchte angezeigt.
>
> Das Auslösen eines Motorschutzrelais oder das Betätigen des Not-Halt werden mit der gelben Meldeleuchte signalisiert und müssen nach Rückstellung quittiert werden, bevor die Anlage wieder in Betrieb gehen kann.

⇨ Das Ansteuern des Motors mit Y-Δ-Anlauf kann ebenfalls in einem Baustein programmiert werden: **Y-D-Anlauf**

⇨ Da diese beiden Bausteine für jeden Kühlraum einmal benötigt werden, können sie in einem weiteren Baustein aufgerufen und verschaltet werden, um einen Kühlraum zu steuern: **Kuehlraum**

> Um das Stromnetz möglichst gleichmäßig zu belasten und Stromspitzen zu vermeiden,
>
> dürfen nicht mehr als 2 Motoren gleichzeitig laufen.
>
> darf nur ein Motor gleichzeitig angelassen werden. Solange sich ein Motor im Stern-Betrieb befindet, darf kein weiterer Motor angelassen werden.

Diese übergeordnete Logik wird ebenfalls in einem Baustein realisiert: **Freigabe**

Im Folgenden sollen diese Programmbausteine einzeln entwickelt, programmiert und getestet werden, bevor sie dann zu dem Gesamt-Projekt zusammen geschaltet werden.

Die **funktionellen Einheiten** sind:

		Typ:
1.	Die „2aus3"-Funktion	**FC**
2.	Der Y-D-Anlauf	**FB**
3.	Die Steuerung eines Kühlraums	**FB**
4.	Erzeugung des Freigabe-Signals für das Starten der Motoren	**FC**
5.	Die Steuerung für das ganze Kühlhaus mit übergeordneter Lastbegrenzung	**OB**

Die einzelnen Einheiten werden immer umfangreicher und das Projekt wird Stück für Stück zu einem zusammenwirkenden komplexen System.

Alle Programmbausteine werden einzeln getestet, bevor sie zu einem Gesamt-Programm zusammengefügt werden!

Programmbaustein „2aus3“ [FC1] erstellen, deklarieren und programmieren

Erstellen der Funktion „2aus3“ [FC1] (Funktion, FC)
Die 2-aus-3-Logik benötigt keinen Speicher, daher reicht hier eine Funktion (FC) aus.

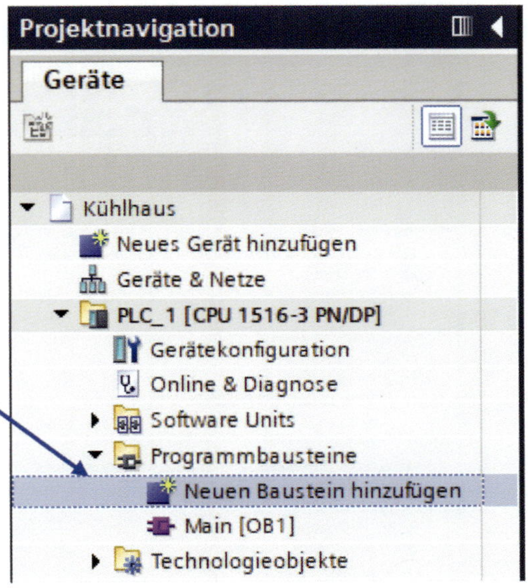

Zuerst muss der FC-Baustein erzeugt und eingefügt werden. Dazu in der Projektansicht auf

"Neuen Baustein hinzufügen" doppelklicken

In dem neuen Fenster

- erst den Bausteintypen auswählen: **FC**
- dann den Namen **2aus3**
- die Sprache **FUP**
- die Nummer **automatisch (1)**

➔ OK

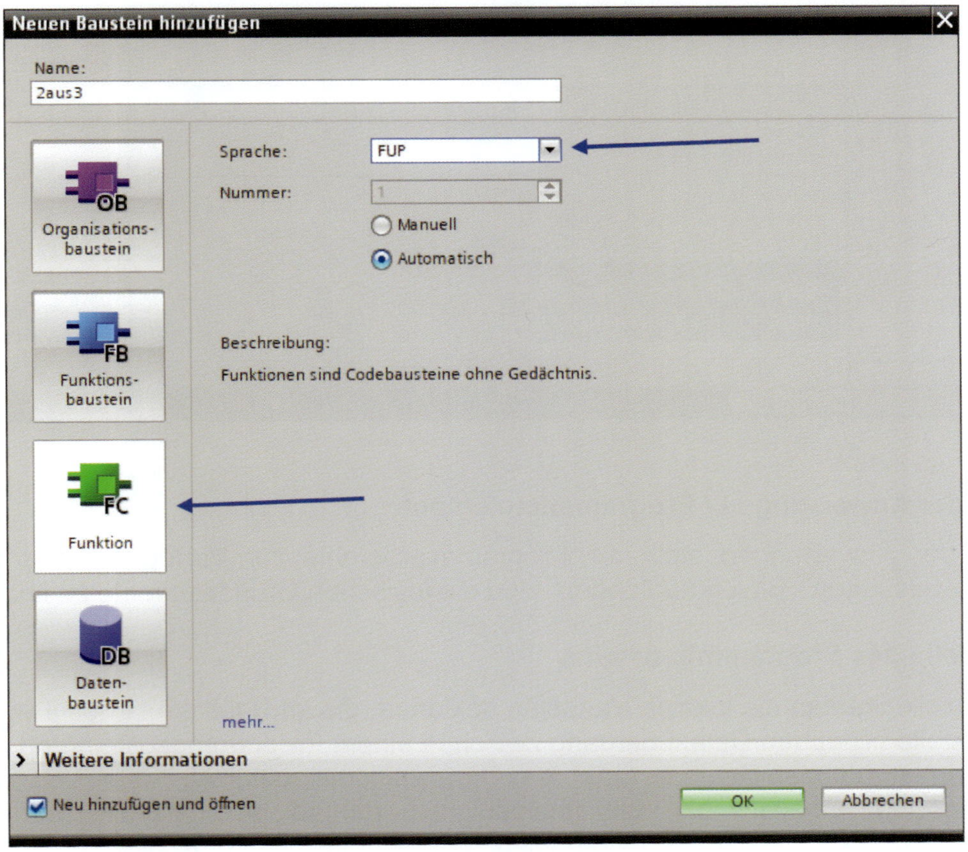

⚠ **schon gespeichert??**

Der Programmbaustein **2aus3 [FC1]** öffnet sich:

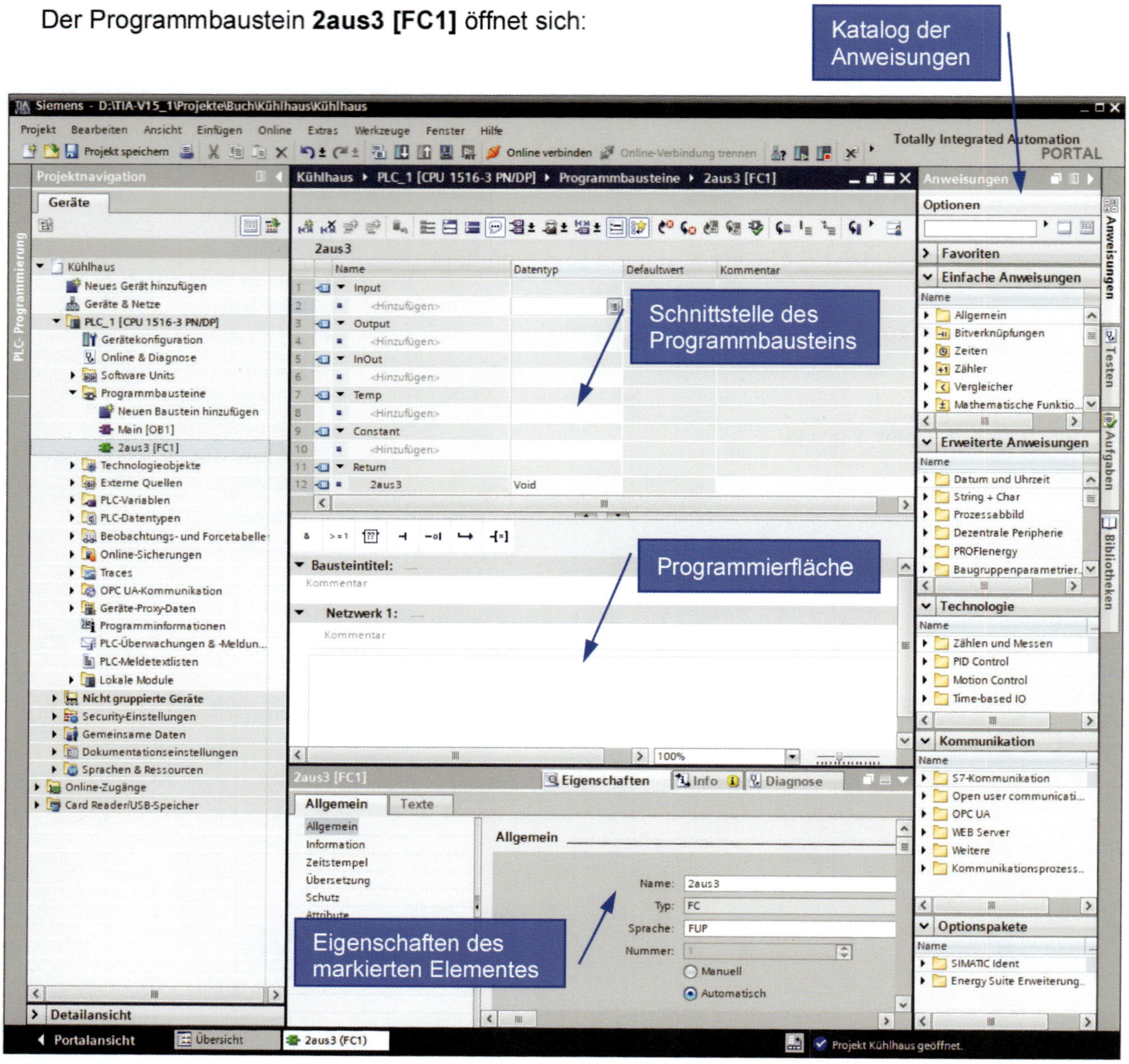

Der Katalog der Anweisungen / Programmierelemente

Der Katalog der Anweisungen stellt die Programmierbefehle zur Verfügung. Unter den "Einfachen Anweisungen - Bitverknüpfungen" sind die logischen Grundelemente zu finden.

Die Schnittstelle des Programmbausteins

In der Schnittstelle werden die lokalen Variablen deklariert, die im Baustein benötigt werden. Diese Schnittstelle bildet den Datenübergang zwischen einem Programmbaustein und einem übergeordneten aufrufenden Baustein (z.B. dem Organisationsbaustein).
Programmbausteine erhalten die Bibliothekfähigkeit gemäß IEC 61131, wenn sie ausschließlich mit lokal deklarierten Variablen programmiert werden. Alle deklarierten Variablen werden mit einer vorangestellten Raute "**#**" angezeigt. Die Raute "**#**" verweist auf den Eintrag in die **Deklarationsliste / Schnittstelle** des Bausteins.

Bei der strukturierten Programmierung werden Hardwareadressen bzw. symbolische Namen erst im Organisationsbaustein OB1 verwendet.

Es gibt folgende Variablen-Typen:

- **Input** IN-Variable. Der Baustein erhält Eingangs-Informationen.
- **Output** OUT-Variable. Der Baustein gibt Ausgangs-Informationen zurück.
- **InOut** IN_OUT-Variable. Der Baustein erhält Eingangsinformationen und gibt diese verändert wieder zurück.
- **Temp** Temporäre Variable. Eine temporäre Variable dient als Zwischen-Speicher, um Informationen innerhalb des Bausteins von oben nach unten weiter zu geben. Die Information der Temp-Variable geht nach jedem Programmzyklus verloren.
- **Constant** Hier können "Variablen" mit einem konstanten Wert deklariert werden.
- **Stat** Statische Variable. Die Information einer statischen Variablen wird in einem zugeordneten Datenbaustein (DB) gespeichert. Sie steht deshalb auch im nächsten Programmzyklus zur Verfügung. Eine Funktion hat keine statischen Variablen. **Nur ein Funktionsbaustein (FB) hat statische Variable**.
- **Return** Beinhaltet den Rückgabewert einer Funktion (**nur beim FC**)

Die Programmierfläche

Die Programmierfläche steht für die Programmprogrammierung zur Verfügung. Im „Katalog der Anweisungen“ sind die Grundfunktionen unter "**Bitverknüpfungen"** zu finden. Sie werden per "drag & drop“ oder per Mausklick auf die Programmierfläche gebracht.

Wichtige Hinweise:

- In jedem Netzwerk sollte nur eine zusammenhängende Verknüpfung existieren.
- Ein neues Netzwerk wird durch Anklicken von erzeugt (links über der Schnittstelle). Das neue Netzwerk wird dabei grundsätzlich hinter dem z.Zt. aktivierten Netzwerk eingefügt.
- Jedes Netzwerk kann mit einem Titel und mit einem Kommentar erläutert werden. Sinnvolle Netzwerktitel und Kommentare gestalten ein Programm für die spätere Wartung und Pflege prozessverständlicher.
- Es kann zwischen den Programmiersprachen **KOP** und **FUP** umgeschaltet werden. Das Umschalten geschieht im **Eigenschaften-Fenster**:

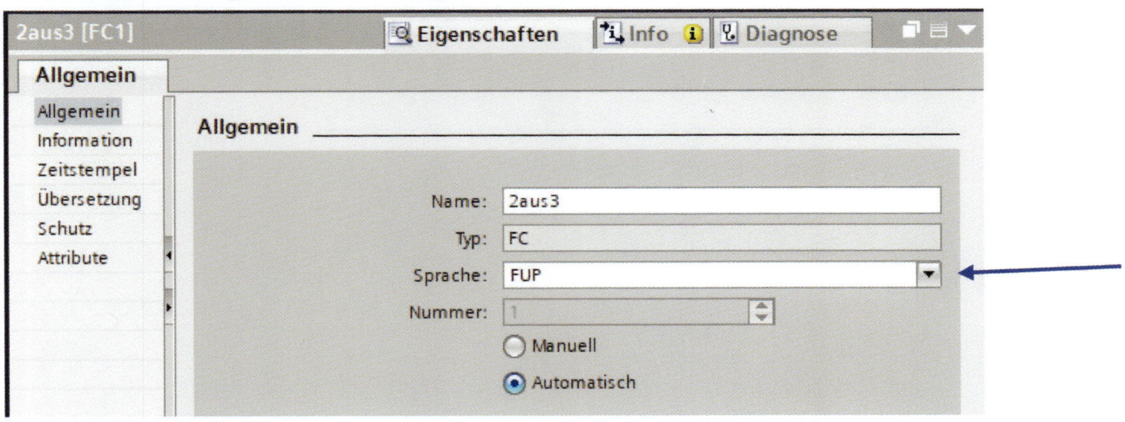

- Im Gegensatz zur Klassik-Welt (Step7) kann das Projekt auch gespeichert werden, wenn es unvollständig ist oder Fehler aufweist! ☺

Die Variablen der Funktion "2aus3" [FC1] deklarieren

Alle Eingangsinformationen, die im Baustein benötigt werden, müssen als lokale **Input-Variablen** deklariert werden:

- Signal 1 (vom Temperatursensor 1)
- Signal 2 (vom Temperatursensor 2)
- Signal 3 (vom Temperatursensor 3)

Die Informationen, die der Baustein als Ergebnis zurückliefert, werden als lokale **Output-Variablen** deklariert:

- _2aus3 (Der Unterstrich vorweg ist nicht (mehr) zwingend notwendig.)
- kein_signal (Ausschalt-Signal für den Motor)

Informationen, die als Zwischenwerte dienen, werden als lokale **Temp-Variable** deklariert. Temp-Variablen bekommen zur Kennzeichnung ein "temp_" als Präfix:

- temp_fall_1
- temp_fall_2
- temp_fall_3

Unter **Constant** können lokale Konstanten (TRUE, FALSE, ...) definiert werden.

Jede Funktion hat einen Rückgabe-Wert **Return**, den wir hier noch nicht nutzen:

2aus3

	Name	Datentyp
1	▼ Input	
2	signal_1	Bool
3	signal_2	Bool
4	signal_3	Bool
5	<Hinzufügen>	
6	▼ Output	
7	_2aus3	Bool
8	kein_signal	Bool
9	<Hinzufügen>	
10	▼ InOut	
11	<Hinzufügen>	
12	▼ Temp	
13	temp_fall_1	Bool
14	temp_fall_2	Bool
15	temp_fall_3	Bool
16	<Hinzufügen>	
17	▼ Constant	
18	<Hinzufügen>	
19	▼ Return	
20	2aus3	Void

Die Logik der Funktion "2aus3" [FC1] - Schaltung programmieren

Der entsprechende Teil der Aufgabenstellung lautet:

Automatikbetrieb: Wenn **2 der 3** Temperatursensoren ansprechen (="1"), dann soll das Kühlaggregat anspringen. Wenn **kein** Temperatursensor mehr anspricht, dann soll das Kühlaggregat wieder ausgehen.

Netzwerk 1: Die erste Einschaltmöglichkeit ist gegeben, wenn das #signal_1 und das #signal_2 ansprechen. Das Ergebnis dieser UND-Verknüpfung wird über eine Zuweisung (=) als Zwischenwert in der temporären Variablen #temp_fall_1 gespeichert.

Bitverknüpfung: **UND**

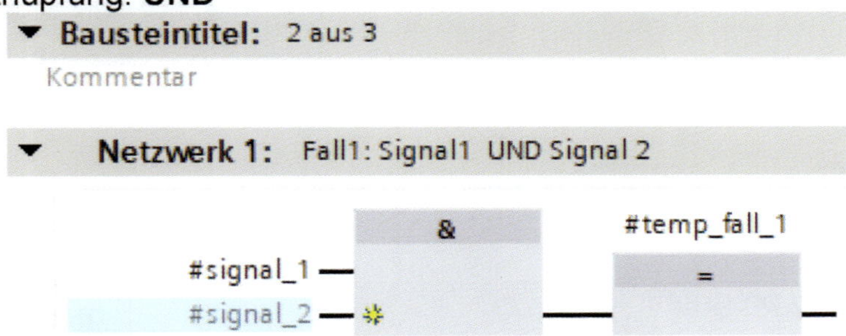

Tipp: Man kann die Variablen auch per Drag & Drop aus der Schnittstelle an die entsprechenden Stellen ziehen!

(#signal_1 **UND** #signal_2) = #temp_fall_1

Netzwerk 2: Die zweite Einschaltmöglichkeit ist gegeben, wenn das #signal_2 und das #signal_3 ansprechen. Das Ergebnis dieser UND-Verknüpfung wird über eine Zuweisung (=) als Zwischenwert in der temporären Variablen #temp_fall_2 gespeichert.

(#signal_2 **UND** #signal_3) = #temp_fall_2

Netzwerk 3: Die dritte Einschaltmöglichkeit ist gegeben, wenn das #signal_3 und das #signal_1 ansprechen. Das Ergebnis dieser UND-Verknüpfung wird über eine Zuweisung (=) als Zwischenwert in der temporären Variablen #temp_fall_3 gespeichert.

(#signal_3 **UND** #signal_1) = #temp_fall_3

Netzwerk 4: Das Kühlaggregat muss anspringen, wenn #temp_fall_1 **ODER** #temp_fall_2 **ODER** #temp_fall_3 gegeben sind. Das Ergebnis dieser **ODER**-Verknüpfung wird der OUT-Variablen #_2aus3 zugewiesen. Bitverknüpfung: **ODER**

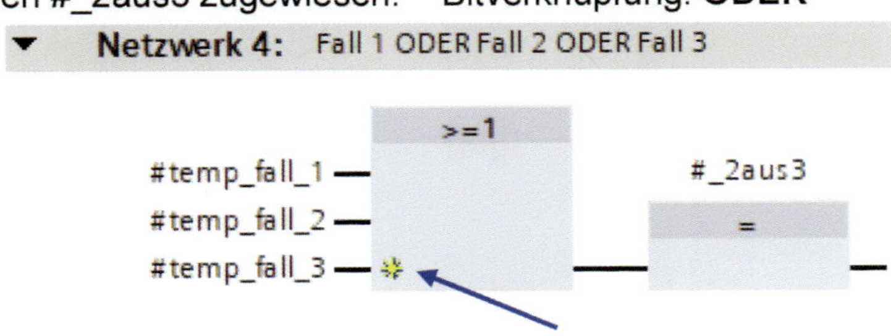

Hinweis: Den 3ten Eingang am **ODER** erhält man durch Anklicken des Sterns unten links im **ODER**.

(#temp_fall_1 **ODER** #temp_fall_2 **ODER** #temp_fall_3) = #_2aus3

<u>Netzwerk 5:</u> Das Kühlaggregat muss ausgehen, wenn kein Signal von den Temperatursensoren mehr ein "1"-Signal hat. Das Ergebnis dieser UND-Verknüpfung mit **negierten** Eingängen wird der OUT- Variablen #kein_signal zugewiesen.

Bitverknüpfung: **UND** mit negierten Eingängen

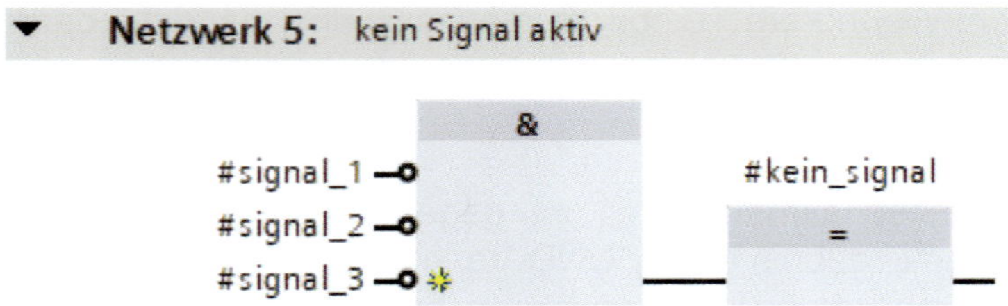

(NICHT #signal_1 **UND NICHT** #signal_2 **UND NICHT** #signal_3) = #kein_signal

ODER als Logikform mit Negationsstrichen (Strich über der Variablen) geschrieben:

($\overline{\text{\#signal1}}$ **UND** $\overline{\text{\#signal2}}$ **UND** $\overline{\text{\#signal3}}$) = #kein_signal

⚠ schon gespeichert??

Damit ist der Baustein fertig programmiert.

Die Funktion "_2aus3" steht jetzt als Programmbaustein für den OB1 zur Verfügung!
Der FC1 ist bibliotheksfähig und entspricht der IEC-Norm 61131!

Ein paar Tipps für das Handling:

- Um immer alle erforderlichen Fenster geöffnet zu haben, wären mindestens zwei 24"-Bildschirme notwendig. Ansonsten lassen sich nicht benötigte Fenster schnell öffnen bzw. schließen:

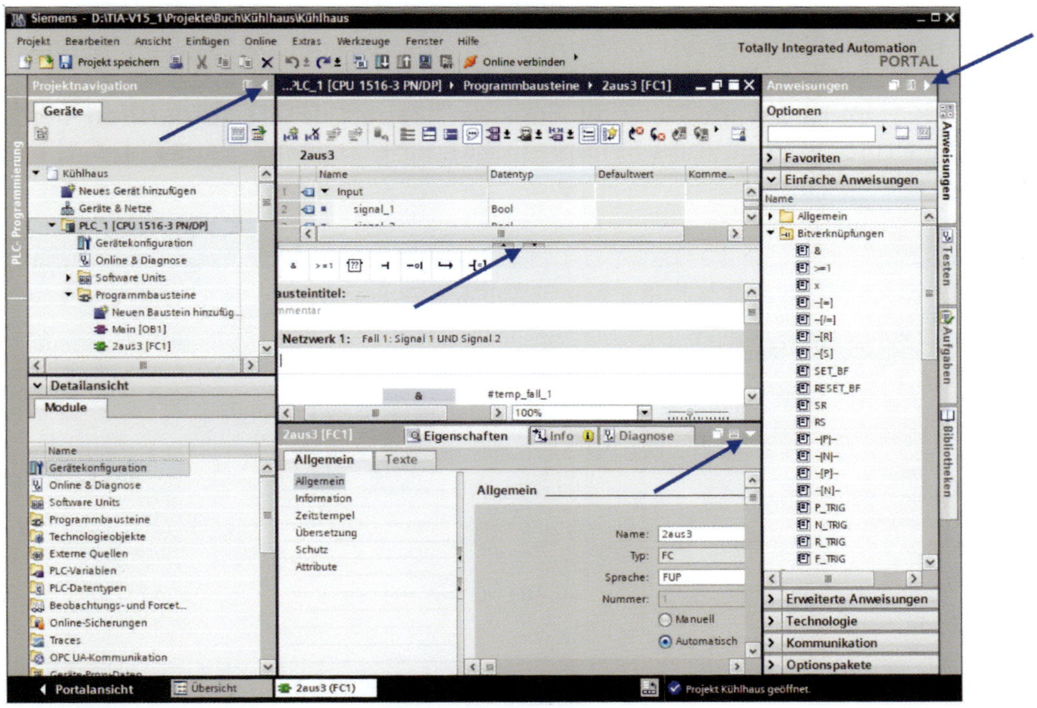

- Oft benutze Anweisungen kann man einfach in die Favoriten-Zeile ziehen:

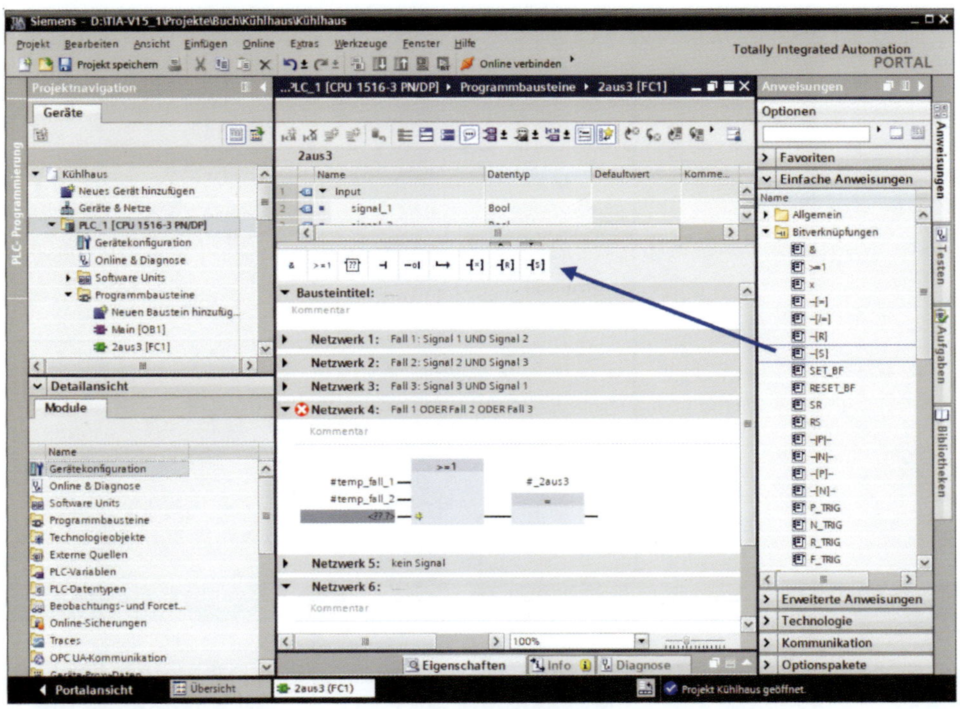

- Netzwerke können auf- und zugeklappt werden über die Pfeile (wie Ordner, s.o.). Fehlerhafte oder unvollständige Netzwerke werden mit einem roten X gekennzeichnet.

- Probieren Sie einmal alle Button im Programmierfenster aus. Es sind ein paar hilfreiche Knöpfe dazwischen.

Den Organisationsbaustein "Main" [OB1] erstellen, um den FC1 zu testen

Der Baustein **"2aus3"** [FC1] ist allein nicht lauffähig. Er muss vom zyklisch arbeitenden Organisations-Baustein OB1 aufgerufen werden:

Den Main [OB1] durch einen Doppelklick öffnen!
Im Eigenschaften-Fenster kann die Sprache auf **FUP** geändert werden.

Es soll nun der **FC1 getestet werden**. Dazu muss er vom OB1 aus aufgerufen werden:

Netzwerk 1: Im **Netzwerk 1** soll die Funktion **"2aus3" [FC1] aufgerufen** werden. Dazu wird aus dem **Projektnavigations-Fenster** (links) der Bausteine **"2aus3" [FC1]** per Drag & Drop in das Netzwerk 1 gezogen.

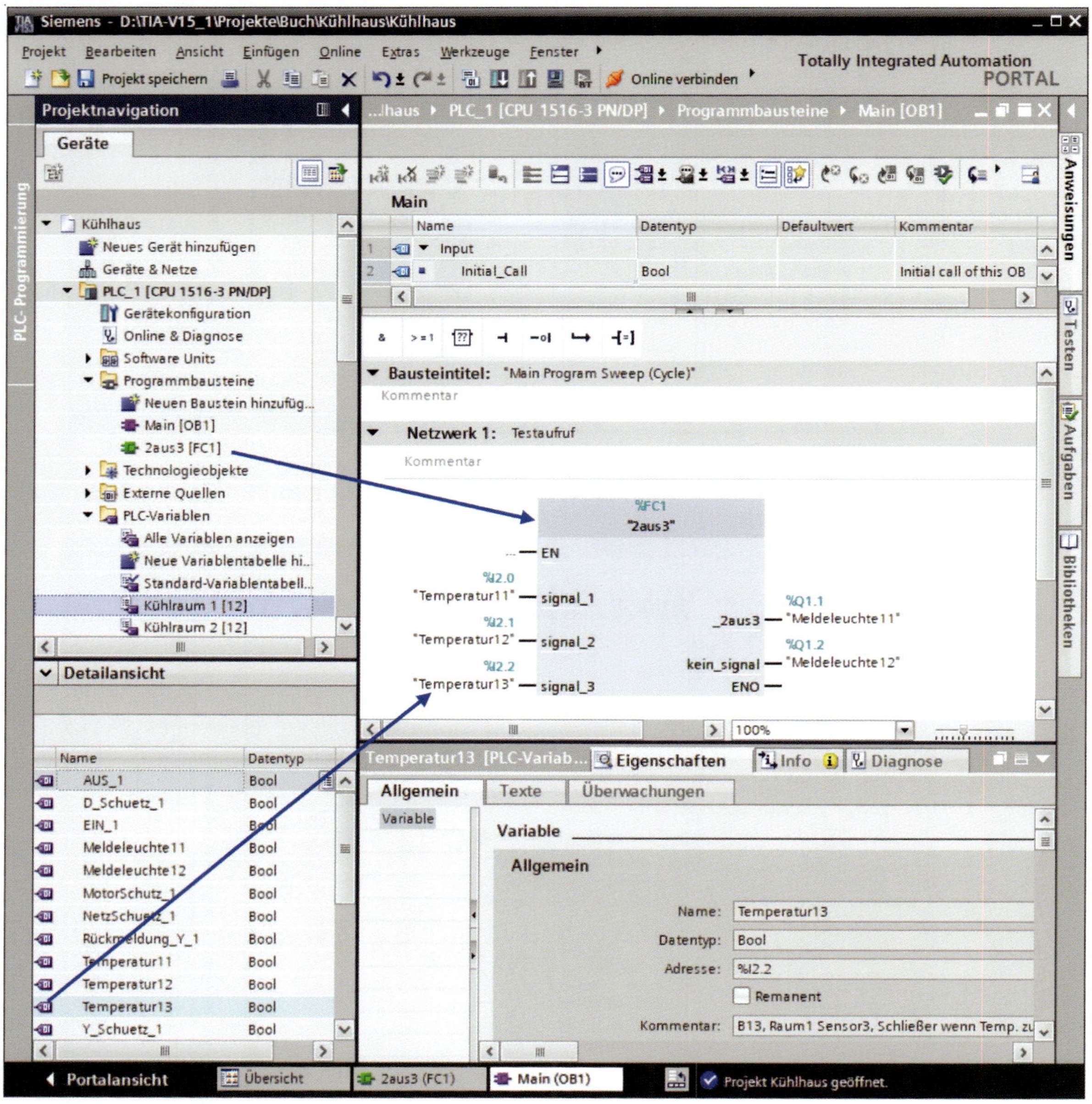

Die im FC1 deklarierten **Input**-Variablen (signal_1, signal_2 und signal_3) und **Output**-Variablen (_2aus3, kein_signal) müssen nun mit den Ein- und Ausgängen der PLC- Hardware "verschaltet" werden.

Als Signale die Temperatursensoren des Kühlraumes 1 benutzen!
Als Ausgänge für diesen **ersten Programmtest** die gelbe und die grüne Meldeleuchte des Kühlraums 1 (Meldeleuchte11 und Meldeleuchte12) verwenden!

Für das „Verdrahten" der Ein- und Ausgänge im Main [OB1] gibt es drei Möglichkeiten:

1. Direktes Eintragen der Hardware-Adressen, z.B. E 2.0 (%I 2.0) bzw. A 1.1 (%Q 1.1)
2. Direktes Eintragen des symbolischen Namens, z.B. "Temperatur11".

   Sobald man den ersten Buchstaben einträgt, erscheint ein Fenster mit der Symbol-Auswahl. Durch Anklicken wird das Symbol ausgewählt.
3. Wenn man in der Projektnavigation (linke Spalte) die Variablentabelle "Kühlraum 1" anklickt, dann erscheint unten in der "Detailansicht" die Variablentabelle. Nun kann per Drag & Drop verdrahtet werden.

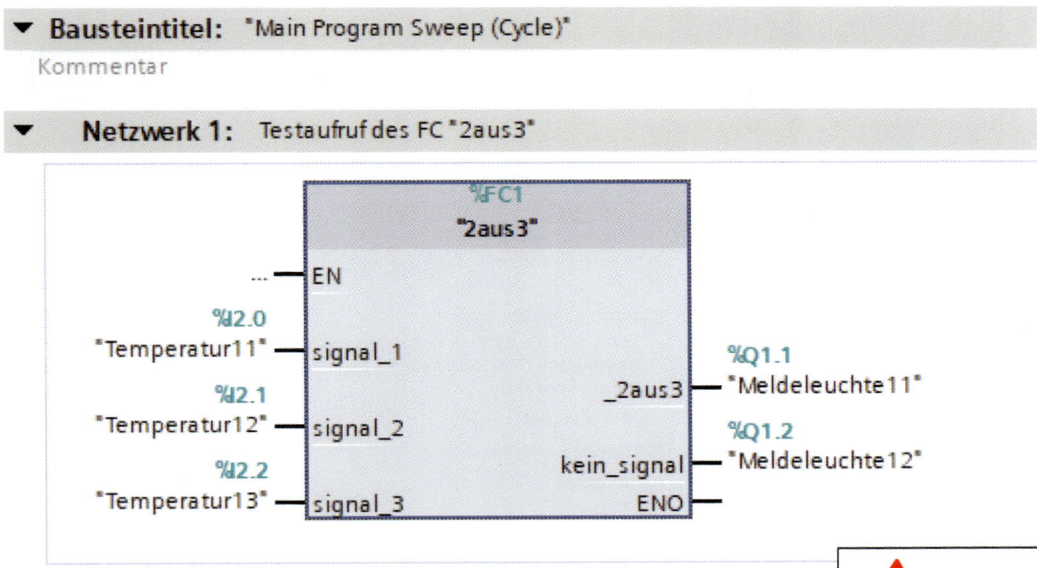

⚠ **schon gespeichert??**

Die **Struktur des Test-Programms** für den FC1 sieht nun wie folgt aus:

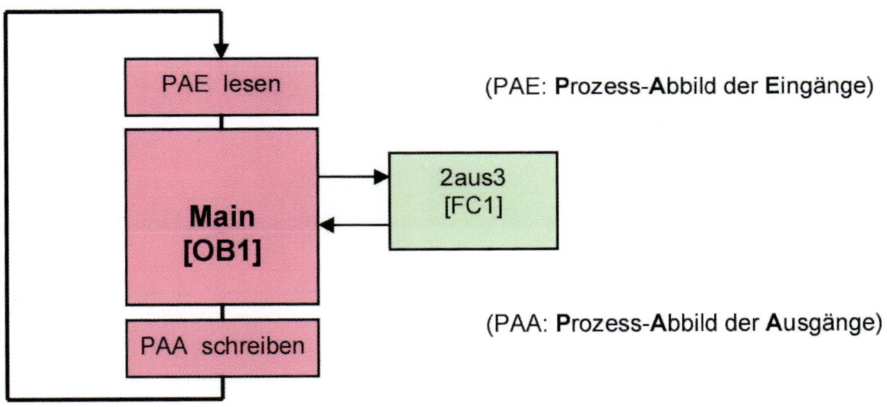

Um das Programm nun testen zu können, soll hier erst einmal der Simulator

S7-PLCSIM

kurz vorgestellt werden.

Programm testen mit dem PLC-Simulator S7-PLCSIM

Starten des Simulators aus dem Projekt heraus:

1. In der Projektnavigation (Projektansicht) **den Ordner der PLC_1 [CPU...] markieren**.

2. Mit **"Online – Simulation – Starten"** wird das Programm S7-PLCSIM gestartet.

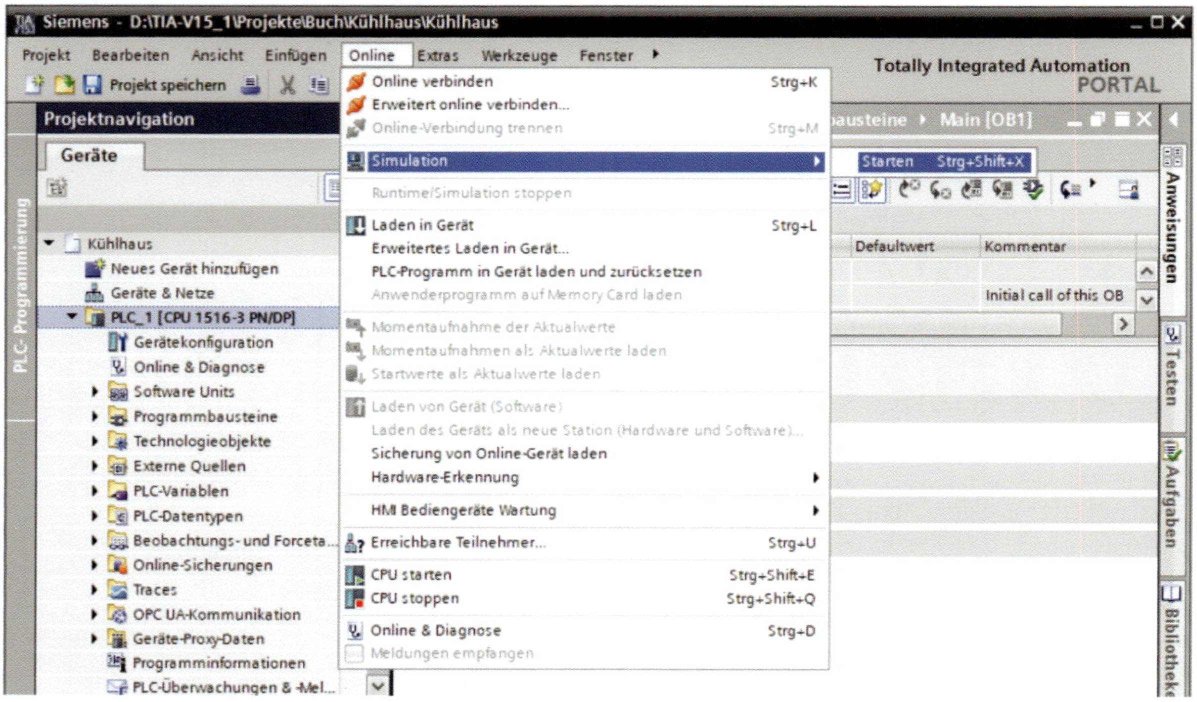

3. Vor dem Starten kommt die Meldung:

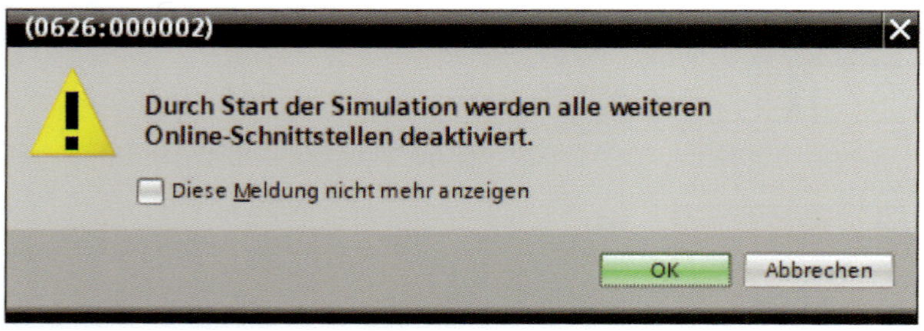

➔ OK

4. Der Simulator wird gestartet:

Bei der S7-300 sieht der Simulator ganz anders aus. Er stammt aus der Step7-Welt. Dort werden die Ein- und Ausgänge einfach **Byte**-weise auf der Oberfläche dargestellt:

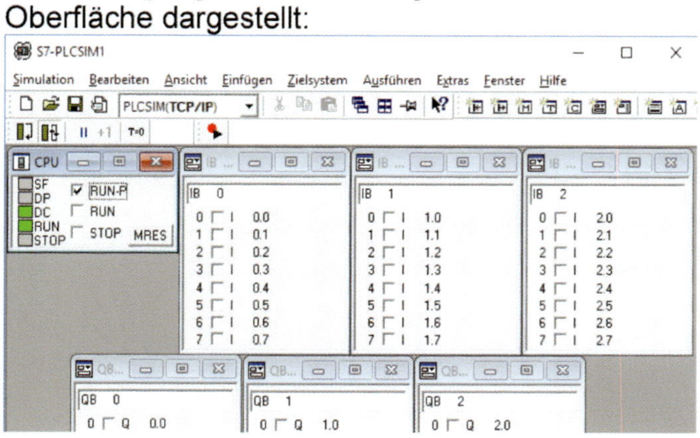

5. Nun erscheint ein Fenster "Erweitertes Laden"

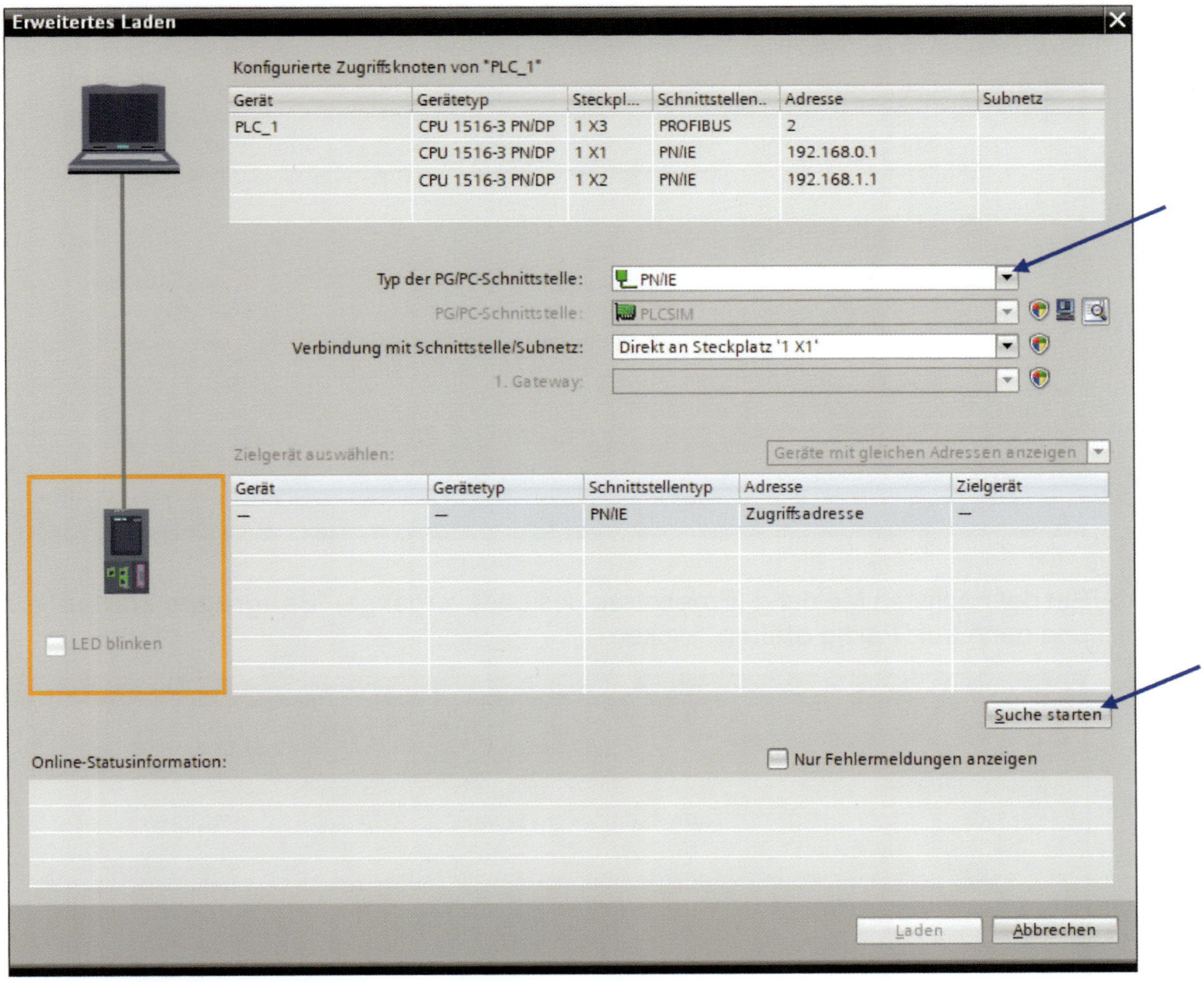

- Typ der PG/PC-Schnittstelle PN/IE
- PG/PC-Schnittstelle PLCSIM (ist nicht änderbar)
- Verbindung mit Subnetz Direkt an Steckplatz'1 X1'

Wenn alles richtig ausgewählt und der Button "Suche starten" betätigt wurde, dann wird der PLCSIM als PLC gefunden und die Verbindung zwischen PC und PLC (PLCSIM) wird als grüne Linie dargestellt.

6. Durch das Anklicken von "Laden" wird das Projekt erst einmal übersetzt.

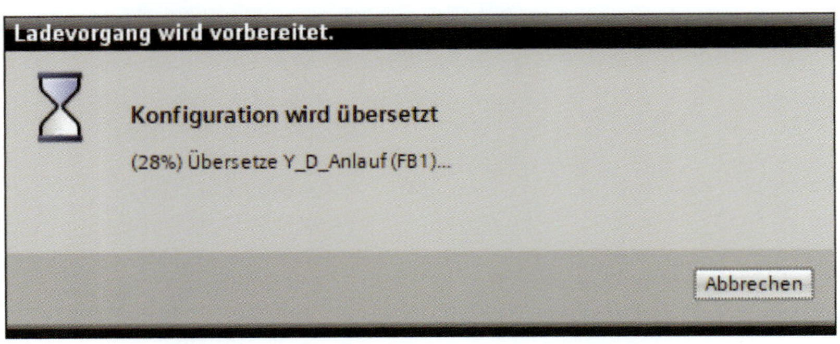

7. Bei fehlerfreier Übersetzung im nächsten Fenster (Vorschau Laden) dann auf "**Laden**" klicken:

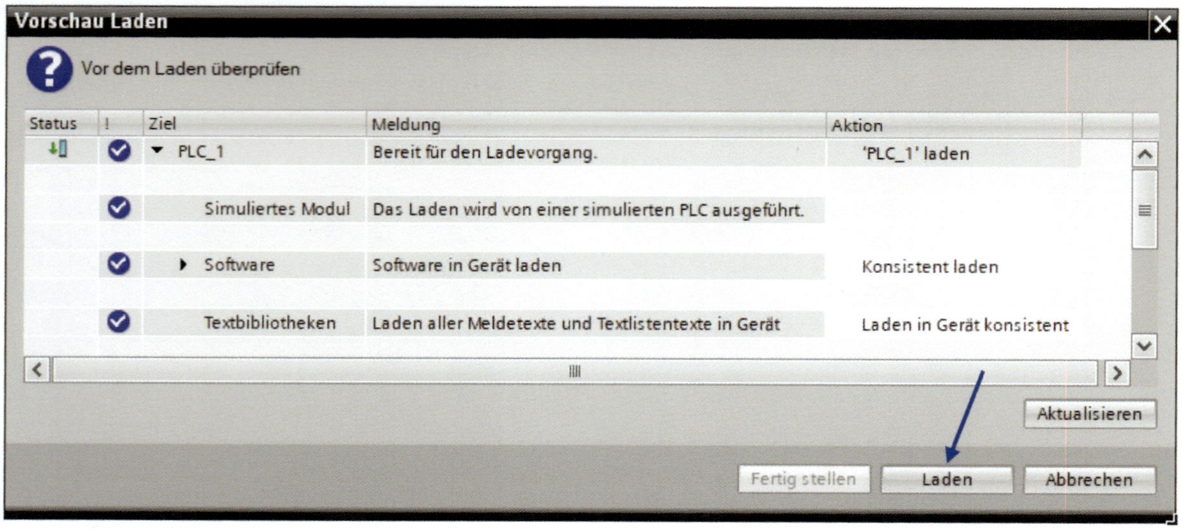

8. Bei der nächsten Meldung (Ergebnisse des Ladevorgangs) "**Baugruppe starten**" auswählen und dann auf "**Fertig stellen**" klicken.

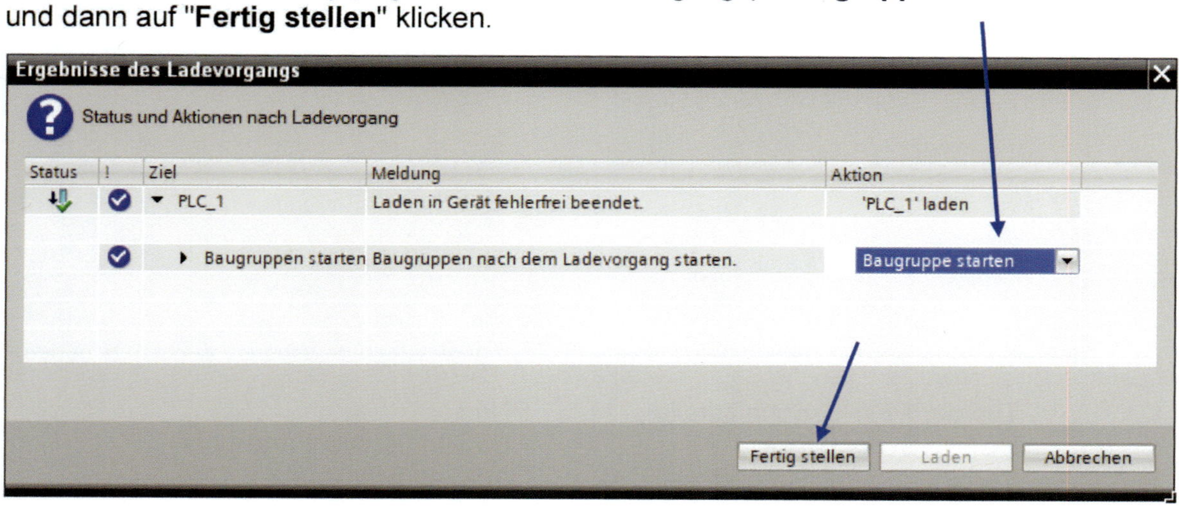

9. Im Info-Fenster werden alle Aktivitäten protokolliert. Solange nur blaue Haken vorhanden sind ist alles gut, bei gelben Ausrufezeichen sollte man genau lesen und bei roten Kreuzen den / die Fehler suchen.

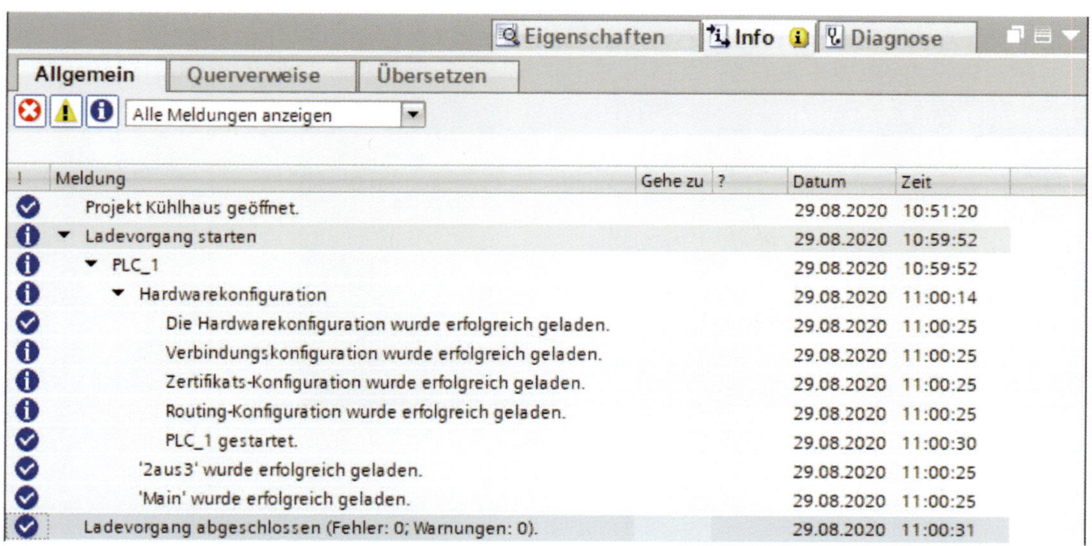

10. Der Simulator kann als kleines Fenster

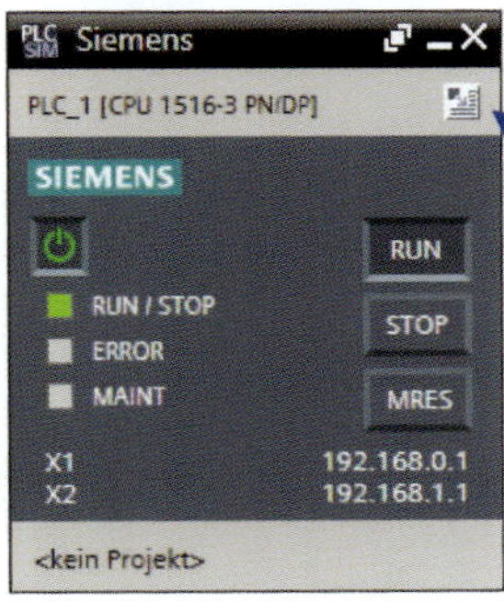

oder als detailliertes Fenster angezeigt werden.
Umgeschaltet wird mit den Icons:

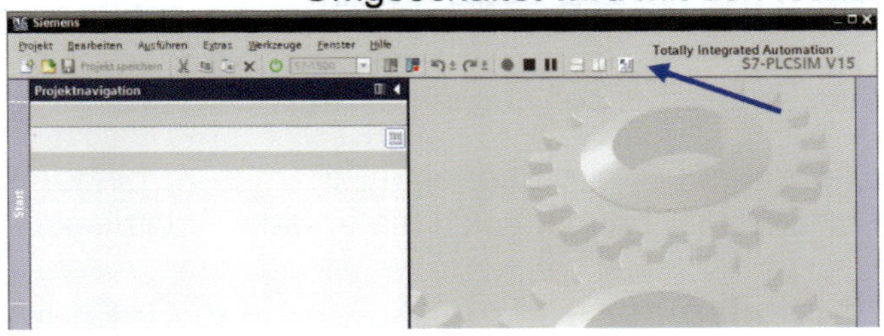

11. Um in dem Simulator Ein- und Ausgänge simulieren / beobachten zu können, muss im Simulator (Detail-Fenster) ein Projekt angelegt werden. ➔ Projekt – Neu... ➔ Erstellen (Das dauert etwas, Geduld!)

12. In der "SIM table_1" können alle Ein- und Ausgänge eingetragen werden, die beobachtet oder gesteuert werden sollen.
    Dazu können die Namen (symbolische) ausgewählt oder die Adressen eingetragen werden.

    Tipp Man kann wie bei Excel den Punkt in der unteren rechten Ecke eines markierten Feldes anfassen und nach unten ziehen, um die nachfolgenden Namen oder Adressen einzufügen.

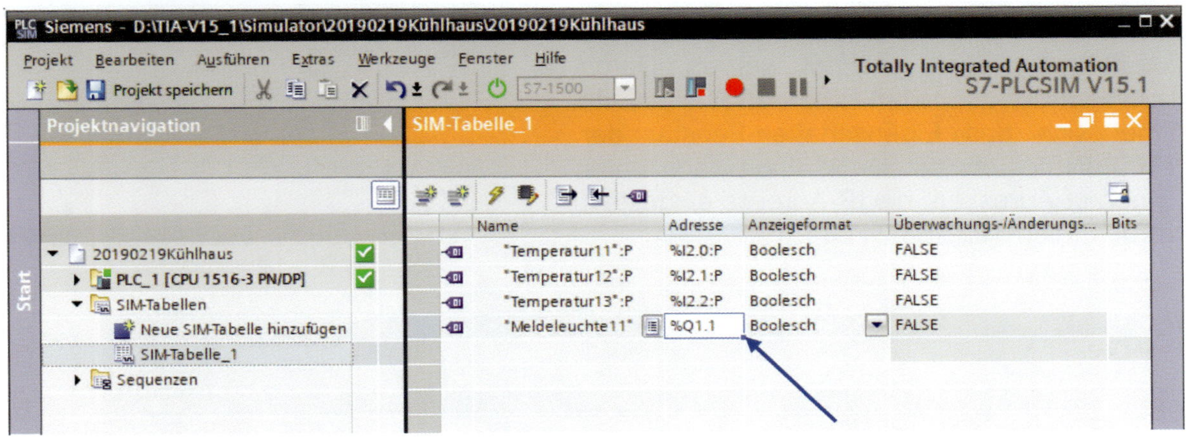

13. Gesteuert werden kann:
    a. durch Anklicken des entsprechenden Bits ➔ direktes Steuern.
    b. durch Eintragen des Wertes (hier "0" für FALSE oder "1" für TRUE) in der Spalte "Überwachungs-/Änderungs...") ➔ direktes Steuern.
    c. durch Eintragen des Wertes (hier "0" für FALSE oder "1" für TRUE) in der Spalte "konsistente Änderung"), dann Markieren der zu ändernden Werte in der rechts danebenstehenden Spalte und dann Drücken des Buttons
    ➔ gleichzeitiges Steuern der markierten Eingänge.

14. Beobachtet werden ebenfalls die jeweiligen Bits der Ausgänge.

Hinweis Der Simulator PLCSIM kann eingeschaltet bleiben, auch wenn Sie nun weiter programmieren wollen. Eine reale PLC würde man ja auch nicht zwischendurch in den Schrank stellen.

Programm testen mit einer realen PLC (SPS)

➔ **(Details und weitere Screenshots: siehe vorherigen Abschnitt (PLCSIM))**

Das Programm soll nun in die reale PLC übertragen und getestet werden.

Die reale PLC wird über eine Ethernet-Verbindung mit dem PC verbunden und gestartet (RUN). Der Schalter befindet sich hinter dem Frontdisplay.

Einstellen der IP-Adresse und des Gerätenamens der PLC

Bisher wurde mit der Standard-IP-Adresse (192.168.0.1) und dem Standard-Gerätenamen (plc_1.profinet-schnittstelle_1) gearbeitet. Wenn in einem Netzwerk mehrere PLCs angeschlossen sind (z.B. in der Schule / Ausbildung), dann müssen die beiden "Adressen" für jede PLC im Netzwerk einmalig sein.

Den Gerätenamen kann man leicht verändern, indem man in der Projektnavigation mit der rechten Maustaste auf die "PLC_1" und dann auf "Umbenennen F2 " klickt.
Hier wird als Gerätename "CPU112" verwendet.

Um die IP-Adresse einzustellen muss die Gerätekonfiguration geöffnet werden. Durch Anklicken der doppelten Ethernet-Schnittstelle öffnet sich das Eigenschaften-Fenster der "PROFINET-Schnittstelle_1". Dort kann unter "Ethernet-Adressen" die IP-Adresse eingestellt werden (hier: 192.168.241.112)

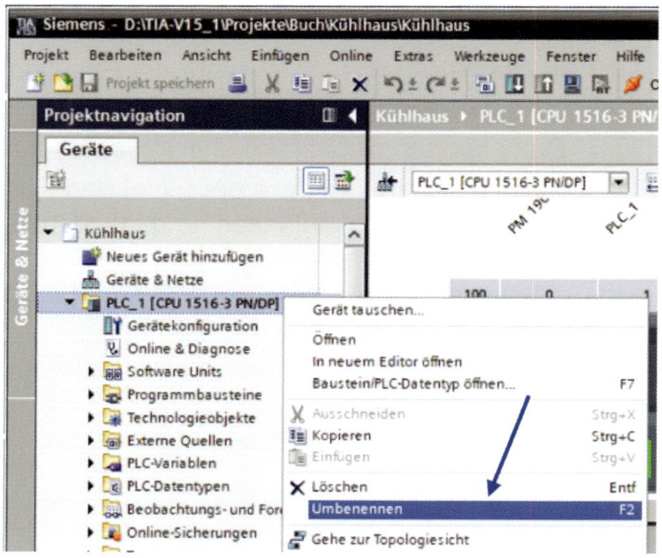

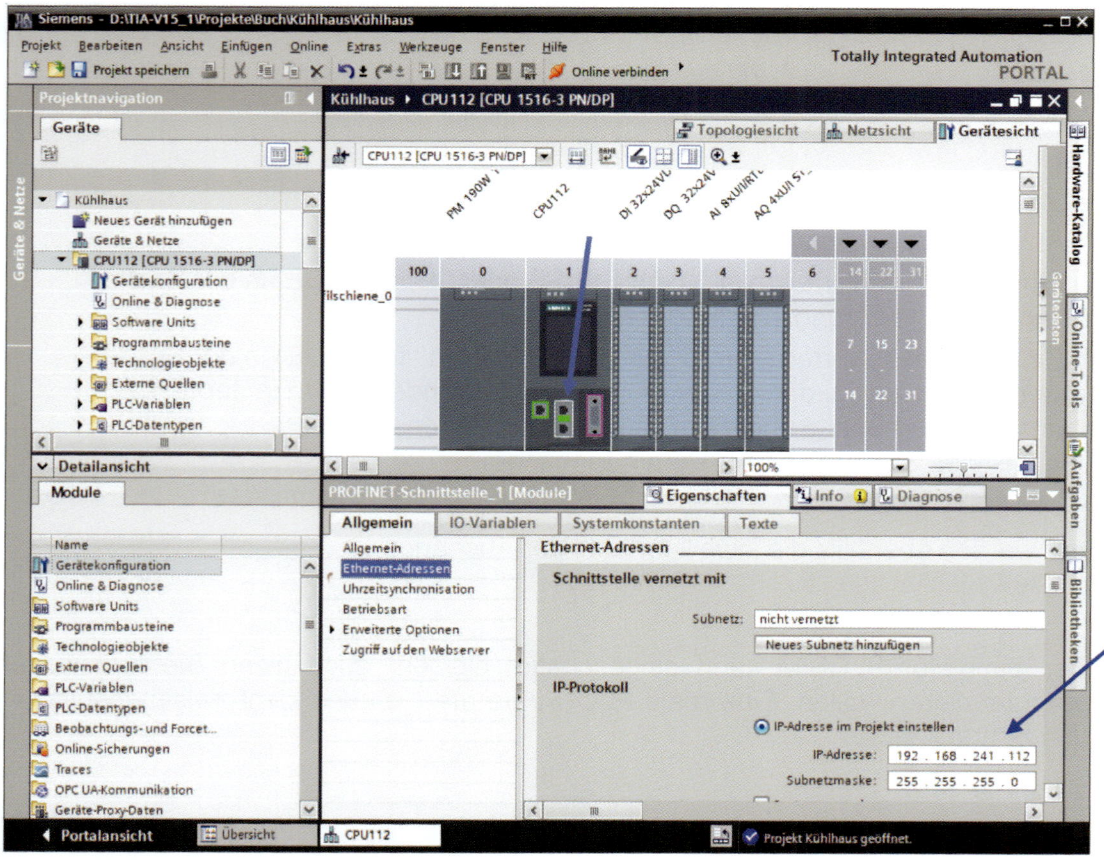

Das Programm vom PC zur PLC übertragen

1. Um das Programm zu übertragen muss in der Projektnavigation die PLC (CPU112 [CPU 1516-3PN/DP]) markiert sein. So wird sichergestellt, dass die **Gerätekonfiguration** und das **Programm** übertragen werden.

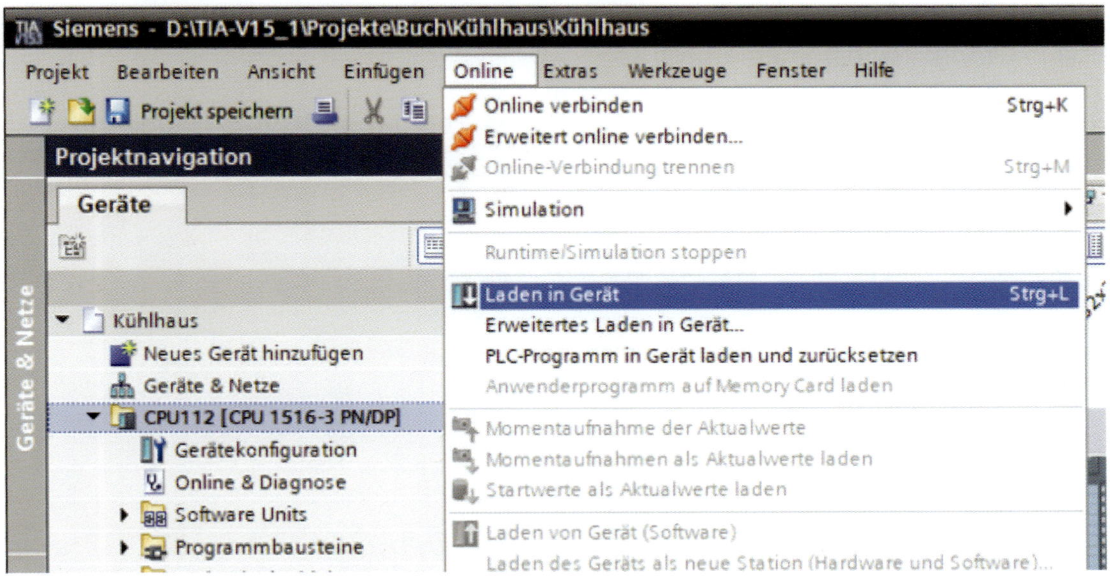

2. Nach Anklicken von "**Online – Laden in Gerät**"

   (oder nach Anklicken des Buttons) erscheint das folgende Fenster "**Erweitertes Laden**".

   Hier müssen eingestellt werden:

Typ der PG/PC-Schnittstelle:	PN/IE
PG-PC-Schnittstelle:	z.B. Realtec…(reale Ethernet-Schnittstelle)

   Durch Anklicken von "**Suche starten**" wird die PLC gesucht.

   Wenn kein Gerät gefunden wird erscheint die Online-Statusinformation:

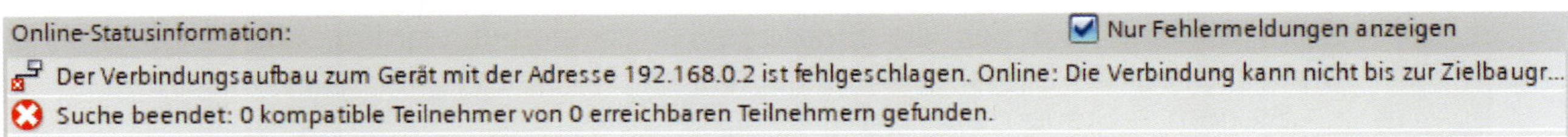

   Meist hilft es dann die Auswahl der zu suchenden Geräte auf "**Alle kompatiblen Teinehmer anzeigen**" zu ändern und die Suche neu zu starten.

   - Bei einer funktionierenden Kommunikation ist die Verbindung zwischen PC und PLC (PLC) als grüne Linie dargestellt.
   - Der "**Laden**"-Button unten rechts ist nun aktiv und muss betätigt werden.
   - Das Programm wird nun übersetzt.

3. Nach dem Übersetzen erscheint das Fenster (Vorschau Laden):

   Hier ist wichtig, dass keine roten Symbole und wenn möglich auch keine Ausrufe-Zeichen auftauchen. Das würde auf einen Fehler o.ä. hinweisen.
   Dann "**Laden**" anklicken, und das Programm wird in die PLC geladen.

4. Im letzten Fenster (Ergebnisse des Ladevorgangs) dann noch "**Baugruppe starten**" markieren und zum Schluss auf "**Fertig stellen**" klicken.
   Die CPU sollte (wenn kein Fehler vorliegt) in den RUN-Modus wechseln.

Das Programm beobachten

Um das Programm beobachten und testen zu können, muss der Baustein, der beobachtet werden soll, geöffnet sein.
Um sich Online mit der PLC zu verbinden und das Beobachten einzuschalten, muss im Editor-Fenster die Schaltfläche angeklickt werden. Die Kopfzeile des Editor-Fensters ändert seine Farbe in Orange (ist parametrierbar).

Organisationsbaustein Main [OB1]: Das Online-Fenster im Modus Beobachten

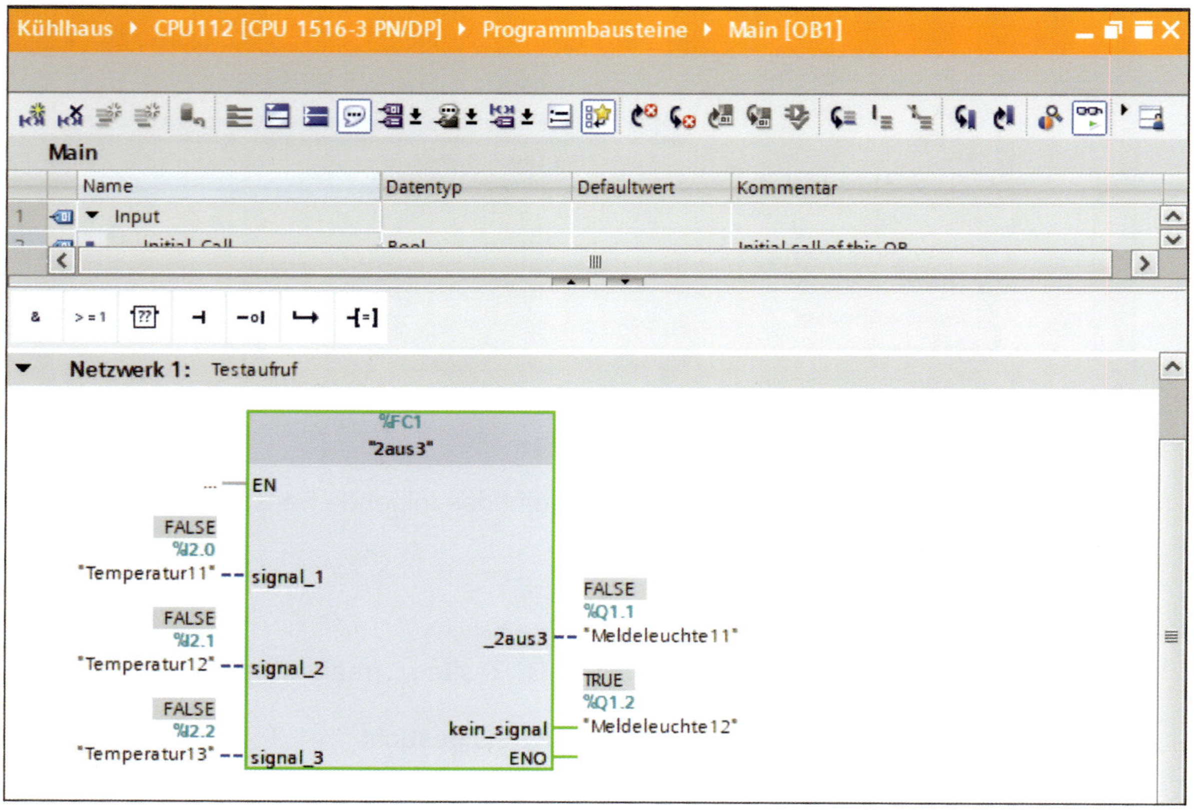

Tipp

Beim Simulator können die Eingänge hier gesteuert werden. Mit einem rechten Mausklick auf die Eingangs-Variable können diese dann geschaltet werden:
– Steuern – Steuern auf 0 / 1
!! Das geht aber nur, wenn die Eingänge nicht anderweitig gesteuert werden !!
(siehe später: "virtuelle Anlagen")

Tipp

Mit einem rechten Mausklick auf den Bausteinaufruf kann dieser nicht nur geöffnet, sondern auch direkt beobachtet werden.

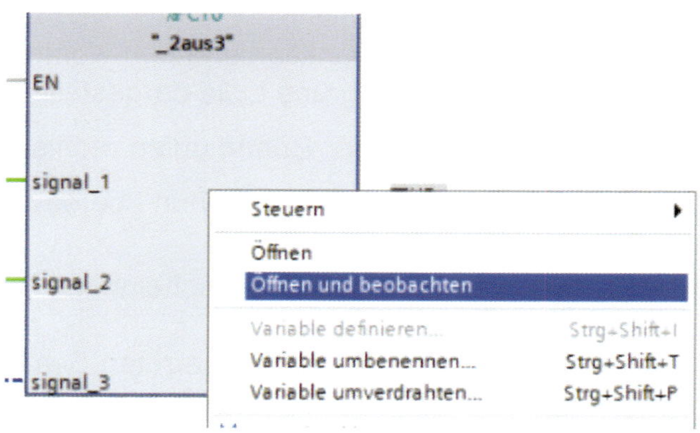

Der nächste Schritt

... in die strukturierte Programmierung

Der Drehstrommotor des Kühlaggregats muss mit dem Y–Δ-Anlassverfahren gestartet werden. Er ist mit einem Motorschutzrelais gegen Überstrom gesichert. Das Auslösen des Not-Halt-Schalters oder eine Überstromauslösung müssen zwingend quittiert werden. Erst danach kann die Anlage wieder in Betrieb gehen.

Da das Anlassverfahren eine in sich abgeschlossene Funktionalität ist, soll sie in einem eigenen Baustein programmiert werden.

Den Funktionsbaustein "Y_D_Anlauf" [FB1] programmieren

Der Motor wird im **Stern-Dreieck-Anlauf (Y-D-Anlauf)** angelassen. Nach 5 Sekunden im Sternbetrieb soll automatisch auf den Dreieckbetrieb umgeschaltet werden.

Weil für diese Funktionalität das **Speichern von Zuständen** erforderlich ist, muss diese Programmlogik in einem **Funktionsbaustein** programmiert werden.

Den Funktionsbaustein "Y_D_Anlauf" [FB1] erstellen

Der FB1 wird auf die gleiche Weise wie der FC1 erstellt:
In der **Projektnavigation** unter Programmbausteine "**Neuen Baustein hinzufügen**" anklicken

Bausteintyp:	**FB**
Name:	**Y_D_Anlauf**
Sprache:	**FUP**
Nummer:	**automatisch (1)**

Die Variablen des "Y_D_Anlauf" [FB1] deklarieren

Der Baustein benötigt Informationen (**Input-Variablen**):

- Start-Signal
- Stopp-Signal
- Not-Halt-Signal
- Quittierungs-Signal
- Zustand des Motorschutzrelais
- Rückmeldung vom Stern-Schütz (Hilfskontakt)

Der Baustein liefert Informationen (**Output-Variablen**):

- Netz-Schütz
- Stern-Schütz
- Dreieck-Schütz
- Signalgebung für den Motorbetrieb
- Fehler-Signal bei Störung

Benötigt werden die **Static-Variablen**:

- Umschaltsignal des Timers
- Speicher für das Fehler-Signal
- Speicher für das Netz-Schütz
- Speicher für das Stern-Schütz
- Speicher für das Dreieck-Schütz
- Speicher für die Flankenerkennung der Quittierung (früher: Flankenmerker)

Benötigt werden auch **Temp-Variablen**:

- "Halt"-Signal
- Signal zum Starten des Timers

Y_D_Anlauf

	Name
1	▼ Input
2	start
3	stopp
4	not_halt
5	quitt
6	motorschutz
7	rueckmeldung_stern
8	▼ Output
9	netz
10	stern
11	dreieck
12	motor_ist_ein
13	fehler
14	▼ InOut
15	<Hinzufügen>
16	▼ Static
17	stat_umschalten
18	stat_fehler
19	stat_netz
20	stat_stern
21	stat_dreieck
22	stat_flanke_quitt
23	▶ ton_y_d
24	▼ Temp
25	temp_halt
26	temp_start_timer
27	▼ Constant
28	<Hinzufügen>

Die Programm-Logik des "Y_D_Anlauf" [FB1] erstellen

Netzwerk 1: Ein Fehler liegt vor, wenn der Motorschutz ausgelöst hat **ODER** eine Not-Halt-Betätigung erfolgt ist! Dieser Fehlerfall muss vorrangig gespeichert werden. Durch die **positive Flanke** des Quittier-Tasters wird eine behobene Störung zurückgesetzt. Die Flankenerkennung ist hier sinnvoll, um eine Dauerbetätigung des Quittier-Tasters auszuschließen.

Eine Flankenauswertung kann immer dann sinnvoll eingesetzt werden, wenn ein Zustandswechsel von „0" auf „1" oder von „1" auf „0" festgestellt werden soll. Es kann so auch ein Impuls gebildet werden, der nur für einen Zyklus vorhanden ist.

Das Fehlersignal soll auch ausgegeben werden, da es später mit einer Meldeleuchte angezeigt werden soll.

Bitverknüpfung: **RS-Baustein, Setzen hat Vorrang**

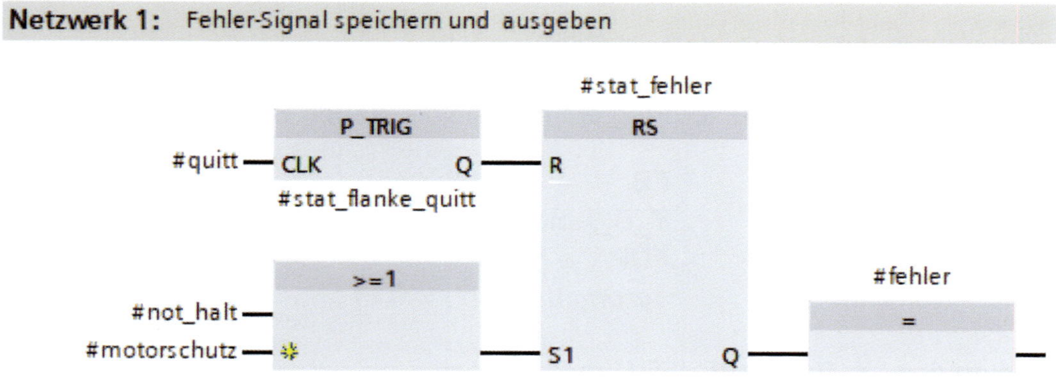

#stat_fehler = #fehler
R: ↑#quitt
S: (#not_halt **ODER** #motorschutz)

Wichtig: Ein Abschalten durch eine Not-Halt-Betätigung oder durch das Auslösen des Motorschutzes muss quittiert werden, bevor der Motor wieder gestartet werden kann!

Allgemeiner Hinweis beim Programmieren von Speicher-Anweisungen:
Die Funktionen Setzen (S) und Zurücksetzen (R) können wie folgt programmiert werden:
- zusammenhängend als RS-Glied (Setzen hat Vorrang)
- zusammenhängend als SR-Glied (Rücksetzen hat Vorrang)
- in zwei einzelnen Netzwerken. Vorrang hat hierbei stets das nachfolgende, also das weiter unten stehende Netzwerk.

Netzwerk 2: Das „Halt"-Signal erzeugen. Der Motor soll ausgeschaltet werden, wenn ein Fehler (#fehler) vorliegt oder wenn von der 2-aus-3-Logik ein Ausschaltsignal (#stopp) kommt.
Bitverknüpfung: **ODER**

(#stat_fehler **ODER** #stopp) = #temp_halt

<u>Netzwerk 3:</u> Das Sternschütz ansteuern. Das Sternschütz soll anziehen, wenn ein **Startsignal** vorliegt **UND** das **Dreieckschütz nicht** eingeschaltet ist. Das Sternschütz fällt wieder ab, wenn ein Halt-Signal kommt **ODER** die Umschaltzeit abgelaufen ist.

Bitverknüpfung: **SR-Baustein, Zurücksetzen hat Vorrang**

#stat_stern = #stern
S: (#start **UND** $\overline{\text{\#stat\_dreieck}}$)
R: (#temp_halt **ODER** #stat_umschalten)

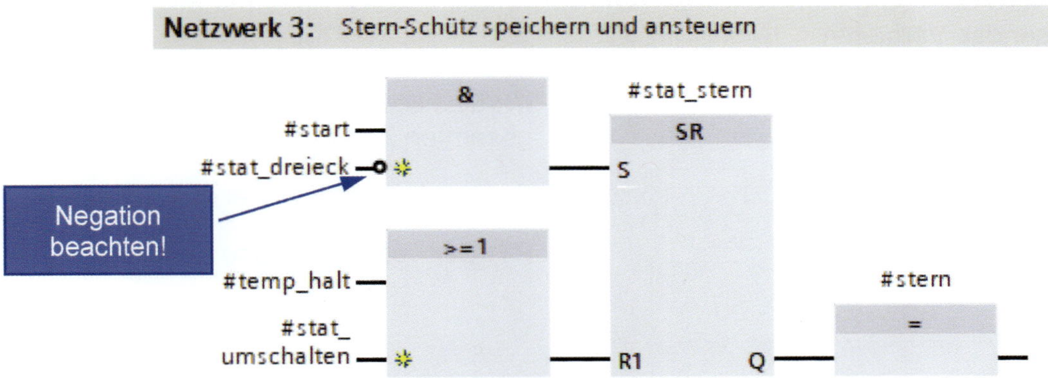

<u>Netzwerk 4:</u> Das Netzschütz ansteuern. Das Netzschütz darf erst anziehen, wenn das Sternschütz angezogen hat **UND** auch der Hilfskontakt des Sternschützes geschlossen ist. Das Netzschütz fällt wieder ab, wenn ein Halt-Signal kommt. Der Speicher des Netzschützes liefert auch das Signal für den Betriebszustand "Motor ist eingeschaltet“. Mit diesem Signal soll später eine Meldeleuchten angesteuert werden.

Bitverknüpfung: **SR-Baustein, Zurücksetzen hat Vorrang**

#stat_netz = #netz = #motor_ist_ein
S: (#rueckmeldung_stern **UND** #stat_stern)
R: (#temp_halt)

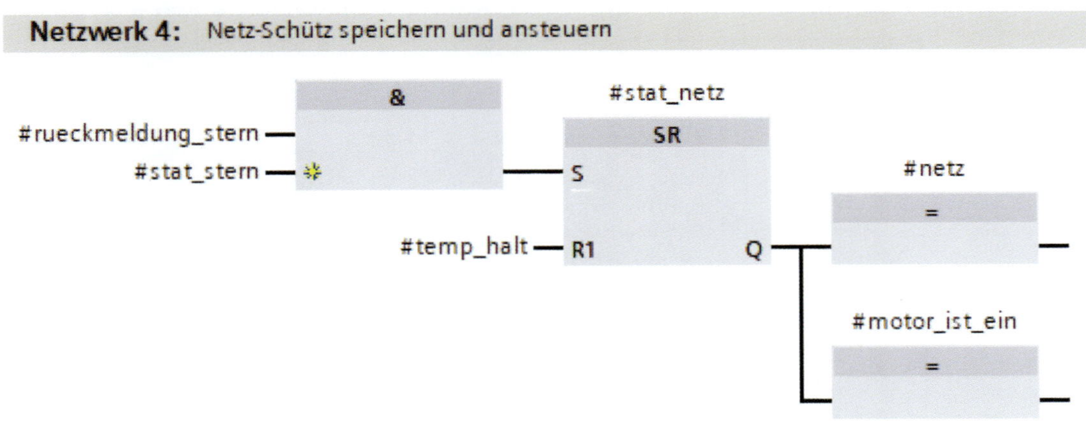

<u>Netzwerk 5:</u> Das Dreieckschütz ansteuern. Das Dreieckschütz soll anziehen, wenn die Umschaltzeit abgelaufen ist. Es soll abfallen, wenn ein Halt-Signal kommt.

Bitverknüpfung: **SR-Baustein, Zurücksetzen hat Vorrang**

#stat_dreieck = #dreieck
S: #stat_umschalten
R: #temp_halt

Netzwerk 6: Die Startbedingung für den Stern-Dreieck-Timer erzeugen. Der Timer wird gestartet, wenn das Stern- **UND** das Netzschütz angezogen sind. Dabei wird auch der Rückmeldekontakt vom Stern-Schütz abgefragt.

Bitverknüpfung: **UND**

(#stat_stern **UND** #rueckmeldung_stern **UND** #stat_netz) = #temp_start_timer

Netzwerk 7: Der **Timer** wird durch die Variable #temp_start_timer gestartet. Nach der Umschaltzeit von 5 Sekunden setzt der Zeitgeber die Variable #stat_umschalten auf „1". Als **Timer** wird der IEC-genormte Timer **TON** verwendet. Dieser Timer mit Einschaltverzögerung hat folgendes Verhalten:

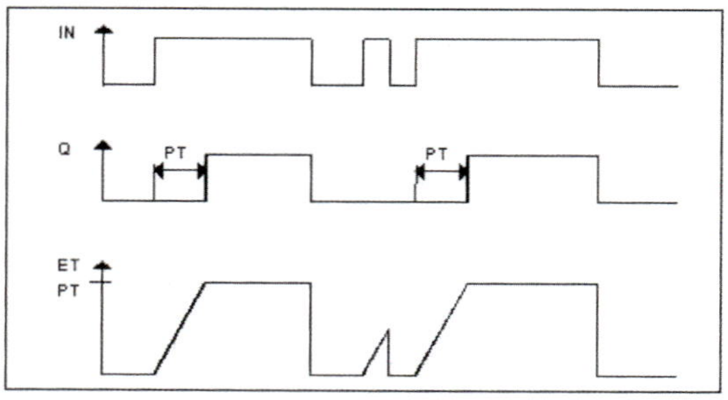

IN: Das Start-Signal muss während der gesamten Zeit eingeschaltet bleiben.

Q: Das Ausgangssignal des Timers

PT: Der vorzugegebene Zeitwert

Die Vorteile der genormten IEC-Timer gegenüber den Simatic-S5-Timern sind:

- **Ihre Multiinstanzfähigkeit:** Die Daten des IEC-Timers werden in den Datenbaustein des FBs integriert
- **Ihre Bibliothekfähigkeit nach IEC 61131:** Die Funktionsbausteine mit lokalen Daten und IEC-Timern sind hardwareunabhängig. Sie können in die S7-Bibliothek eingebunden werden und stehen damit auch anderen PLC-Programmen zur Verfügung.
- **Ihre Zeitvorgabe:** Die Zeitvorgabe umfasst im Format „Time" den Bereich von 1ms bis fast 25 Tage. Die Zeitvorgabe aus der S5-Welt im Format S5Time liegt im Bereich von 10ms bis ca. 2 Stunden und 46 Minuten.

Der IEC-Timer **TON** ist in den "Anweisungen – Einfache Anweisungen – Zeiten" zu finden.

Den Timer **TON** (Einschaltverzögerung) in das Netzwerk ziehen. Es öffnet sich das Fenster:

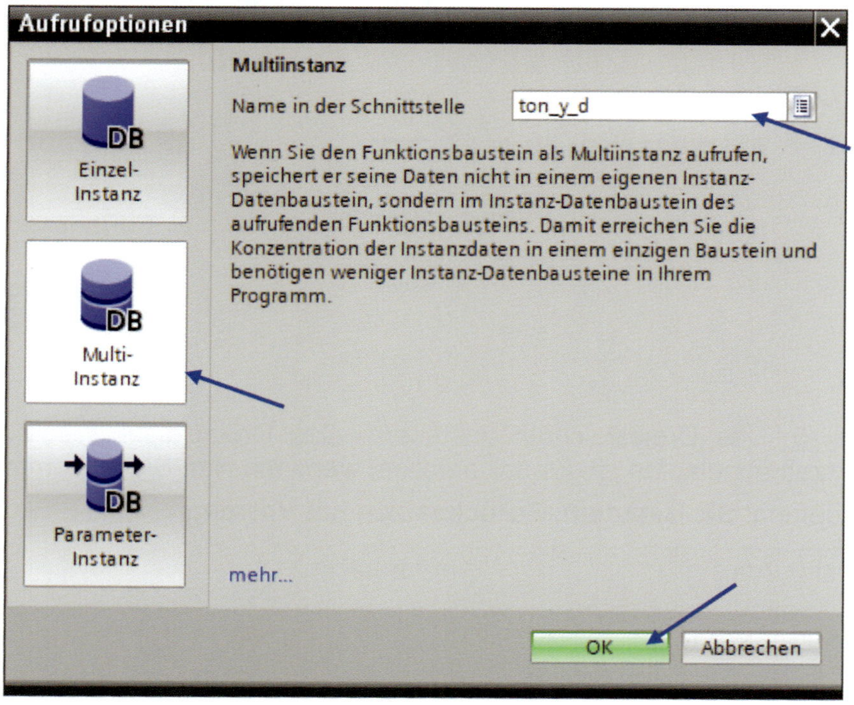

Multiinstanz auswählen und der Schnittstelle einen sinnvollen **Namen** geben.

Mit **OK** das Fenster schließen.

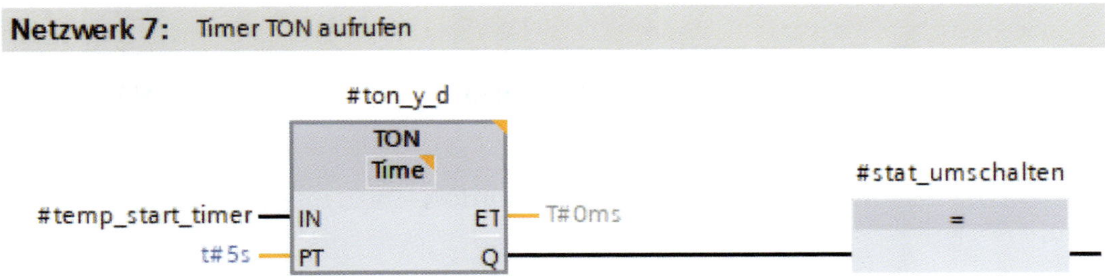

IN: #temp_start_timer
PT: T#5s Q: #stat_umschalten

Hinweis Die Daten für den Timer sind in den Static-Variablen des Bausteins integriert. Dort steht jetzt eine neue Variable **ton_y_d** mit einigen "Untervariablen":

▼ Static		
stat_umschalten	Bool	false
stat_fehler	Bool	false
stat_netz	Bool	false
stat_stern	Bool	false
stat_dreieck	Bool	false
stat_flanke_quitt	Bool	false
▼ ton_y_d	TON_TIME	
PT	Time	T#0ms
ET	Time	T#0ms
IN	Bool	false
Q	Bool	false

Wichtig Bei der Stern-Dreieck-Schaltung entsteht ein Kurzschluss zwischen den Außenleitern, wenn das Stern- **UND** das Dreieckschütz gleichzeitig angezogen sind. Deshalb ist eine Kontaktverriegelung im Steuerstromkreis vor den realen Schützen zwingend erforderlich. Ein Öffner (NC, Normally closed) des Sternschützes liegt vor der Spule des Dreieckschützes und ein Öffner (NC, Normally closed) des Dreieckschützes liegt vor der Spule des Sternschützes. Nur diese Hardwarekontakte außerhalb des Automatisierungsgerätes bieten einen sicheren Kurzschlussschutz!

schon gespeichert??

Den Organisationsbaustein Main [OB1] ändern, um den "Y_D_Anlauf" [FB1] zu testen

Der Baustein **"Y_D_Anlauf" [FB1]** ist allein nicht lauffähig. Er muss vom zyklisch arbeitenden Organisations-Baustein OB1 aufgerufen werden:

Den OB1 durch einen Doppelklick öffnen!

Es soll nun der **FB1 am Kühlraum 1 getestet werden**. Dazu muss er vom OB1 aus aufgerufen werden:

1. Im **Netzwerk 1** wird aktuell die Funktion **FC1** aufgerufen werden. Diesen Aufruf **löschen**, so dass der OB1 nur ein leeres Netzwerk 1 hat.
2. Nun im **Netzwerk 1** den **Programmbaustein Y_D_Anlauf** per drag & drop in das Netzwerk 1 ziehen. Dabei öffnet sich ein Fenster:

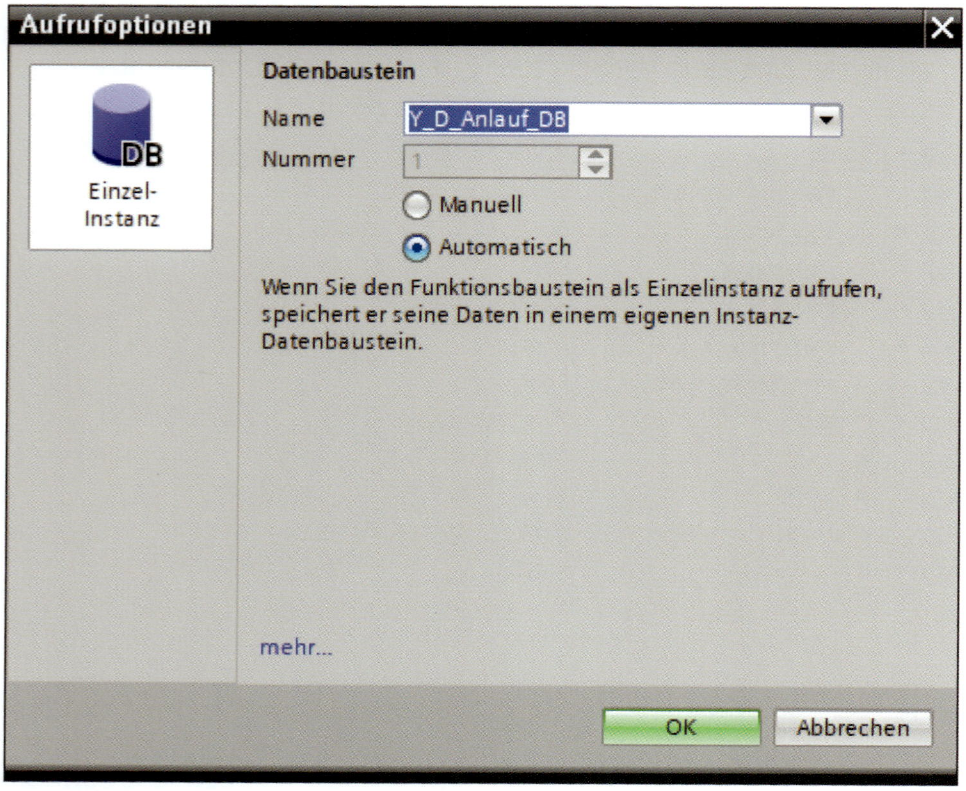

→ OK

Es wurde ein Instanzdatenbaustein **"Y_D_Anlauf_DB" [DB1]** angelegt.

Das Netzwerk 1 im OB1:

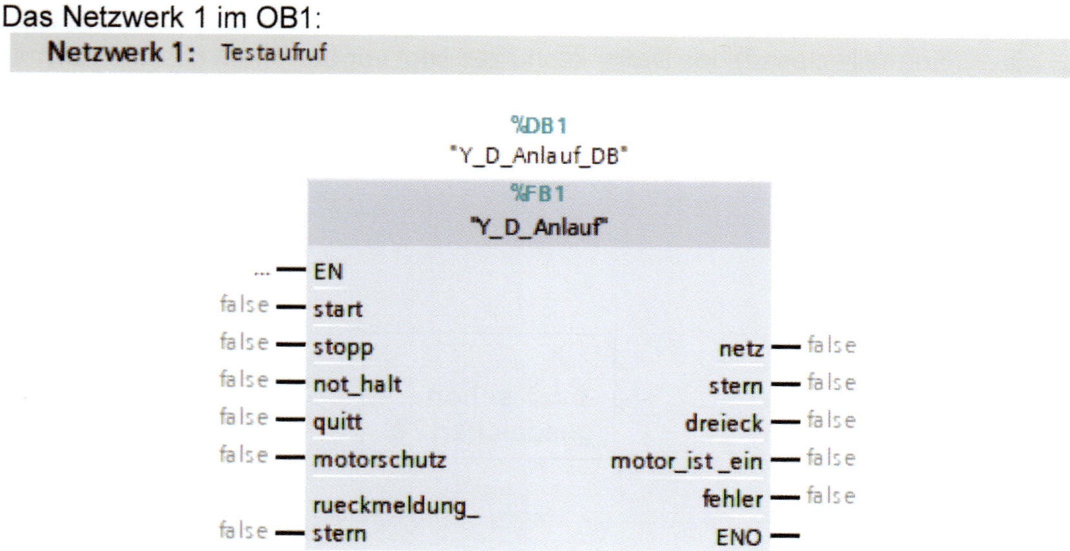

Für **start** und **stopp** sollen hier die beiden Taster **"Ein_1"** und **"Aus_1"** des ersten Kühlraumes verwendet werden. An die Ausgänge **fehler** und **motor_ist_ein** können für Testzwecke die beiden Meldeleuchten des ersten Kühlraums angeschlossen werden.

Die Eingänge mit Öffner-Kontakten müssen noch negiert werden! (Warum das?)

Netzwerk 1: Testaufruf

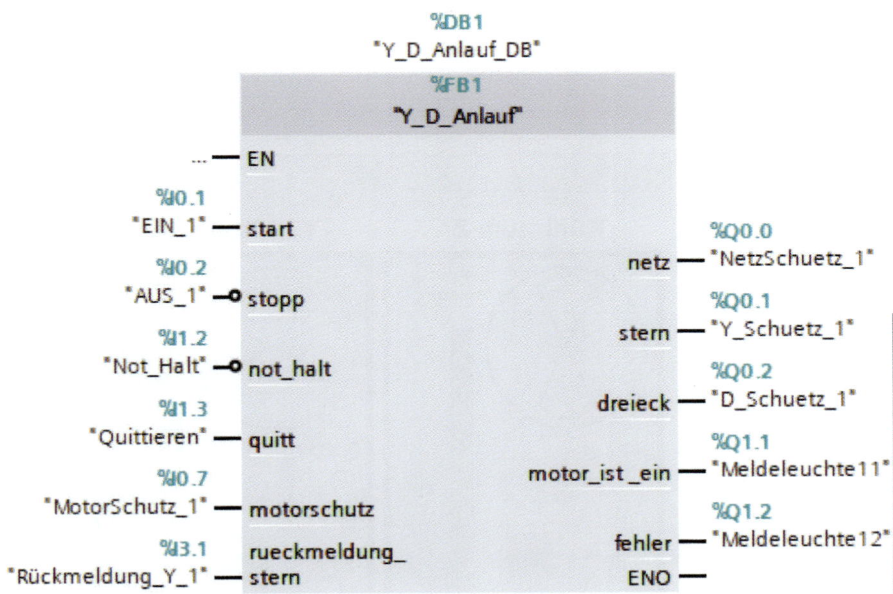

Tipp:

mit dem Button können die Variableninformationen ein- und ausgeschaltet werden.

"AUS_1"	%I0.2	S2, Öffner NC, schwarz
"D_Schuetz_1"	%Q0.2	Q12, Dreieck-Schütz 1
"EIN_1"	%I0.1	S1, Schließer NO, weiss
"Meldeleuchte11"	%Q1.1	P11, grün
"Meldeleuchte12"	%Q1.2	P12, gelb
"MotorSchutz_1"	%I0.7	F1, Schließer NO
"NetzSchuetz_1"	%Q0.0	Q1, Netz-Schütz für Motor M1
"Not_Halt"	%I1.2	S12, Öffner NC, rot
"Quittieren"	%I1.3	S13, Schließer NO, blau
"Rückmeldung_Y_1"	%I3.1	Q11, Hilfskontakt 13-14, Freigabe für Netzschütz, NO
"Y_Schuetz_1"	%Q0.1	Q11, Stern-Schütz 1

➔ **Nun kann das Testprogramm für den Y-D-Anlauf ausprobiert werden!**

Die **Struktur des Test-Programms** für den "Y_D_Anlauf" [FB1] sieht nun wie folgt aus:

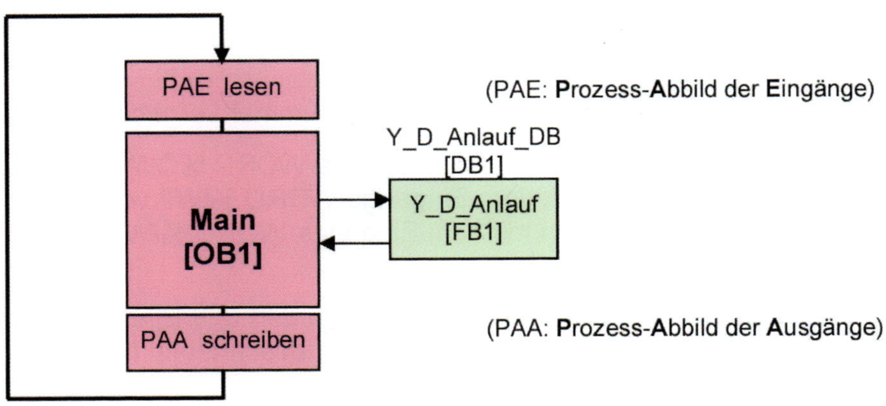

schon gespeichert??

Und wie klappt das **Testen** mit dem **Simulator** oder der **echten PLC**?

Anstrengend, immer an den Rückmeldekontakt vom Sternschütz zu denken!

Kann man das nicht verbessern?

Doch!

➔ mit einer

Anlagensimulation mit einer virtuellen Anlage

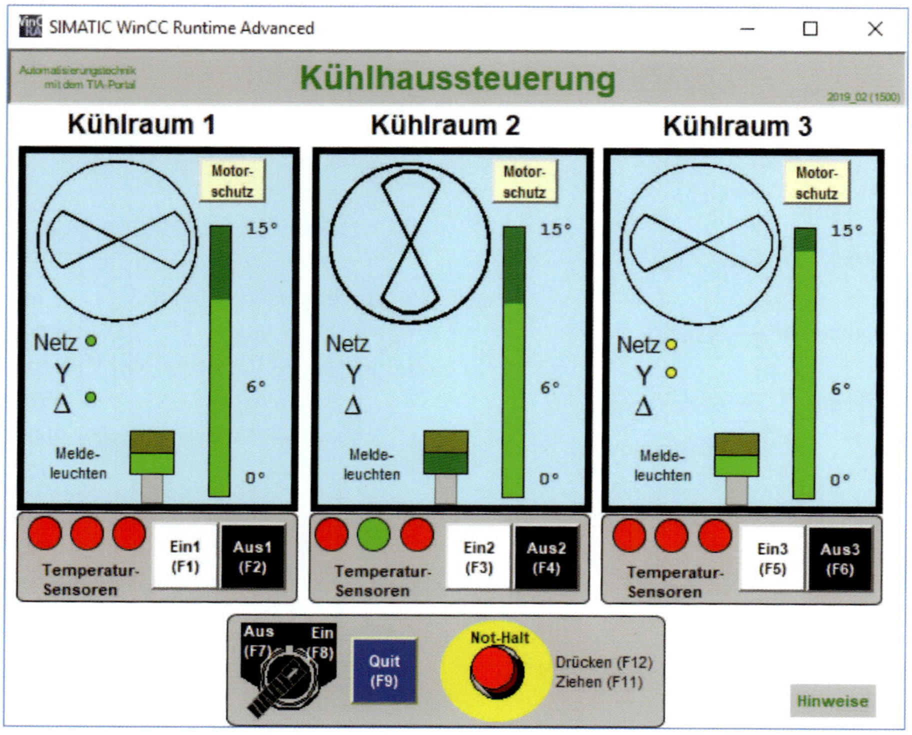

Hinweis Die Simulation der Anlagen übernimmt ein Funktionsbaustein, der in einer Bibliothek hinterlegt ist. Damit er das Prozessabbild der Eingänge der PLC überschreiben kann, muss er im **OB1** als allererstes aufgerufen werden, im **Netzwerk 1**.

Und wie kommt man an den Funktionsbaustein??

(Kurz-) Übersicht über das Vorgehen:

- Die globale Bibliothek "Virtuelle Anlagen V15_1" öffnen. (evtl. andere Versionen)
- Den FB **"84_Kuehlhaus" (FB84)** aus der geöffneten Bibliothek - Kopiervorlagen im Netzwerk1 des OB1 aufrufen
- Den Datenbaustein **DB84** (manuell die Nummer vergeben!) als Instanz-DB eintragen.
- Den Eingang **aktoren** mit dem Ausgangs-WORD **%QW0** verschalten, den Ausgang **taster** mit dem Eingangs-WORD %**IW0** verschalten, und den Ausgang **sensoren** mit dem Eingangs-WORD **%IW2** verschalten.

Hinweis Das genaue Vorgehen zum Downloaden und Einbinden der virtuellen Anlage ist im Kapitel "virtuelle Anlagen einbinden" beschrieben (vorletztes Kapitel im Buch)

Den Test erweitern auf 3 Kühlräume

Mit dem FB1 (Y-D-Anlauf) können auch die anderen Kühlaggregate angesteuert werden. Dazu muss der FB1 dreimal aufgerufen werden. Natürlich wird er bei jedem Aufruf mit den Tastern, Schützen und Meldeleuchten des entsprechenden Raumes "verdrahtet".

Und was ist mit den Datenbausteinen?

- Jedes Mal denselben DB?
  ➔ Dann kann man das erste Netzwerk ja einfach kopieren und anschließend die Ein- und Ausgänge anpassen!
    ➔ Aber dann haben alle Motoren denselben Speicher!
- Oder jedes Mal einen anderen Datenbaustein, z.B. DB2, DB3?
  ➔ Dann hat jeder Motor seinen eigenen Speicher!
    ➔ besser!

Man kann das erste Netzwerk trotzdem kopieren, muss dann aber die "Instanz ändern...". Dadurch bekommt der FB-Aufruf einen anderen Datenbaustein zugeordnet:

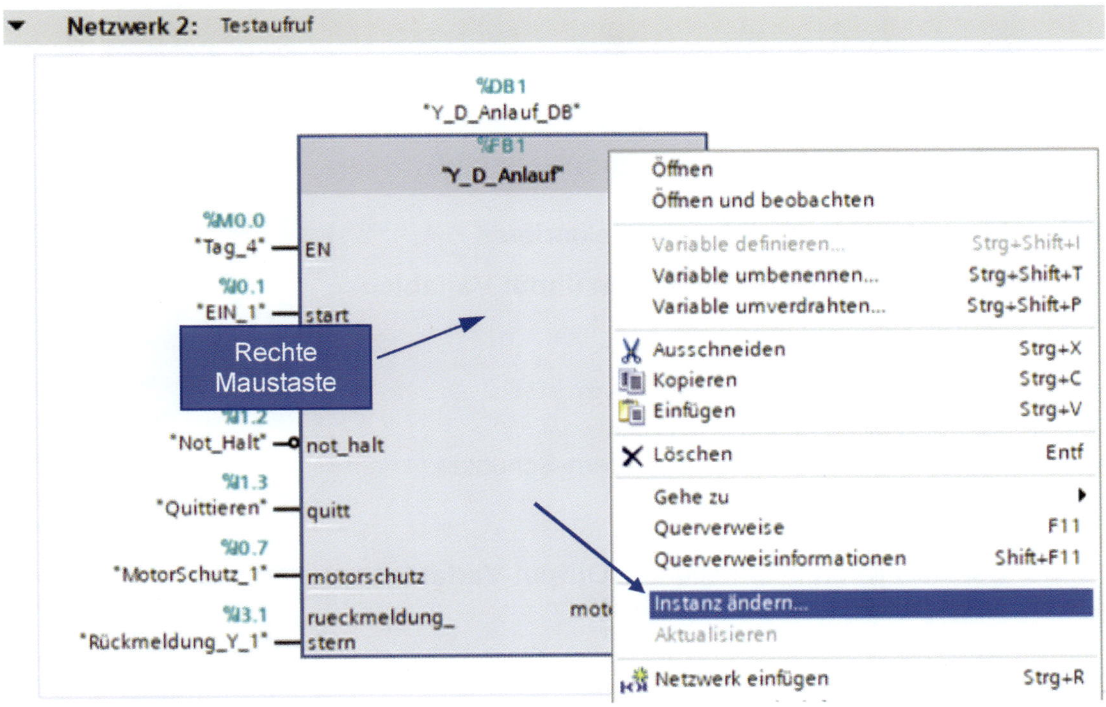

Das System legt einen neuen Datenbaustein an. Sie können den Datenbausteinen bei der Gelegenheit auch einen sinnvollen Namen geben!

⚠ **schon gespeichert??**

Der vorletzte Schritt: Die Automatisierung eines Kühlraumes

Die notwendigen Funktionalitäten für die Automatisierung eines Kühlraumes sind nun programmiert und getestet:

- der Baustein "2aus3" [FC1] zum Starten und Stoppen der Kühlung.
- der Baustein "Y_D_Anlauf" [FB1] für den Y-Δ-Anlauf der Motoren.

Diese beiden Bausteine sollen zusammen für das Automatisieren genutzt werden.
Dazu werden sie in einem neuen Baustein "Kuehlraum" [FB2] aufgerufen. Dieser Baustein enthält dann das für **einen** Kühlraum notwendige Programm. Je nach Anzahl der Kühlräume muss der FB2 entsprechend oft (im OB1) aufgerufen werden.

Den Funktionsbaustein "Kuehlraum" [FB2] programmieren

Der FB2 wird auf die gleiche Weise wie der FB1 erstellt.

Bausteintyp:	**FB**
Name:	**Kuehlraum**
Sprache:	**FUP**
Nummer:	**automatisch (2)**

Die Variablen des FB2 „Kuehlraum" deklarieren

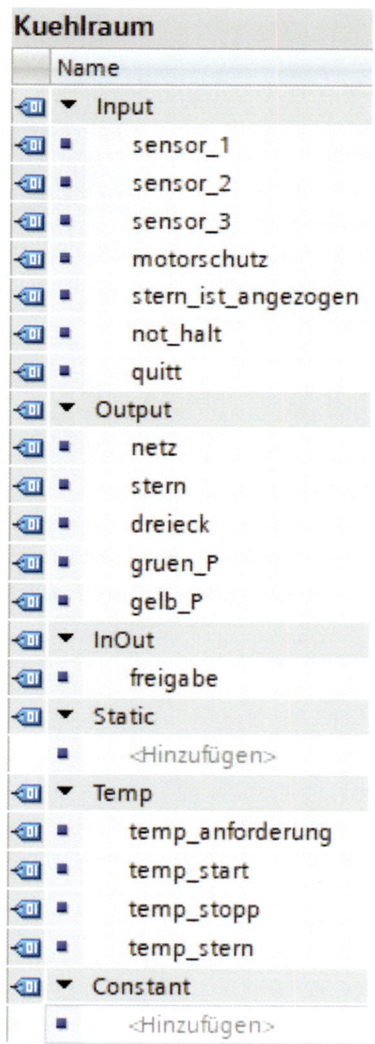

Der Baustein benötigt Informationen (**Input-Variablen**):

- Signal vom Temperatursensor 1
- Signal vom Temperatursensor 2
- Signal vom Temperatursensor 3
- Zustand des Motorschutzrelais
- Signal vom Hilfskontakt des Stern-Schützes
- Not-Halt-Signal
- Quittierungs-Signal

Der Baustein liefert Informationen (**Output-Variablen**):

- Netz-Schütz
- Stern-Schütz
- Dreieck-Schütz
- grüne Meldeleuchte
- gelbe Meldeleuchte

Benötigt wird eine **InOut-Variable**:

- Freigabe des Motorstarts
  Der Zustand wird evtl. geändert und an den OB1 zurückgegeben.

Benötigt werden keine **Static-Variablen**:
(Diese werden später automatisch generiert!
Stichwort: "Multiinstanz")

Benötigt werden folgende **Temp-Variablen**:

- "anforderung"-Signal
- "start"-Signal
- "stopp"-Signal
- "stern"-Signal

Die Programm-Logik des "Kuehlraum" [FB 2] erstellen

Netzwerk 1:

Es wird die Funktion "2aus3" [FC1] aufgerufen.

Die deklarierten IN-Variablen **#sensor1**, **#sensor2** und **#sensor3** werden an die 2-aus-3-Auswertelogik übergeben.

Die beiden Ausgangs-Signale der Funktion "2aus3" (_2aus3 und kein_signal) werden mit den deklarierten temporären Variablen **#temp_anforderung** und **#temp_stopp** verbunden.

Netzwerk 2:

In diesem Netzwerk wird das Start-Signal für den Y_D_Anlauf erzeugt: Nur wenn die **Freigabe UND die Anforderung** (Temp.) vorliegen (ein "1"-Signal führen) soll das **Start**-Signal (Temp.) für den Motor ein "1"-Signal haben.

Netzwerk 3:

Es wird der Funktionsbaustein "Y_D_Anlauf" [FB1] als **Multiinstanz-DB** aufgerufen.

Die temporären Variablen **#temp_start** und **#temp_stopp** aus dem Netzwerk 1 und die deklarierten Input-Variablen **#not_halt**, **#quitt**, **#motorschutz** und **#stern_ist_angezogen** werden an den Programmbaustein für den Y_D_Anlauf übergeben.

Der Baustein "Y-D-Anlauf" übergibt seine Informationen an die (hier gleichlautenden) deklarierten Output-Variablen **#netz** und **#dreieck.** Das "motor_ist_ein"-Signal soll an **#gruen_P** und das "fehler"-Signal soll an die Output-Variable **#gelb_P** übergeben werden.

➔ Nur das Signal für das Stern-Schütz wird an die Temp-Variable **#temp_stern** übergeben, da diese Information im letzten Netzwerk abgefragt werden muss!

Netzwerk 4:

In diesem Netzwerk muss das Freigabe-Signal zurückgesetzt werden, wenn der Motor anläuft. Das ist notwendig, damit für die im Programm nachfolgenden Kühlräume keine Freigabe mehr vorliegt, wenn der Motor dieses Kühlraumes gerade anläuft.

Das Signal **#freigabe** ist daher als IN_OUT-Variable deklariert. Bei diesem Typ wird das Signal in den Baustein übergeben, kann dort verändert werden. Der geänderte Wert wird dann wieder zurückgegeben.

Zum Veranschaulichen:

> Situation: Der Not-Halt wurde betätigt, alle Kühlräume sind warm und "wollen" kühlen. Wenn nun der Not-Halt gezogen und der Quitt-Taster betätigt wurde, dann wollen alle drei Kühlräume in einem PLC-Zyklus starten. Das muss natürlich verhindert werden. Der (im Programm) erste Kühlraum bekommt dann als Freigabe ein "1"-Signal, startet den Motor und setzt das Freigabe-Signal zurück (auf "0"). Dieses Signal wird dann an den (im Programm) nachfolgenden Kühlraum weitergeben. u.s.w.

In unserem Fall sieht das Netzwerk 4 dann so aus:

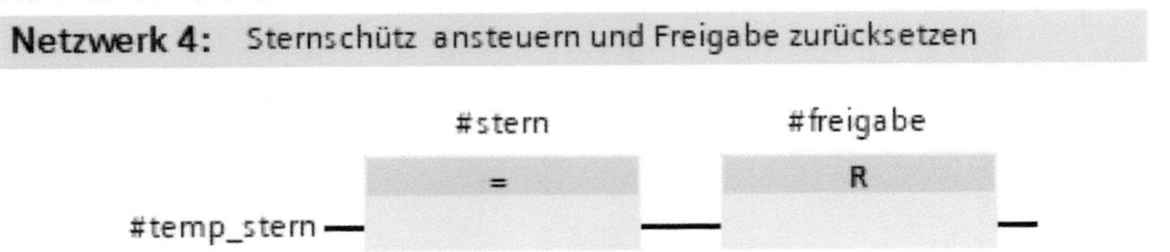

Test des [FB2] "Kuehlraum" im Main [OB1]

Als Erstes müssen im **OB1** die bisherigen Test-Aufrufe gelöscht werden. Es bleibt **nur der Aufruf der virtuellen Anlage im Netzwerk 1** erhalten!

Der "Kuehlraum" [FB2] wird nun im Netzwerk 2 aufgerufen und mit den entsprechenden Ein- und Ausgängen des Kühlraums 1 verschaltet.

Beim Anlegen der "Instanz" (Datenbaustein) sollte jetzt auch gleich der Name sinnvoll geändert werde. Da wir mehrere Kühlräume haben, sollten die Namen der Datenbausteine auch entsprechend nummeriert werden (hier "Kuehlraum_1_DB").

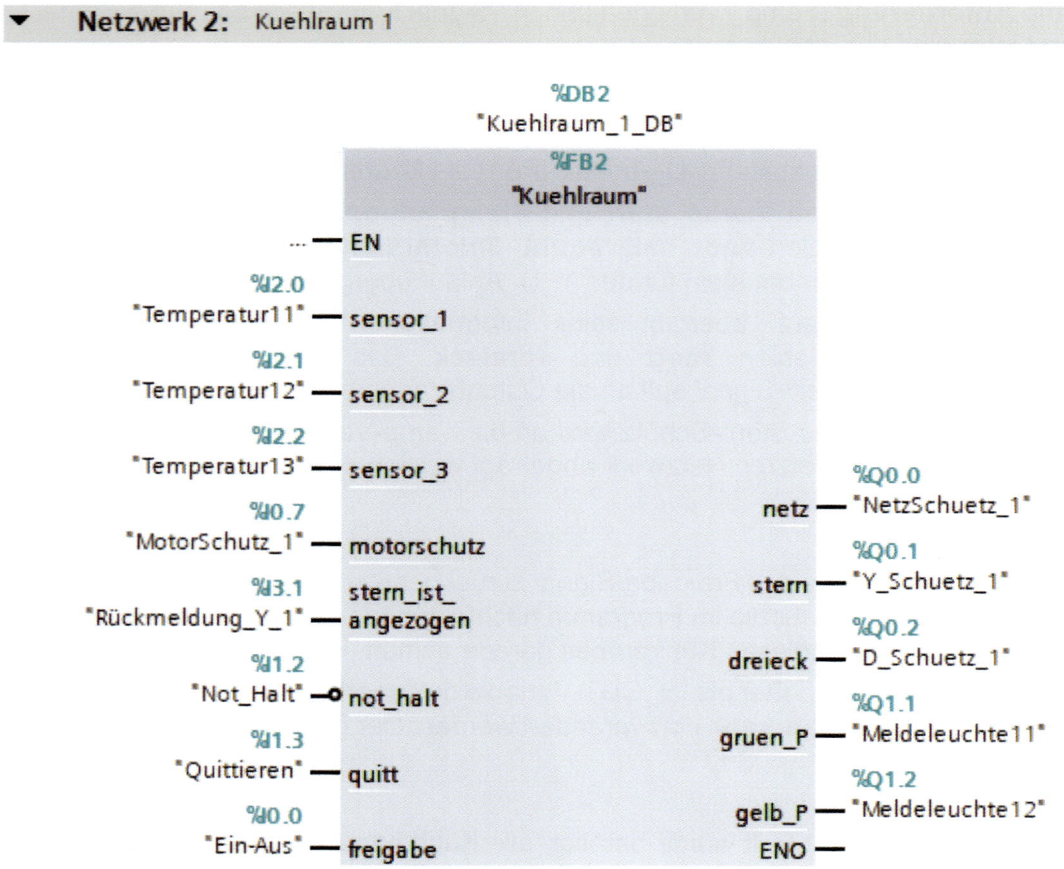

Hinweis

1. Für die Freigabe den Schalter S10, "Ein-Aus", %I0.0 (E0.0) verwenden.
2. An das Negieren des "Not-Halt" gedacht?

schon gespeichert??

Interessant ist jetzt das Online-Beobachten des Bausteins-Aufrufes FB2 im OB1, speziell die **IN_OUT-Variable "Freigabe"**: In dem Moment, wo der Motor gestartet und das Sternschütz angesteuert wird, ist folgendes zu beobachten:

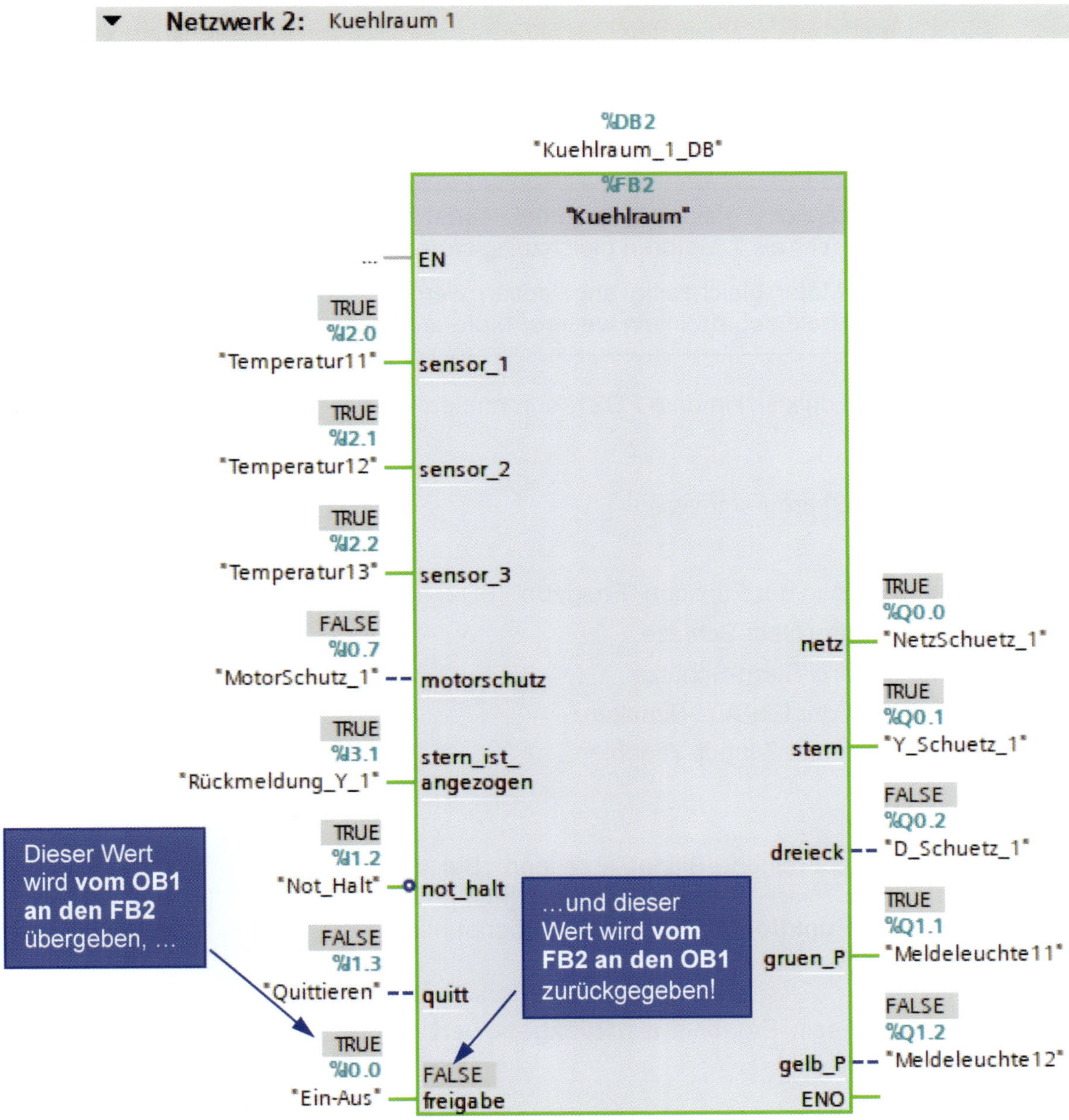

Das Freigabe-Signal wird im FB2 modifiziert und dann an den OB1 zurückgegeben!

Der letzte Schritt: Die Automatisierung des Kühlhauses

... und der Abschluss dieses Projektes

Es fehlt noch die energieeffiziente Steuerung des Kühlhauses:
In der Aufgabenstellung heißt es:

> Um das Stromnetz möglichst gleichmäßig zu belasten und Stromspitzen zu vermeiden -
> - dürfen nicht mehr als 2 Motoren gleichzeitig laufen.
> - darf nur ein Motor gleichzeitig angelassen werden. Solange sich ein Motor im Stern-Betrieb befindet, darf kein weiterer Motor angelassen werden.

Die dafür notwendige Logik soll in dem FC2 programmiert werden.

Die Funktion "Freigabe" [FC2] programmieren

Welche Signale werden in der Funktion "Freigabe" [FC2] benötigt?

- der Zustand der drei Netz-Schütze,
- der Zustand der drei Stern-Schütze
- als Hauptschalter der Ein-Aus-Schalter

➔ Der Baustein bekommt 7 Input-Variablen

Der FC2 soll nur das Freigabe-Signal erzeugen. Bei der Gelegenheit können wir die "Freigabe" [FC2] so programmieren, wie **Funktionen** laut Norm programmiert werden müssen:

➔ Eine Funktion gibt sein Ergebnis als **Rückgabewert** an das Programm zurück.

Der Rückgabewert ist in der Schnittstelle unter **Return** eingetragen und hat den Namen **des Bausteins "Freigabe"**, der nicht geändert werden kann. Durch Eintragen eines Datentyps (hier BOOL) wird er aktiviert.

(Es werden noch Temp-Variablen benötigt, die beim Programmieren eingetragen werden!)

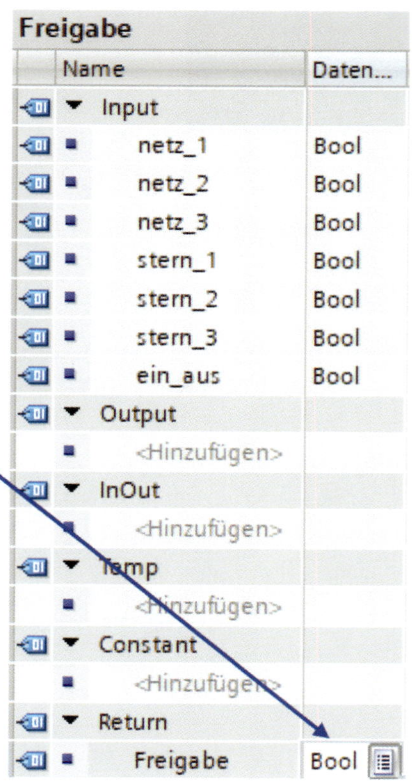

Die Programmlogik:

Es gibt 4 Möglichkeiten, warum **keine Freigabe** erfolgen soll:

- wenn schon 2 Motoren laufen (erkennbar an den Netzschützen).
- wenn eines der drei Sternschütze angesteuert ist.

Die erste Möglichkeit ist nichts anderes als eine 2-aus-3-Abfrage, die wir bereits programmiert haben.
➔ Im Netzwerk 1 können wir die Funktion "2aus3" [FC1] aufrufen.

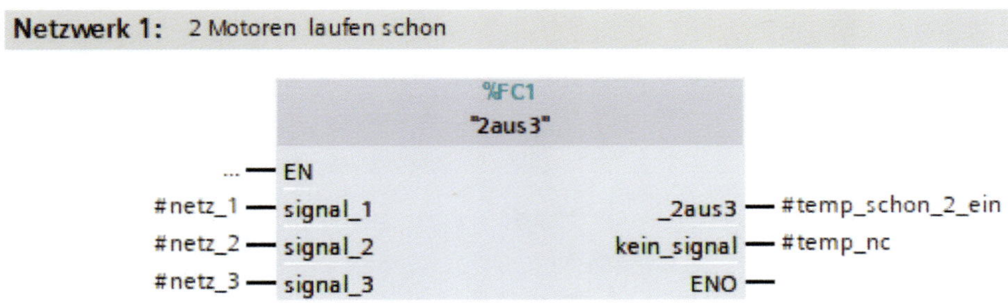

<u>Hinweis</u>: Nicht benutzte Ein- oder Ausgänge von FC's müssen trotzdem mit einer Variablen beschaltet werden. Hier wird der Ausgang "kein_signal" nicht benutzt. Es wurde eine Temp-Variable **#temp_nc** deklariert, die nicht weiterverwendet wird.

Die Variable **#temp_schon_2_ein** ist ebenfalls als Temp-Variable deklariert, um die Information in das Netzwerk 2 weitergeben zu können.

Bei der Eingabe der beiden Temp-Variablen fällt auf, dass sie rot unterstrichen sind. Das könnte daran liegen, dass man sich verschrieben hat oder es die Variable, wie in unserem Fall, noch nicht gibt.

Kein Problem, man kann das natürlich im Deklarationsteil nachholen oder so:

- Rechte Maustaste auf den Variablennamen: Variable definieren...
- Local Temp auswählen ➔ definieren

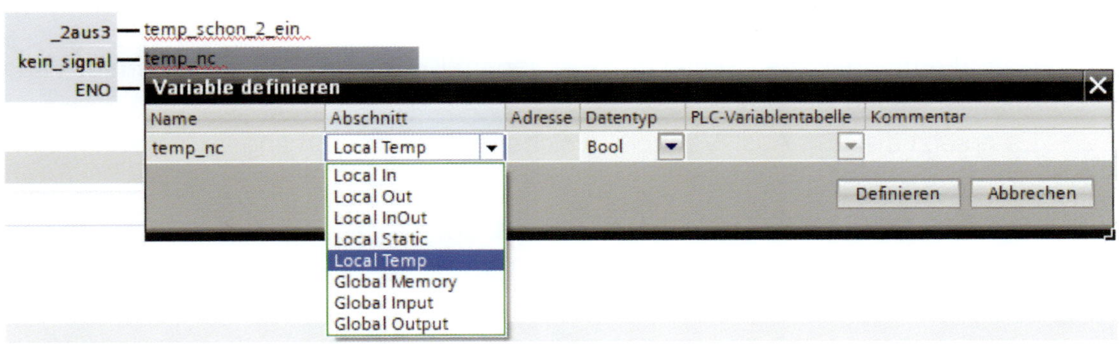

Im Netzwerk 2 steht nun die Logik für den Return-Wert #Freigabe:

$$\overline{(\#temp\_schon\_2\_ein + \#stern\_1 + \#stern\_2 + \#stern\_3)} * ein\_aus = \#Freigabe$$

Oder auch 😉:

$$\overline{\#temp\_schon\_2\_ein} * \overline{\#stern\_1} * \overline{\#stern\_2} * \overline{\#stern\_3} * ein\_aus = \#Freigabe$$

Das komplette Kühlhaus-Projekt

Um das ganze Kühlhaus zu automatisieren, müssen die Bausteine im OB1 aufgerufen werden:

1. virtuelle Anlage
2. Erzeugen des Freigabe-Signals
3. Kühlraum 1 mit dem Datenbaustein "Kuehlraum_1_DB"
4. Kühlraum 2 mit dem Datenbaustein "Kuehlraum_2_DB"
5. Kühlraum 3 mit dem Datenbaustein "Kuehlraum_3_DB"

zu 2.

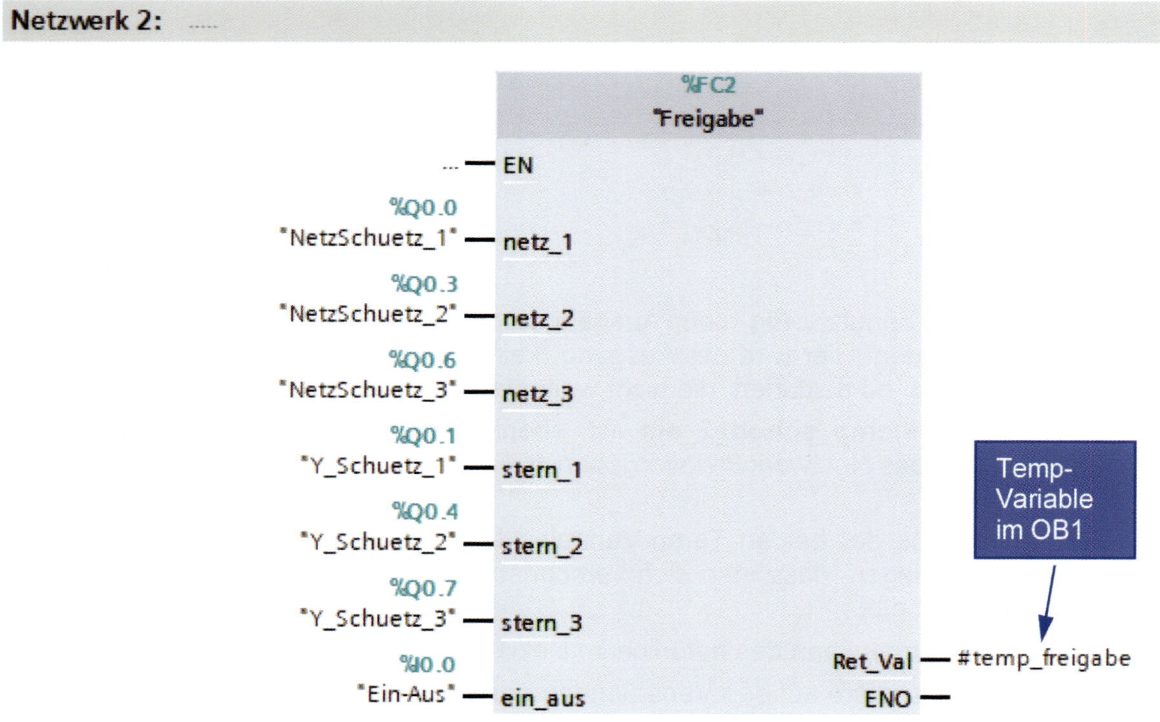

Das "#temp_freigabe"-Signal muss an jedem Kühlraum [FB2] an der Input-Variable #freigabe angeschlossen werden.

Es ersetzt die "Ein-Aus"-Variable, welche wir zum Testen angeschlossen hatten.

Ist die Variable #temp_freigabe rot unterstrichen?

➔ Einfach im Lokal-Deklarationsteil im OB1 nachdeklarieren.

viel Erfolg!

Projektübersichten

Struktur des ganzen Programms

(ohne die virtuelle Anlage)

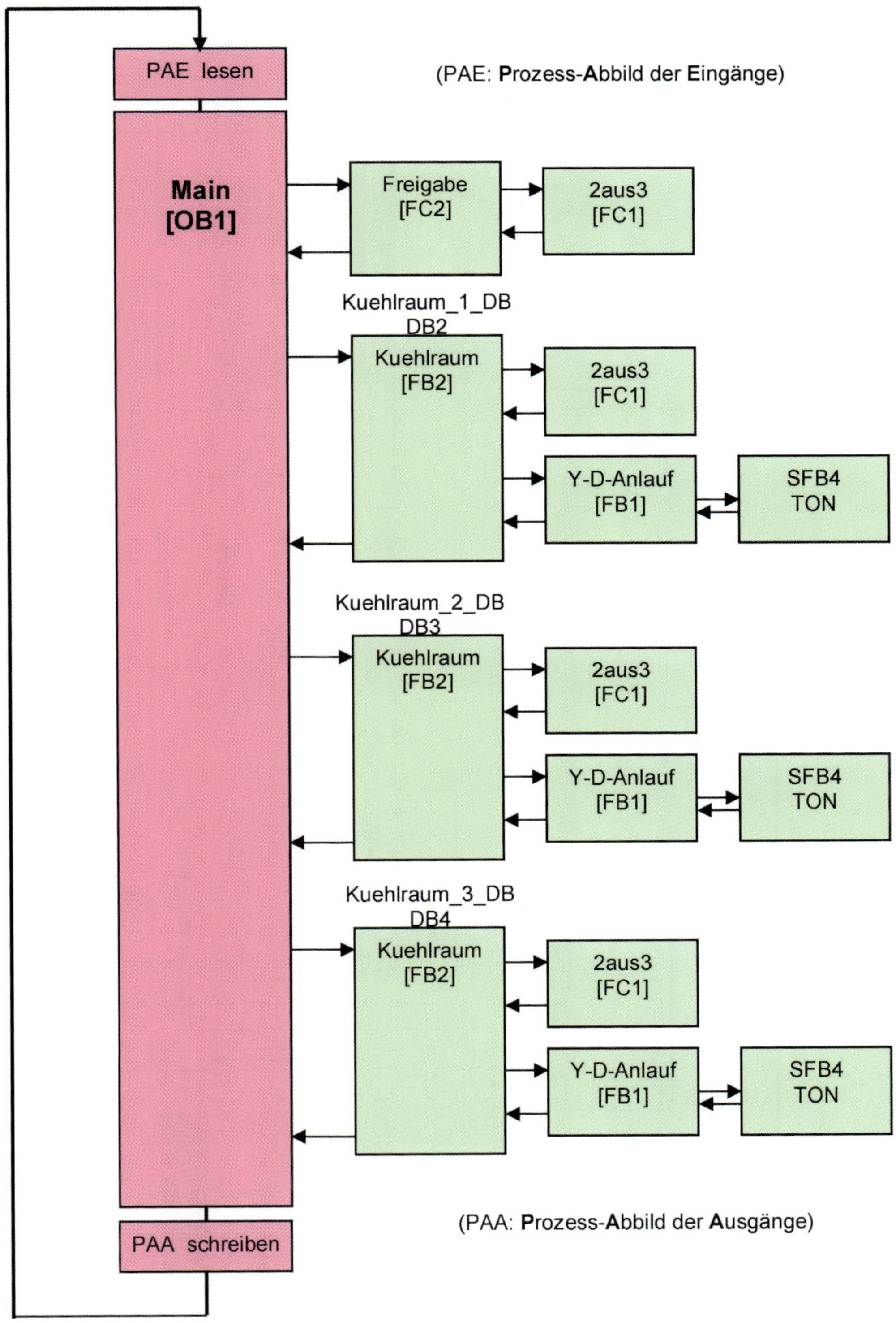

Aufbau des [FB2] "Kuehlraum" / Informationsfluss am Beispiel Kühlraum 1

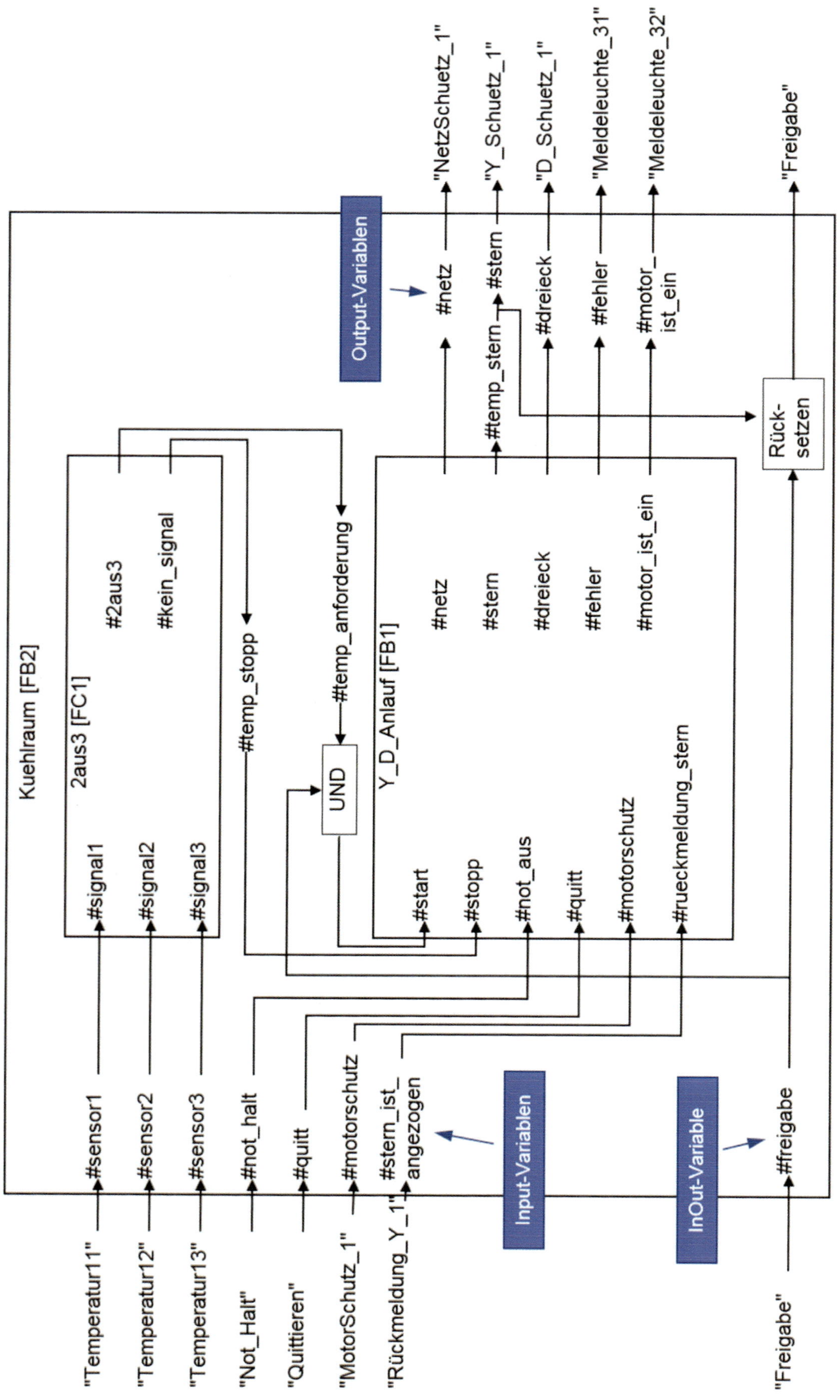

Projekt Schleuse Brunsbüttel

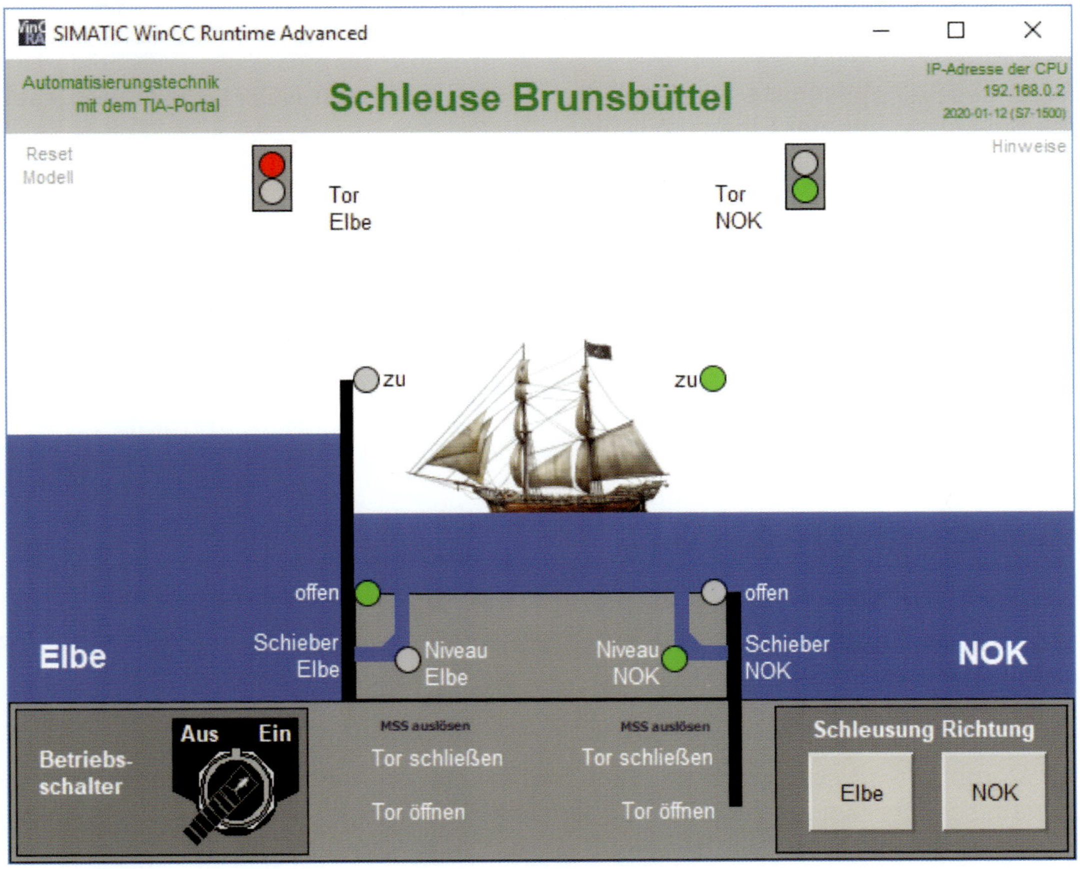

Einleitung

Dieses Projekt dient zur Vertiefung der kombinatorischen Verknüpfungen. Es bedient sich der sogenannten RS-Tabellen um Programmfunktionen zu planen und zu veranschaulichen, bevor man mit dem eigentlichen Programmieren beginnt.

Die Anlagenbeschreibung der Schleuse Brunsbüttel

Die Schleuse Brunsbüttel liegt zwischen der Elbe und dem Nord-Ostsee-Kanal (NOK).
Die "neue (große) Schleuse" von Brunsbüttel ist mit 2 Schiebetoren ausgestattet.
Für den Niveauausgleich ist auf beiden Seiten je ein Schieber vorhanden.

Zur Bedienung gibt es einen Betriebsschalter und zwei Taster:

- "NOK" startet die Schleusung von der Elbe zum NOK,
- "Elbe" startet die Schleusung vom NOK zur Elbe.

Folgende Sensoren sind je Schleusentor vorhanden:

- 2 Endlagentaster (NC) für die Positionen zu bzw. offen.
- 1 Niveau-Sensor (NO) um den Ausgleich zwischen Schleusenkammer und Elbe bzw. NOK zu detektieren.
- 1 Motorschutzschalter (MSS) für den Tor-Antrieb mit 2 Kontakten. Mit dem einen Kontakt wird der PLC die Auslösung signalisiert (bei Auslösen = "1", NC). Der andere Kontakt (NO) dient der Abschaltung des Schützes für den Torantrieb im Lastkreis.

Die Programmbeschreibung des Projektes Schleuse Brunsbüttel

Starten eines Schleusenvorgangs

- Wenn der Betriebsschalter eingeschaltet ist und der Taster NOK betätigt wird, dann startet das Schleusen von der Elbe zum NOK.
- Wenn der Betriebsschalter eingeschaltet ist und der Taster Elbe betätigt wird, dann startet das Schleusen vom NOK zur Elbe.
- Es kann nur ein Schleusenvorgang zur Zeit gestartet werden.
- Das Schleusen ist beendet, wenn das entsprechende Ziel-Tor die Endlage "offen" erreicht hat.
- Ein Ausschalten des Betriebsschalters oder ein ausgelöster MSS bricht den Schleusenvorgang ab.

Schleusenvorgang (am Bsp. NOK > Elbe):

- Das Tor zum NOK wird geschlossen.
- Wenn die Endlage „zu“ erreicht ist, dann wird der Schieber zur Elbe geöffnet.
- Ist der Niveauausgleich zur Elbe erreicht, dann öffnet sich das Tor zur Elbe und der Schieber wird wieder geschlossen.
- Das Schleusen ist beendet, wenn die Endlage "offen" erreicht ist.
- Der Vorgang wird abgebrochen (Tore bleiben stehen und Schieber schließen), wenn der Betriebsschalter ausgeschaltet wird oder ein MSS auslöst.

Vorgehensweise bei der Programm-Planung

Die Aufgabenstellung analysieren, die Programmstruktur festlegen und die RS-Tabellen entwickeln

Programmstruktur:

Das Öffnen und Schließen der Tore bildet eine eigene funktionale Einheit und soll in einem separaten Baustein erstellt werden. Da die Funktion für beide Tore gleich ist, soll dieser Baustein als bibliotheksfähiger Baustein erstellt werden und mit den jeweiligen Ein- und Ausgängen der Tore aufgerufen werden.
Das restliche Programm wird in einem Baustein geschrieben, der dann die Bausteine der Tor-Ansteuerung aufruft.

RS-Tabellen:

Die **RS-Tabellen** dienen der Zerlegung der Gesamt-Programmlogik in einzelne Logikeinheiten. Grundsätzlich werden hierzu die Aktoren (Ausgänge) betrachtet, die von der Logik gesteuert werden. Für jeden Aktor (Ausgang) wird eine RS-Tabelle benötigt!

Um ein **Zwischenergebnis** oder einen **Zustand** darzustellen und zu speichern, werden weitere RS-Tabellen verwendet.

Ganz wichtig für das Setzen und Rücksetzen der RS-Tabellen ist das Festlegen der Vorrangigkeit, falls beide Bedingungen erfüllt sind. In der Regel ist dies das Rücksetzen. Die vorrangige Funktion wird mit einer "1" gekennzeichnet (z. B. "R1").

Torsteuerung

Das Öffnen und Schließen der Tore bildet eine eigene funktionale Einheit, in der alle Sicherheitsabfragen für den Betrieb des Tores erhalten sind. Da die Funktion für beide Tore gleich ist, wird dieser Baustein als bibliotheksfähiger Baustein nur einmal erstellt und mit den jeweiligen Ein- und Ausgängen der Tore zweimal aufgerufen. Die Benennung der Variablen erfolgt aus diesem Grunde allgemeiner:

Der Antrieb kann in zwei Richtungen betrieben werden: "Tor öffnen", "Tor schließen"
Ein Torantrieb wird eingeschaltet (S), wenn alle Bedingungen erfüllt sind:

- Die Gegenrichtung ist nicht angesteuert (Verriegelung).
- Der Niveau-Ausgleich ist vorhanden.
- Das Tor soll fahren (Anforderung).

Das Tor wird ausgeschaltet (R), wenn eine der Bedingungen erfüllt ist:

- Die Ziel-Endlage ist erreicht.
- Der Motorschutzschalter hat ausgelöst.
- Betriebsschalter wird ausgeschaltet.

Dies lässt sich in zwei RS-Tabellen darstellen.

Tor_oeffnen

S	$\overline{\text{Tor\_schliessen}}$ * Niveau * Anforderung_oeffnen
R1	Endlage_offen + Motorschutzschalter + $\overline{\text{Betriebsschalter}}$

Tor_schliessen

S	$\overline{\text{Tor\_oeffnen}}$ * Niveau * Anforderung_schliessen
R1	Endlage_geschlossen + Motorschutzschalter + $\overline{\text{Betriebsschalter}}$

Schleusenvorgang

Es müssen als **Zustände** die gerade aktive Richtung der Schleusung (**Schleusung_zur_Elbe** bzw. **Schleusung_zum_NOK**) festgehalten/gespeichert werden. Dazu sind zwei RS-Tabellen notwendig.

Analyse der Programmbeschreibung:

Starten eines Schleusenvorgangs:

- Wenn der Betriebsschalter eingeschaltet ist und der Taster NOK betätigt wird, dann startet das Schleusen von der Elbe zum NOK. ➔ Betriebsschalter * Taster_NOK
- Wenn der Betriebsschalter eingeschaltet ist und der Taster Elbe betätigt wird, dann startet das Schleusen vom NOK zur Elbe. ➔ Betriebsschalter * Taster_Elbe
- Es kann nur ein Schleusenvorgang gestartet werden. ➔ Verriegelung

Beenden des Schleusenvorgangs:

- Das Schleusen ist beendet, wenn das entsprechende Ziel-Tor die Endlage "offen" erreicht hat. ➔ Tor_Elbe_offen oder Tor_NOK_offen
- Ein Ausschalten des Betriebsschalters oder ein ausgelöster MSS bricht das Schleusen ab.

➔ Die Logik kann über 2 RS-Tabellen dargestellt werden:

Schleusung_zur_Elbe

S	Betriebsschalter * Taster_Elbe * $\overline{\text{Schleusung\_zum\_NOK}}$
R1	$\overline{\text{Betriebsschalter}}$ + MSS_Tor_Elbe + MSS_Tor_NOK + Tor_Elbe_offen

Schleusung_zum_NOK

S	Betriebsschalter * Taster_NOK * $\overline{\text{Schleusung\_zur\_Elbe}}$
R1	$\overline{\text{Betriebsschalter}}$ + MSS_Tor_Elbe + MSS_Tor_NOK + Tor_NOK_offen

Mit Hilfe dieser **Zustände** kann nun die Logik für das Ansteuern der Schieber entwickelt werden:

Schleusenvorgang (am Bsp. NOK > Elbe):

- Das Tor zum NOK wird geschlossen.
- Wenn die Endlage „zu" erreicht ist, dann **wird der Schieber zur Elbe geöffnet**.
  ➔ Es müssen beide Tore geschlossen sein.
- Ist der Niveauausgleich zur Elbe erreicht, dann öffnet sich das Tor zur Elbe und der **Schieber wird wieder geschlossen**.

Schieber_Elbe

S	Schleusung_zur_Elbe * Tor_NOK_zu * Tor_Elbe_zu
R1	$\overline{\text{Schleusung\_zur\_Elbe}}$ + Niveau_Elbe

Schieber_NOK

S	Schleusung_zum_NOK * Tor_Elbe_zu * Tor_NOK_zu
R1	$\overline{\text{Schleusung\_zum\_NOK}}$ + Niveau_NOK

Es fehlen noch die Signale für die Ansteuerung der beiden Torantriebe jeweils mit "**Anforderung_oeffnen**" und "**Anforderung_schliessen**":

Schleusenvorgang (am Bsp. NOK > Elbe): - **Das Tor zum NOK wird geschlossen.** - Wenn die Endlage „zu" erreicht ist, dann wird der Schieber zur Elbe geöffnet. - Ist der Niveauausgleich zur Elbe erreicht, dann **öffnet sich das Tor zur Elbe** und der Schieber wird wieder geschlossen.

- Der Zustand **Schleusung_zur_Elbe** bewirkt die **Anforderung_schliessen** der **Torsteuerung** für den **NOK**.
- Der Zustand **Schleusung_zum_NOK** bewirkt die **Anforderung_schliessen** der **Torsteuerung** für die **Elbe**.
- Wenn während der **Schleusung_zur_Elbe** der Sensor **Niveau_Elbe** aktiv ist, dann wird die Öffnung des **Elbtores** angefordert.
- Wenn während der **Schleusung_zum_NOK** der Sensor **Niveau_NOK** aktiv ist, dann wird die Öffnung des Tores zum **Nord-Ostsee-Kanales** angefordert.

Dies sind keine Speicher sondern Zuweisungen:

Bausteinaufruf **Torsteuerung** für **Elbe**

Anforderung_oeffnen

=	Schleusung_zur_Elbe * Niveau_Elbe

Anforderung_schliessen

=	Schleusung_zum_NOK

Bausteinaufruf **Torsteuerung** für **NOK**

Anforderung_oeffnen

=	Schleusung_zum_NOK * Niveau_NOK

Anforderung_schliessen

=	Schleusung_zur_Elbe

Programmierung

Ein neues Projekt erstellen

Über das gestartete **TIA-Portal** ein **neues Projekt** mit dem Namen **Schleuse Brunsbüttel** anlegen:

- **Projektname** und **Pfad** festlegen, mit einem Klick auf **Erstellen** wird das Projekt angelegt.
- Nun die Hardware wie im vorhergehenden Projekt erstellen:

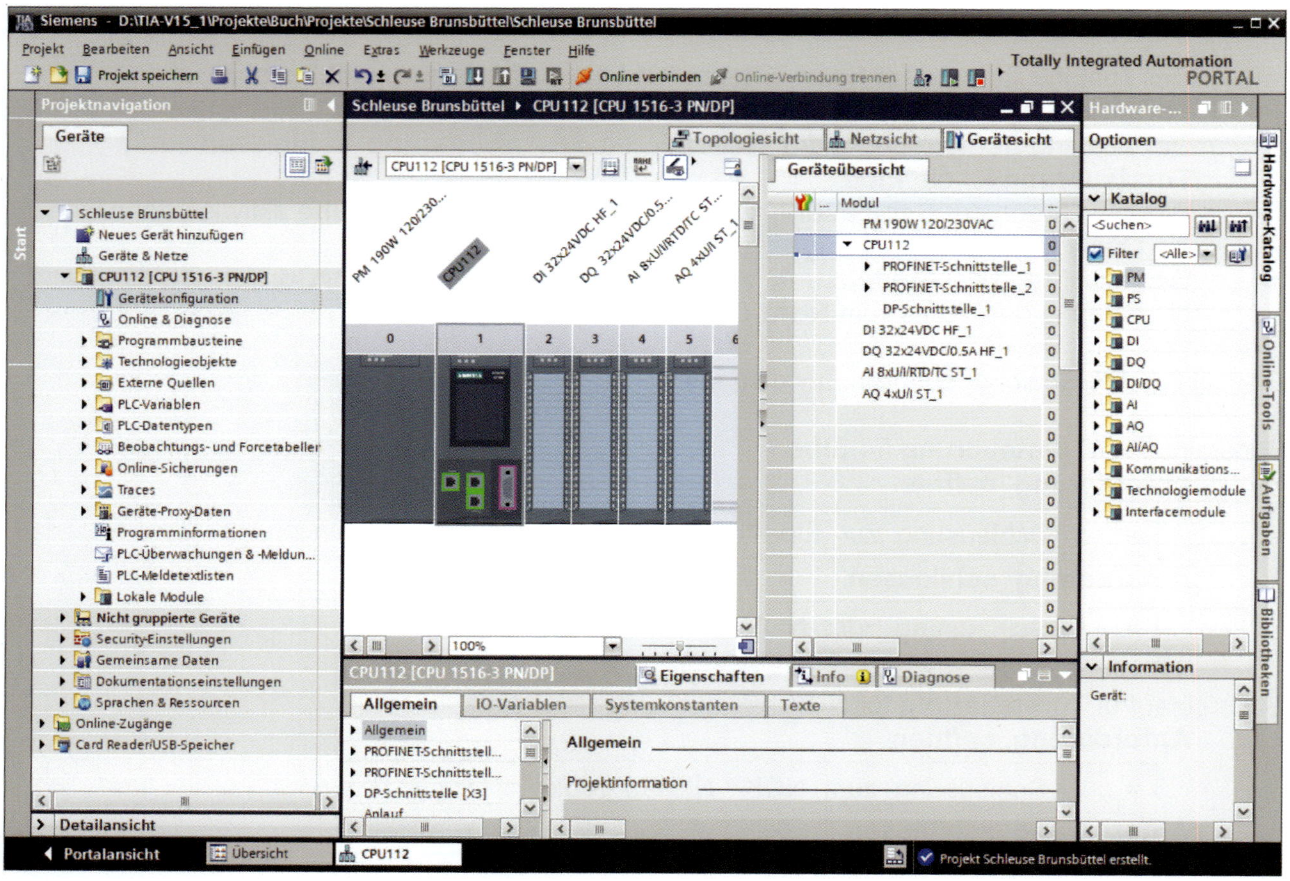

Die Ein- und Ausgänge der PLC zuordnen, die Zuordnungsliste erstellen

Bezogen auf die konfigurierte PLC ergibt sich diese Zuordnungsliste. Bei einer anderen Hardwarekonfiguration müssen die Ein- und Ausgangsadressen entsprechend gewählt werden. Mit Hilfe dieser Zuordnungsliste können die PLC-Variablen angelegt werden.

Eingänge		
Adresse	**Betriebsmittel**	**Kommentar**
%I 0.0	Niveau_Elbe	B1, NO
%I 0.1	Niveau_NOK	B2, NO
%I 0.2	Tor_NOK_zu	B11, NC
%I 0.3	Tor_NOK_offen	B12, NC
%I 0.4	Tor_Elbe_zu	B21, NC
%I 0.5	Tor_Elbe_offen	B22, NC
%I 0.6	MSS_Tor_NOK	F1, NO
%I 0.7	MSS_Tor_Elbe	F2, NO
%I 1.0	Taster_NOK	S1, NO
%I 1.1	Taster_Elbe	S2, NO
%I 1.2	Betriebsschalter	S3, NO

Ausgänge		
Adresse	**Betriebsmittel**	**Kommentar**
%Q 0.0	Tor_NOK_schliessen	Q11
%Q 0.1	Tor_NOK_oeffnen	Q12
%Q 0.2	Tor_Elbe_schliessen	Q21
%Q 0.3	Tor_Elbe_oeffnen	Q22
%Q 0.4	Schieber_NOK	Q3, 1=offen, 0=zu
%Q 0.5	Schieber_Elbe	Q4, 1=offen, 0=zu
%Q 1.0	Signal_gruen_Elbe	P1
%Q 1.1	Signal_rot_Elbe	P2
%Q 1.2	Signal_gruen_NOK	P3
%Q 1.3	Signal_rot_NOK	P4

Bei der Programmierung geht man "von hinten nach vorne" vor:
Der Baustein für die Ansteuerung eines Tores ist ein eigenständig lauffähiger Baustein (ohne Aufrufe von anderen Bausteinen), der aber später von einem weiteren Baustein für den kompletten Schleusenvorgang (**Schleuse_Brb**) aufgerufen wird.

Der Baustein "Torsteuerung" soll als erstes programmiert und getestet werden.

Den Funktionsbaustein "Torsteuerung" [FB1] programmieren

Dieser Baustein realisiert das Öffnen und Schließen eines Schleusentores. Die Logik ist anhand der RS-Tabellen festgelegt worden.
Die Benennung der Variablen ist allgemein gehalten, da der Baustein jeweils für das Tor Elbe und NOK verwendet werden soll.

Weil für diese Funktionalität das **Speichern von Zuständen** erforderlich ist, muss diese Programmlogik in einem **Funktionsbaustein** programmiert werden.

Den Funktionsbaustein "Torsteuerung" [FB1] erstellen

In der **Projektnavigation** unter Programmbausteine "**Neuen Baustein hinzufügen**" doppelklicken

Bausteintyp:	**FB**
Name:	**Torsteuerung**
Sprache:	**FUP**
Nummer:	**automatisch (1)**

Die Variablen der "Torsteuerung" [FB1] deklarieren

Der Baustein benötigt Informationen (**Input-Variablen**):

- Betriebsschalter
- Anforderung öffnen
- Anforderung schließen
- Niveau ist ausgeglichen
- Tor in der Endlage offen
- Tor in der Endlage geschlossen
- Motorschutzschalter

Der Baustein liefert Informationen (**Output-Variablen**):

- Tor öffnen
- Tor schließen

Benötigt werden die **Static-Variablen**:

- Speicher für das Tor öffnen
- Speicher für das Tor schließen

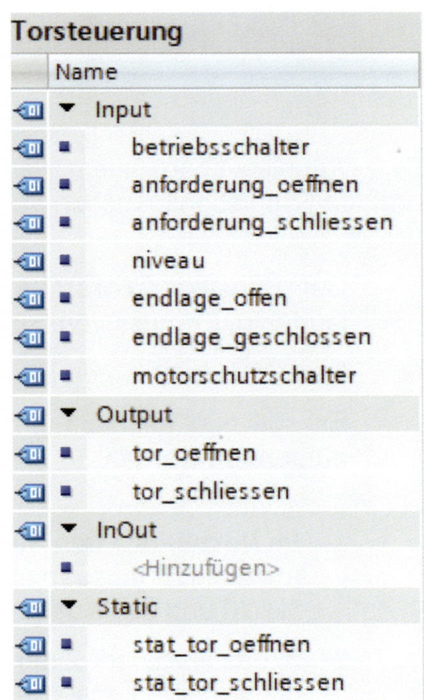

Die Programm-Logik des Funktionsbausteins "Torsteuerung" [FB1] erstellen

Netzwerk 1: Das Öffnen des Tores wird programmiert gemäß der RS-Tabelle im Kapitel Torsteuerung.

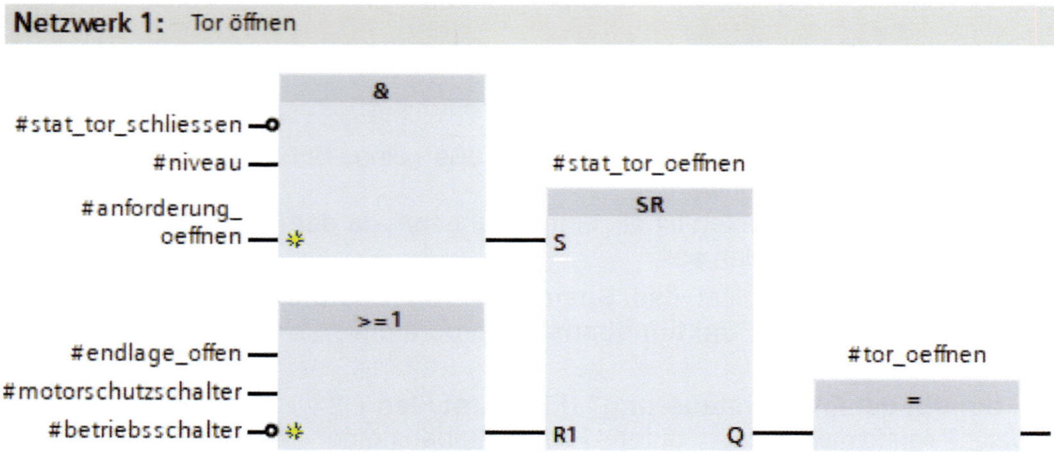

Netzwerk 2: Das Schließen des Tores wird ebenfalls gemäß der RS-Tabelle im Kapitel Torsteuerung programmiert.

⚠ schon gespeichert??

Den Organisationsbaustein Main [OB1] ändern, um den Simulationsbaustein aufzurufen und den "Torsteuerung" [FB1] zu testen

Der Baustein **"Torsteuerung" [FB1]** ist genau wie der Simulationsbaustein allein nicht lauffähig. Er muss vom zyklisch arbeitenden Organisations-Baustein OB1 aufgerufen werden:

Den OB1 durch einen Doppelklick öffnen!

Es soll nun der **FB1 an der Schleuse getestet werden**. Dazu muss er vom OB1 aus aufgerufen werden:

1. Im **Netzwerk 1** den **Simulationsbaustein "95 Schleuse"** aus der Bibliothek einfügen. Der Instanz-DB muss manuell auf die **DB-Nummer 95** eingestellt werden. Das Eingangswort **%IW0** und das Ausgangswort **%QW0** zuweisen.
2. In das Netzwerk 2 den **Programmbaustein "Torsteuerung"** per drag & drop ziehen und die Variablen anschließen.
   Für den Test bedienen wir das Schleusentor zur Elbe. Für die **anforderung_öffnen** verwenden wir testweise den **Taster_Elbe**. Für die **anforderung_schliessen** den **Taster_NOK.**

Im Anschluss die PLC_1 in die reale PLC oder PLCSIM übertragen und testen.

Hinweis Das genaue Vorgehen zum Downloaden und Einbinden der virtuellen Anlage ist im Kapitel "virtuelle Anlagen einbinden" beschrieben (vorletztes Kapitel im Buch)

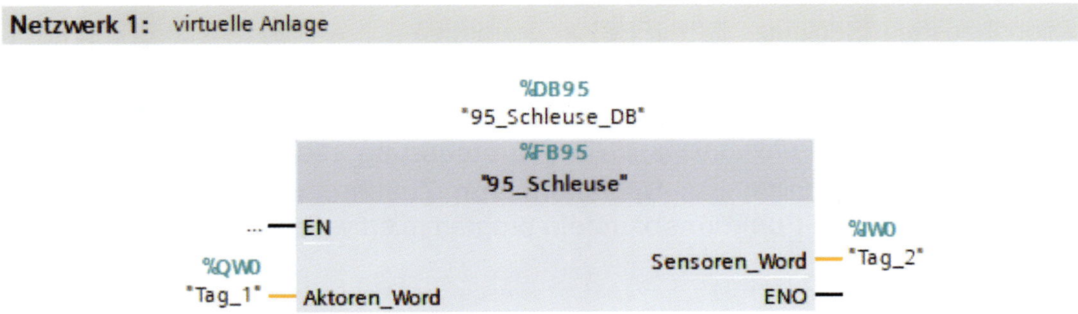

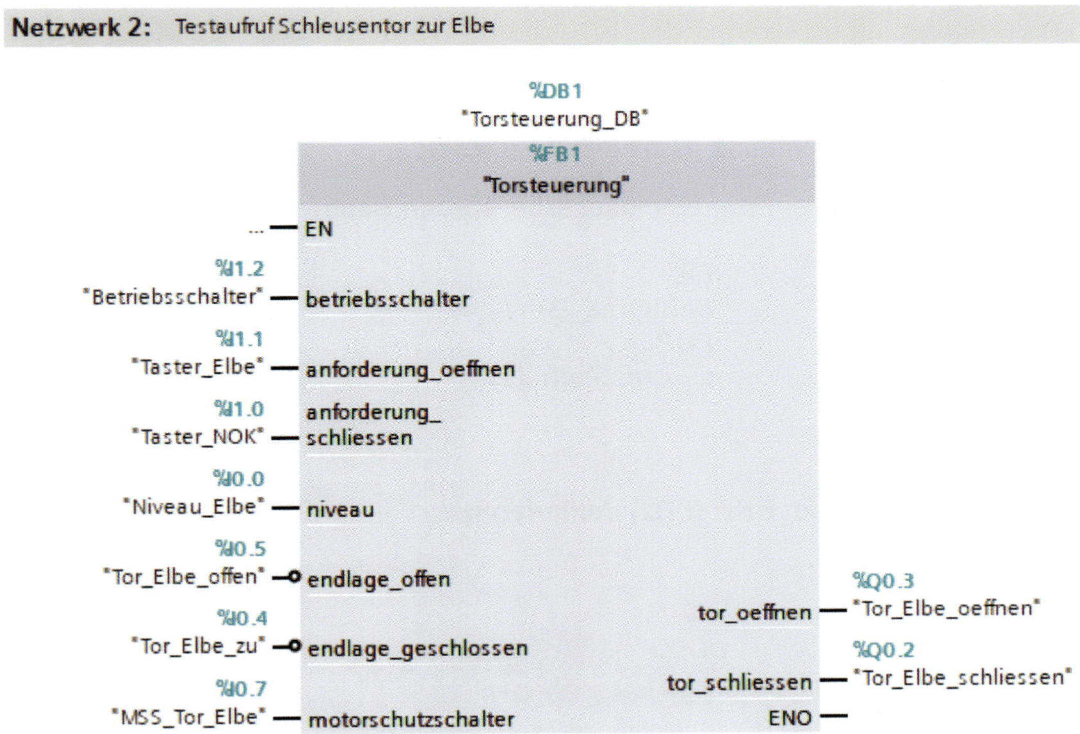

Um die nicht benutzten Ausgänge steuern zu können, kann eine neue Beobachtungstabelle angelegt werden: Beobachtungs- und Forcetabellen
Unter Beobachtungs- und Forcetabellen eine

Neue Beobachtungstabelle hinzufügen

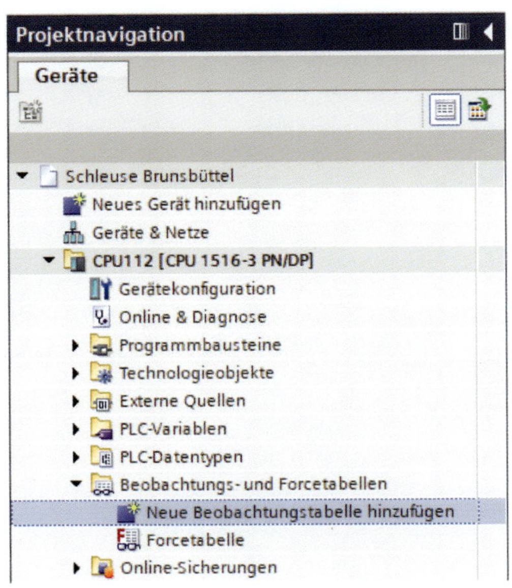

In diese können dann alle PLC-Variablen hineinkopiert werden.
Nach dem Aktivieren der "Brille" (Alle beobachten) können die Zustände der Eingänge beobachtet und die Zustände der Ausgänge gesteuert und beobachtet werden. Gesteuert werden können ohne weitere Einstellungen nur die im Programm bisher nicht benutzten Ausgänge!

Tipp zum Steuern:

- Zeile markieren
- Strg+F3 → Steuern auf "0"
- Strg+F2 → Steuern auf "1"

Es geht natürlich auch über die rechte Maustaste 😊

Weitere Möglichkeiten in den Beobachtungstabellen sind unter Tipps / Tricks / Troubleshooting am Ende des Buches beschrieben.

Den Funktionsbaustein "Schleuse_Brb" [FB2] programmieren

Dieser Baustein realisiert den kompletten Schleusenvorgang in beide Richtungen. Die Logik ist anhand der RS-Tabellen festgelegt worden. Das Öffnen und Schließen der Schleusentore wird durch das Aufrufen des Funktionsbausteins „**Torsteuerung**“ realisiert.

Weil für diese Funktionalität das **Speichern von Zuständen** erforderlich ist, muss diese Programmlogik in einem **Funktionsbaustein** programmiert werden.

---

*Der eben erzeugte Datenbaustein **Torsteuerung-DB [DB1]** sollte wieder gelöscht werden, da er nur für den Test benötigt wurde.*

Den Funktionsbaustein "Schleuse_Brb" [FB2] erstellen

In der **Projektnavigation** unter Programmbausteine "**Neuen Baustein hinzufügen**" anklicken.

Bausteintyp:	**FB**
Name:	**Schleuse_Brb**
Sprache:	**FUP**
Nummer:	**automatisch (2)**

Die Variablen des "Schleuse_Brb" [FB2] deklarieren

Input
niveau_elbe
niveau_nok
tor_nok_zu
tor_nok_offen
tor_elbe_zu
tor_elbe_offen
mss_tor_nok
mss_tor_elbe
taster_nok
taster_elbe
betriebsschalter

Output
tor_nok_schliessen
tor_nok_oeffnen
tor_elbe_schliessen
tor_elbe_oeffnen
schieber_nok
schieber_elbe
elbe_gruen
elbe_rot
nok_gruen
nok_rot

Static
stat_schleusung_zur_elbe
stat_schleusung_zum_nok
stat_schieber_elbe
stat_schieber_nok

Die Programm-Logik des Funktionsbausteins "Schleuse_Brb" [FB2] erstellen

Die Aufgabenstellung ist vollständig beschrieben und in RS-Tabellen umgesetzt worden. Einige Netzwerke sind exemplarisch dargestellt.

Netzwerk 1: Betriebszustand **Schleusung_zur_Elbe**

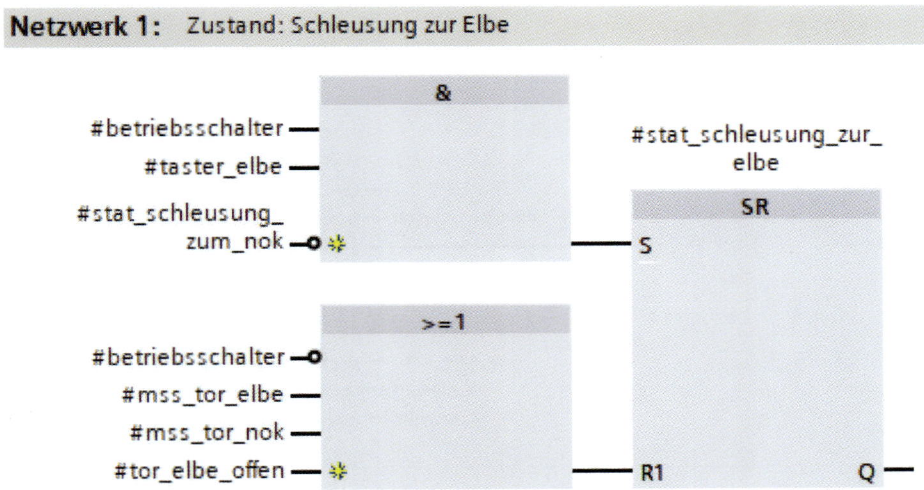

Netzwerk 2: Betriebszustand **Schleusung_zum_NOK**
(wie RS-Tabelle)

Netzwerk 3: **Schieber_Elbe**

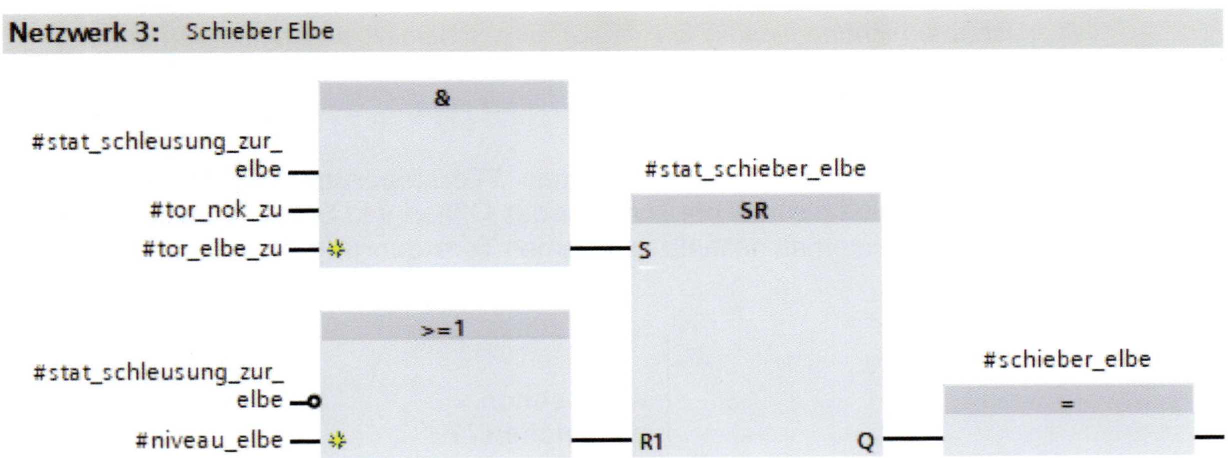

Netzwerk 4: **Schieber_NOK**
(wie RS-Tabelle)

Netzwerk 5: Es wird der Funktionsbaustein **"Torsteuerung" [FB1]** als **Einzelinstanz** angelegt. Er beinhaltet die Logik für das Öffnen und Schließen eines Tores, in diesem Fall des Elbtores. Der Instanzdatenbaustein erhält deshalb den Namen **Torsteuerung_Elbe_DB**.

Bei der Programmplanung steht eine UND-Verknüpfung bei der **anforderung_oeffnen**. Diese kann direkt am Baustein programmiert werden.

Netzwerk 5: Torsteuerung Elbe

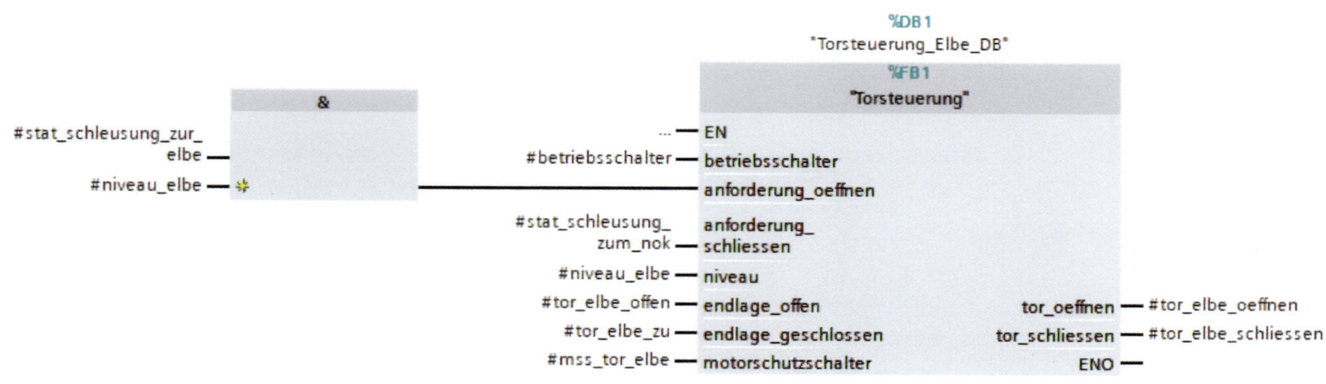

---

*Der **Instanzdatenbaustein** erhält die Nummer **%DB1**, da es die erste freie Baustein-Nummer ist, es sei denn der Test-DB **Torsteuerung-DB** wurde nicht gelöscht! Hat der Baustein deshalb die %DB2 bekommen, den Torsteuerung-DB im Ordner Programmbausteine löschen. Danach rechte Maustaste auf den FB1 und unter Instanz ändern die Aufrufoption anpassen.*

*Es wäre auch möglich den Baustein **Torsteuerung** als **Multiinstanz** aufzurufen. Dann würden seine statischen Variablen im aufrufenden Baustein-DB hinterlegt. Dies ist aber nicht notwendig, da wir nur eine Schleuse programmieren und der aufrufende Baustein **Schleuse_BrB** deshalb nicht mehrfach aufgerufen wird.*

Netzwerk 6: Es wird der Funktionsbaustein **"Torsteuerung" [FB1]** als **Einzelinstanz** angelegt. Er beinhaltet diesmal die Logik für das Öffnen und Schließen des NOK-Tores. Der Instanzdatenbaustein erhält deshalb den Namen **Torsteuerung_NOK_DB [%DB2]**.

⚠ schon gespeichert??

Den Organisationsbaustein Main [OB1] ändern,
um den Funktionsbaustein "Schleuse_Brb" [FB2] aufzurufen und zu testen

Der Baustein **"Schleuse_Brb" [FB2]** beinhaltet jetzt die komplette Logik für unsere Schleuse Brunsbüttel. Er ersetzt den FB **Torsteuerung**, der jetzt von unserem Funktionsbaustein **"Schleuse_Brb" [FB2]** aufgerufen wird.

1. Im **Netzwerk 1** den **Simulationsbaustein 95 Schleuse** mit dem Instanz-DB 95 belassen.
2. Im **Netzwerk 2** den Funktionsbaustein **Torsteuerung** löschen, falls nicht geschehen, und den Funktionsbaustein **Schleuse_Brb** hineinziehen und die Ein- und Ausgangsvariablen anschließen.

Netzwerk 1: virtuelle Anlage

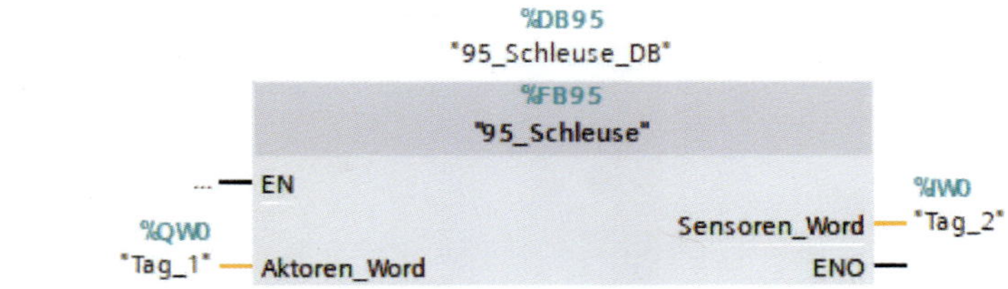

Netzwerk 2: Schleuse Brunsbüttel

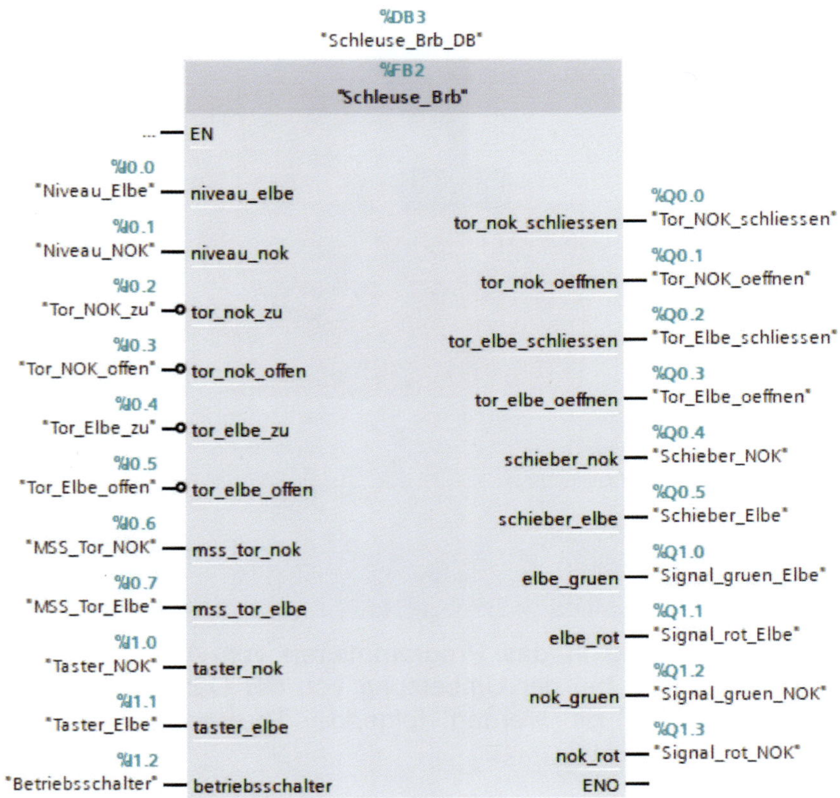

Struktur des ganzen Programms

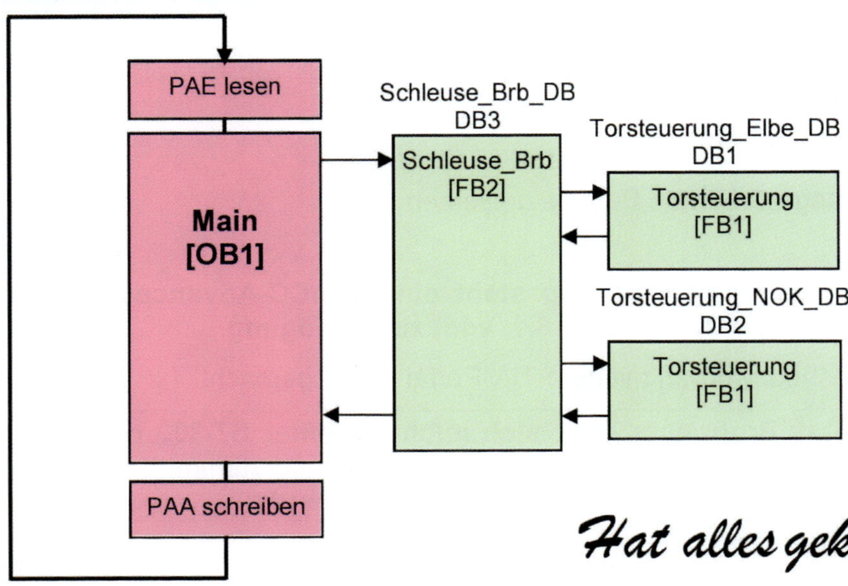

Hat alles geklappt?

Projekt Belastungs-Test

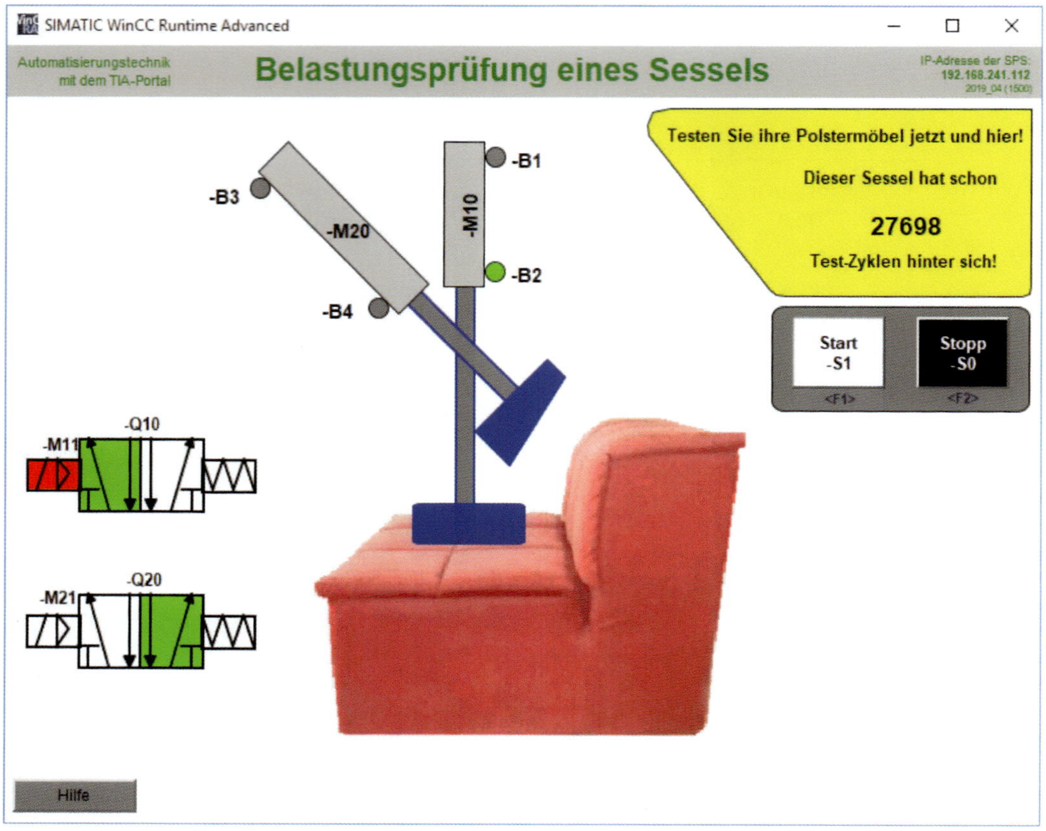

Einleitung

Dieses Projekt ist zum Einstieg in das Programmieren von Ablaufsteuerungen (Schrittketten) gedacht. Ein Schwerpunkt liegt bei der Umsetzung von der Darstellungsnorm **GRAFCET** in die Programmiersprache **GRAPH**. Es werden folgende Themen in aufeinander aufbauenden Abschnitten erarbeitet.

- Grundlagen GRAFCET
- Anlegen eines Funktionsbausteins (FB) in der Programmiersprache GRAPH
- Programmieren einer linearen Ablaufsteuerung
- Nutzen der verschiedenen Aktions-Typen
- Ereignisgesteuerte und zeitgesteuerte Transitionen (Weiterschaltbedingungen)
- Flankengesteuerte Transitionen
- alternative und simultane Verzweigungen
- Verwenden mehrerer Ketten
- Zwangssteuernde Befehle umsetzen

Für die Anlagenvisualisierung steht eine WinCC-Advanced - Runtime in verschiedenen Versionen (V14, V14.1, V15, V15.1, V16) zur Verfügung.

Die Screenshots wurden mit dem TIA-Portal V15.1 gemacht.

Hinweis: Das Programm lässt sich auch auf einer S7-300 programmieren. Der Hauptunterschied ist der Simulator. Er ist deutlich einfacher und stammt aus der Step7-Welt. **Für die 300er sind andere WinCC-Advanced - Runtimes notwendig!**

Die Programmbeschreibung des Projektes Belastungs-Test

Aufgabenstellung

In einem Möbelhaus sollen die Kunden von der Qualität der Polstermöbel überzeugt werden. Durch zwei Pneumatik-Zylinder wird die Polsterung eines Sessels in einem Prüfstand auf Haltbarkeit getestet. Der Kunde kann den selbständig ablaufenden Prüfvorgang durch Druck auf den Start-Taster (-S1) beginnen. Der Test wird dann einmal durchlaufen.
Durch Betätigen des Stopp-Tasters (-S0) wird der Vorgang sofort beendet und beide Zylinder fahren wieder in die hintere Position. Der Ablauf wird abgebrochen (initialisiert).

Beschreibung des Ablaufes

Nach dem Einschalten der Steuerung und der Pressluft werden beide Zylinder in die hintere Endlage gefahren (initialisiert).
Nach dem Starten mit -S1 fährt erst der Zylinder -M10 aus. Nach einer Pause von 2s fährt dann der Zylinder -M20 aus. 3s nach Erreichen der Endlage fahren sie in umgekehrter Reihenfolge wieder ein.

Zerlegen des Ablaufes in Schritte

Schritte	Aktionen / Transitionen	Kommentar
Schritt 1 (Initial-Schritt)	Beide Zylinder werden zurückgefahren.	Dies ist nur notwendig, wenn sie speichernd eingeschaltet wurden.
	-B1 UND -B3 UND -S1	Grundstellung UND Start
Schritt 2	-M11 wird angesteuert.	-M10 fährt aus (Hinsetzen)
	-B2 aktiv	-M10 ist ausgefahren.
Schritt 3	Pause (keine Aktion)	
	Schritt 3 ist 2s aktiv	zeitgeführte Transition
Schritt 4	-M21 wird angesteuert	-M20 fährt aus (Anlehnen)
	3s nach Erreichen von -B4	Einschaltverzögerung
Schritt 5	-M21 wird ausgeschaltet	-M20 fährt ein (Aufrichten)
	-B3 aktiv	-M20 ist eingefahren
Schritt 6	-M11 wird ausgeschaltet	-M10 fährt ein (Aufstehen)
	-B1 aktiv	-M10 ist eingefahren
	Sprung in den Schritt 1	

GRAFCET

Der GRAFCET zu diesem Projekt sieht dann so aus:

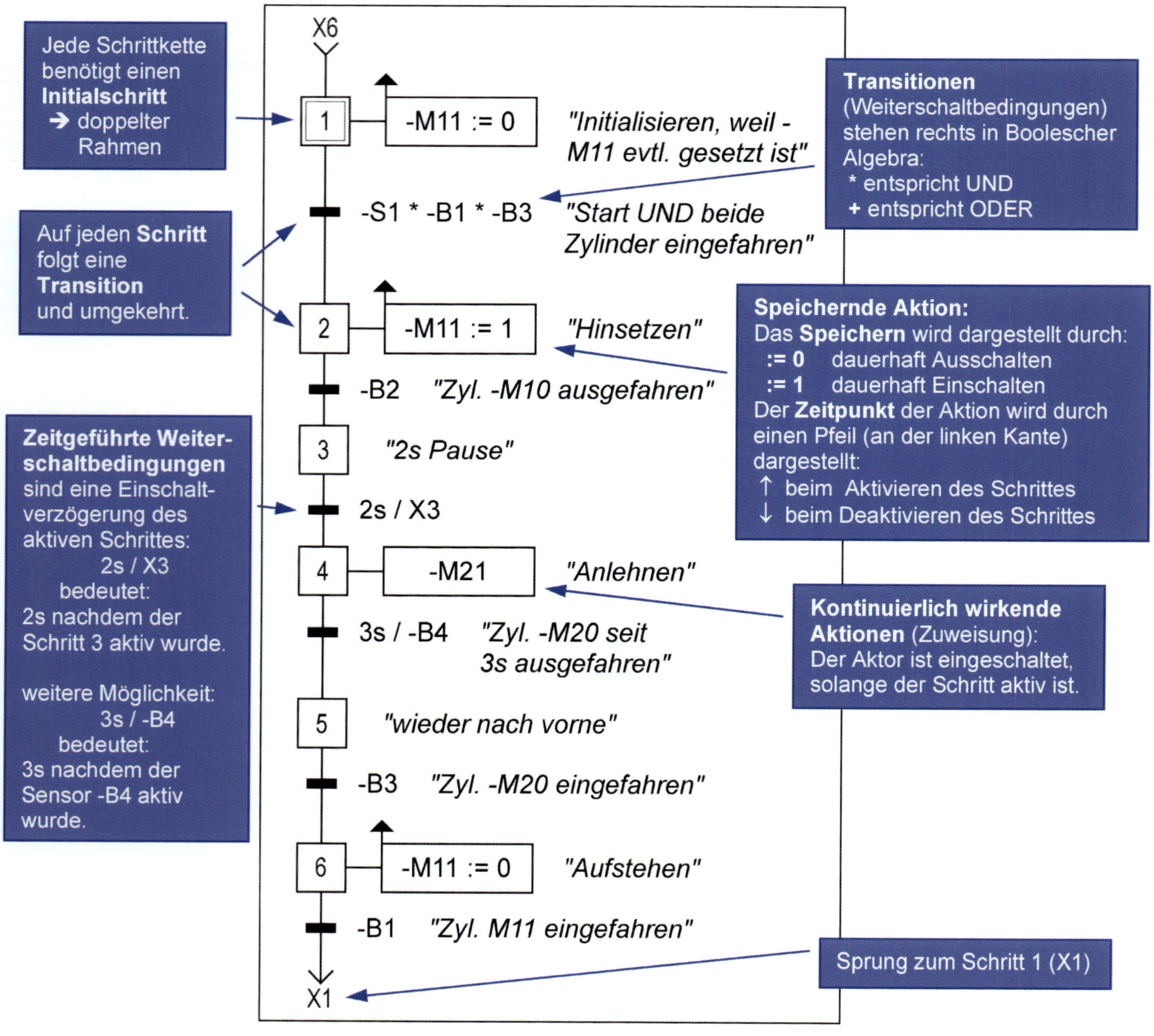

Zuordnungsliste

Eingänge	
Adresse	**Betriebsmittel**
%I 0.0	-B1, -M10 Endlage oben
%I 0.1	-B2, -M10 Endlage unten
%I 0.2	-B3, -M20 Endlage eingefahren
%I 0.3	-B4, -M20 Endlage ausgefahren
%I 0.4	-S1, START
%I 0.5	-S0, STOPP (NC)

Ausgänge	
Adresse	**Betriebsmittel**
%Q 0.0	-M11, Ventil für Zylinder -M10
%Q 0.2	-M21, Ventil für Zylinder -M20

Programmierung

Projekt anlegen

Als Hardware wird die gleiche Hardware wie im Projekt Kühlhaus verwendet. In den Screenshots sind auch bereits der Gerätename (CPU112) und die IP-Adresse (192.168.241.112) vergeben. Wer ausschließlich mit dem PLCSIM arbeitet, kann darauf auch verzichten und die Standard-Einstellungen (IP-Adresse 192.168.0.1) verwenden.

Da die Anzahl der Ein- und Ausgänge sehr überschaubar ist, wurde auf ein Strukturieren bei den PLC-Variablen verzichtet und alle Variablen in die Standard-Variablentabelle geschrieben.

Bei den Namen für die Variablen wurden die Betriebsmittel-Kennzeichnungen verwendet. Dann sind die Kommentare um so wichtiger!!

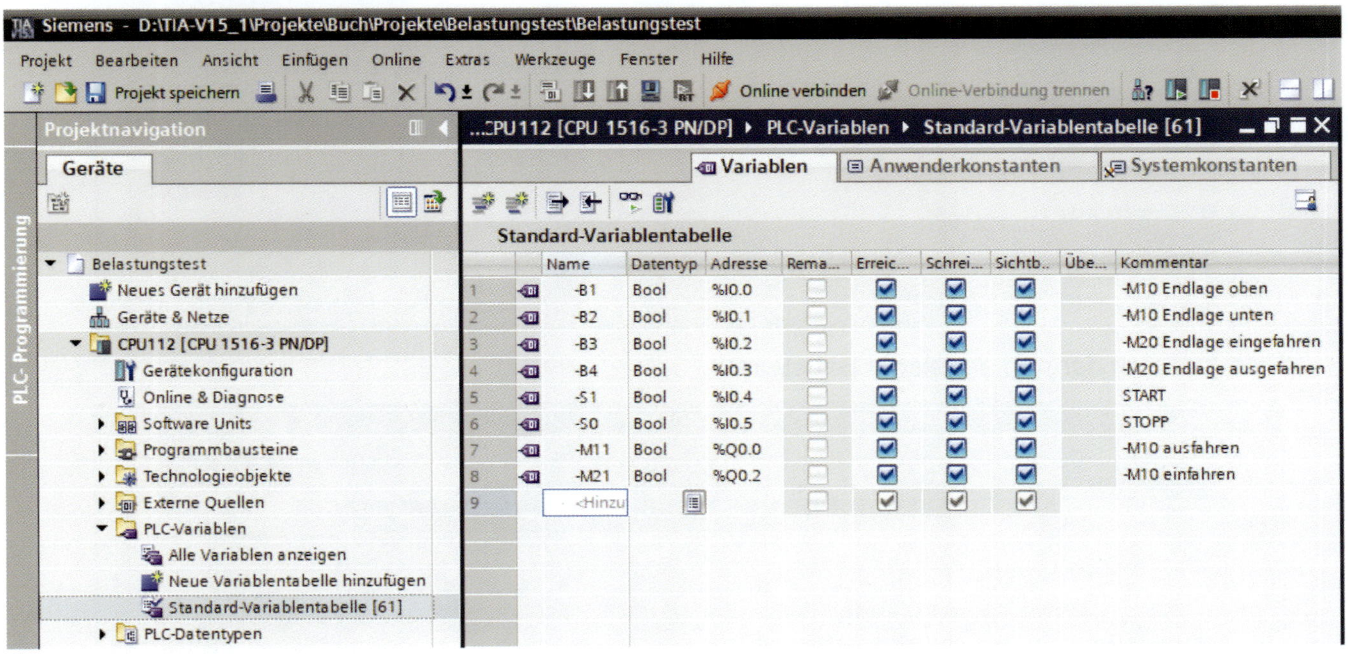

Funktionsbaustein in der Programmiersprache GRAPH anlegen

In der Projektnavigation wird ein neuer Baustein hinzugefügt:

Es öffnet sich der neu angelegte Baustein:

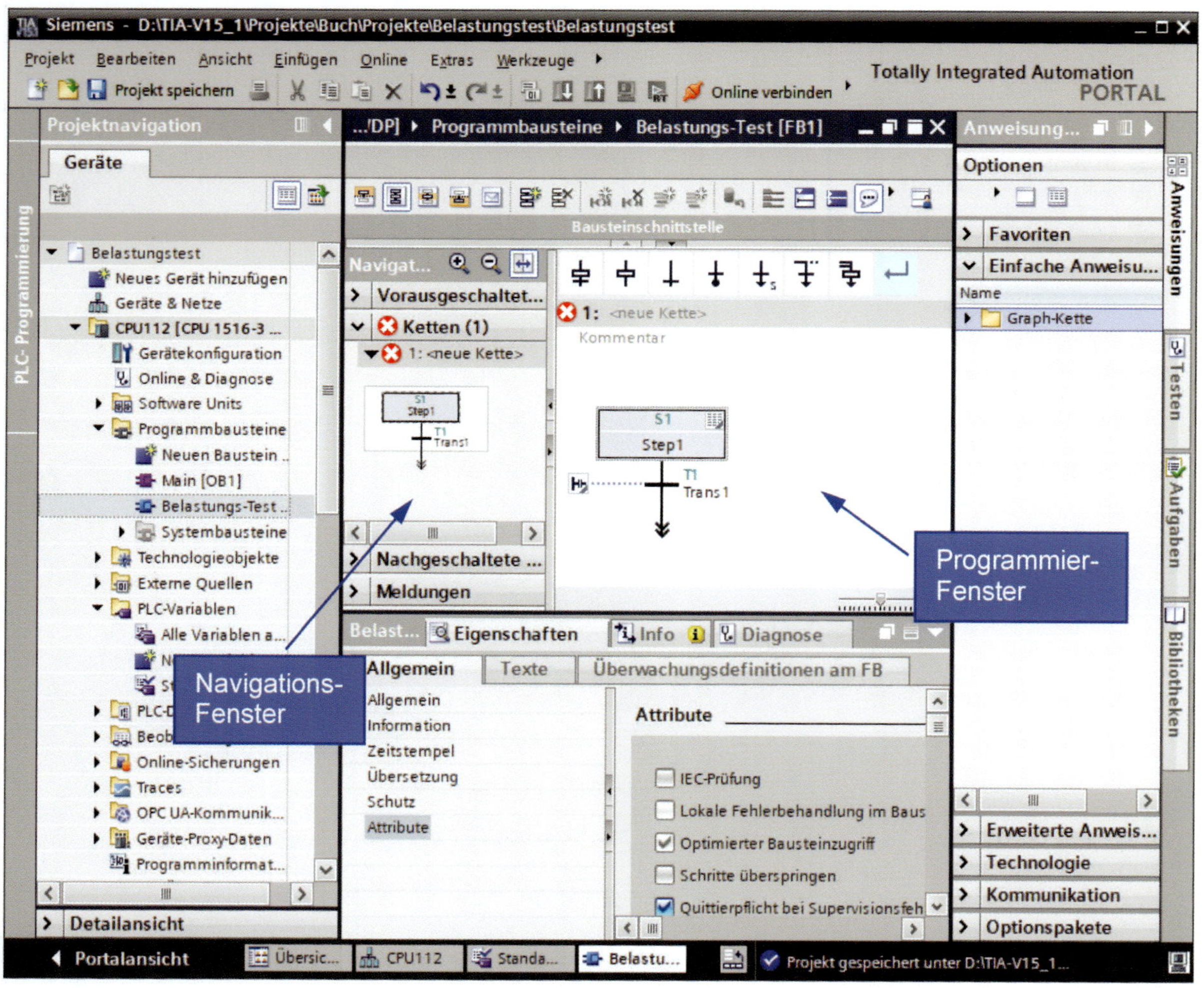

Schnittstelle und Einstellungen des FB

In der Bausteinschnittstelle sind 13 Input- und 8 Output-Variablen systemseitig bereits deklariert. Man hätte dies vorher in den Einstellungen umstellen können, aber dann gilt es für alle GRAPH-Bausteine, die in Zukunft angelegt werden.

Es können nun bis auf die ersten drei Input (**OFF_SQ, INIT_SQ, ACK_EF**) alle anderen In- und Output-Variablen gelöscht werden. **Die Static-Variablen auf keinen Fall löschen!!**

Tragen Sie nun die notwendigen Ein- und Ausgänge der Anlage ein (wir wollen auch weiter bibliotheksfähig programmieren 😊).

Den STOPP-Taster benötigen wir an dieser Stelle übrigens noch nicht.

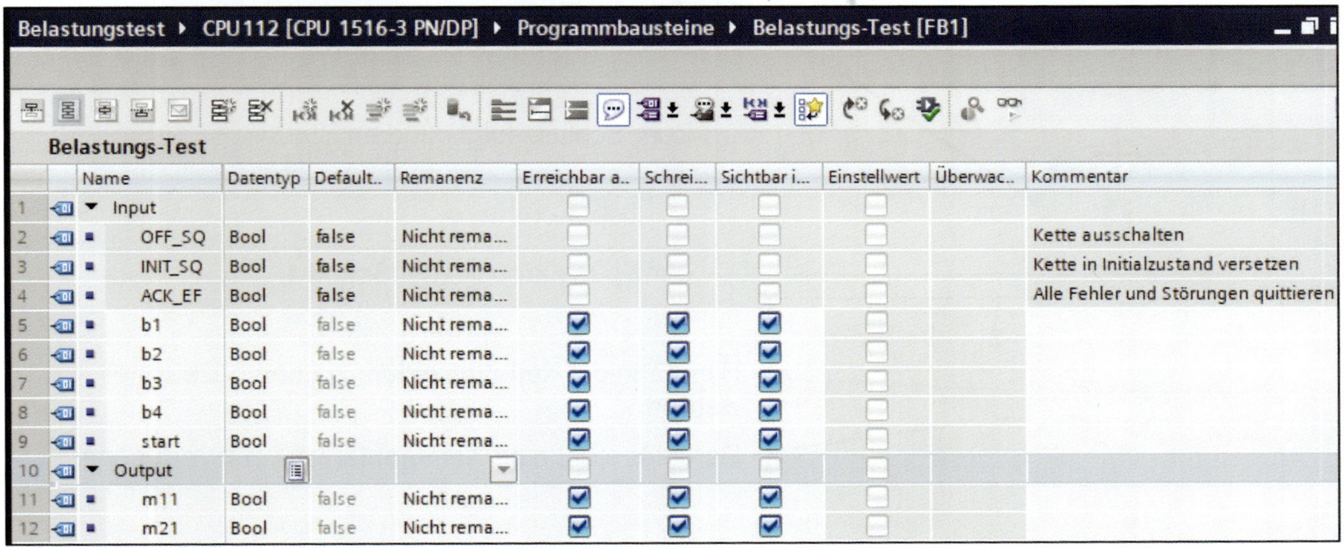

	Name	Datentyp	Default..	Remanenz	Erreichbar a..	Schrei...	Sichtbar i...	Einstellwert	Überwac..	Kommentar
1	▾ Input				☐	☐	☐	☐		
2	OFF_SQ	Bool	false	Nicht rema...	☐	☐	☐	☐		Kette ausschalten
3	INIT_SQ	Bool	false	Nicht rema...	☐	☐	☐	☐		Kette in Initialzustand versetzen
4	ACK_EF	Bool	false	Nicht rema...	☐	☐	☐	☐		Alle Fehler und Störungen quittieren
5	b1	Bool	false	Nicht rema...	☑	☑	☑	☐		
6	b2	Bool	false	Nicht rema...	☑	☑	☑	☐		
7	b3	Bool	false	Nicht rema...	☑	☑	☑	☐		
8	b4	Bool	false	Nicht rema...	☑	☑	☑	☐		
9	start	Bool	false	Nicht rema...	☑	☑	☑	☐		
10	▾ Output				☐	☐	☐	☐		
11	m11	Bool	false	Nicht rema...	☑	☑	☑	☐		
12	m21	Bool	false	Nicht rema...	☑	☑	☑	☐		

In dem Eigenschaften-Fenster sollte noch die Sprache in den Netzwerken eingestellt werden:

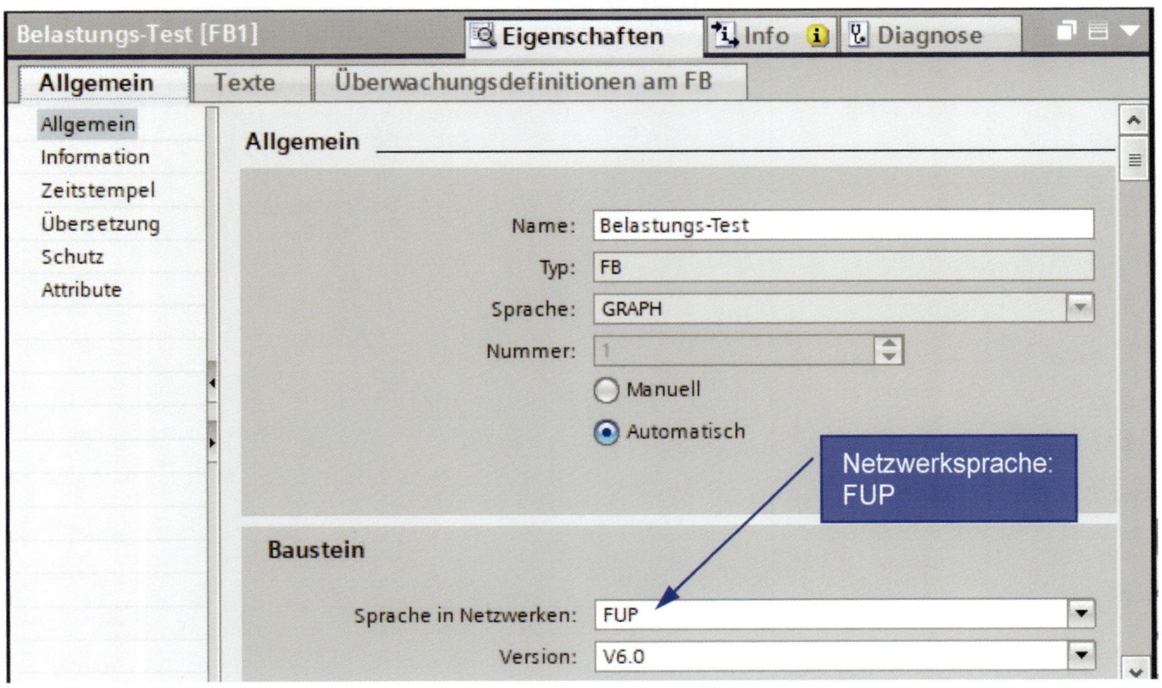

⚠ **schon gespeichert??**

Struktur der Schrittkette anlegen

Die Struktur der Kette besteht aus 6 Schritten mit Transitionen und einem Sprung zum Schritt 1.

Es müssen also 5 weitere Schritte und ein Sprung eingefügt werden. Dabei ist zu beachten, dass immer hinter der aktuellen Markierung eingefügt wird.

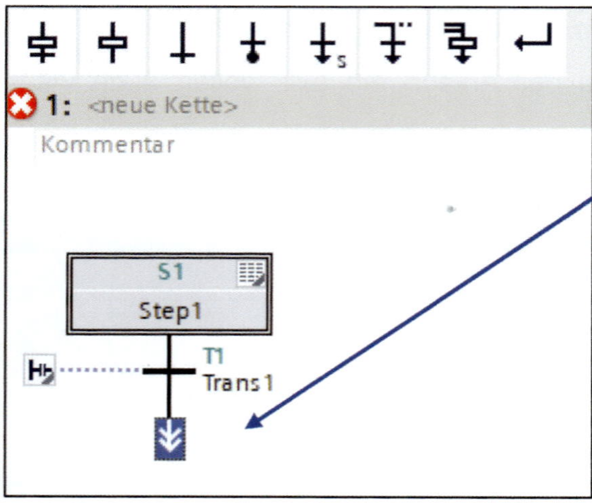

Nachdem unter der Transition die Pfeile markiert wurden, können mit dem Button:

die nächsten
5 Schritte eingeführt werden.

Zum Schluss folgt mit dem Button:

der Spung zurück zum Schritt 1.

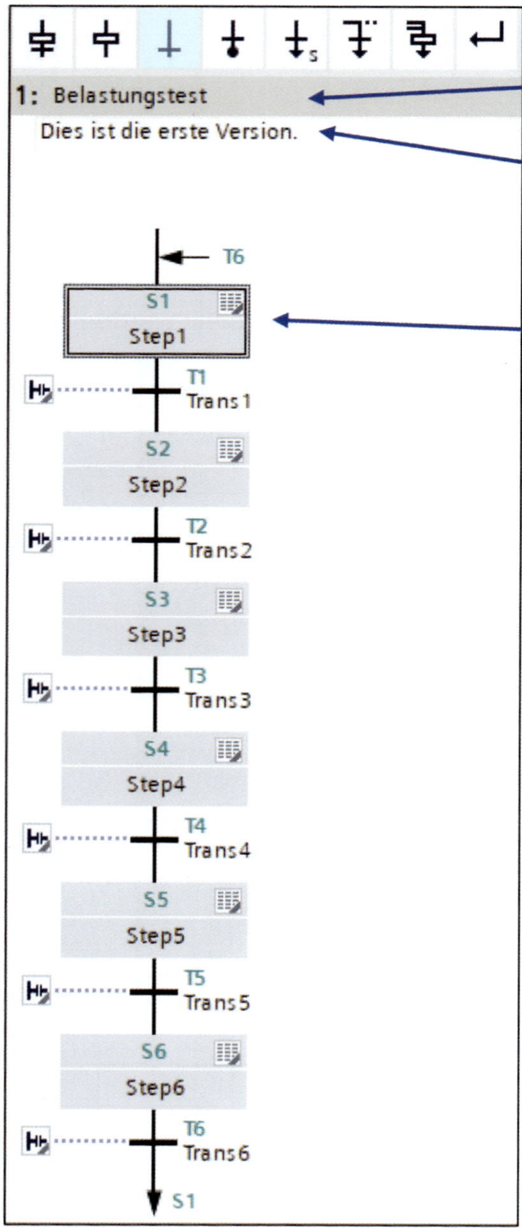

Hier kann die Kette mit einem Namen bezeichnet werden.

Darunter steht eine Kommentarzeile zur Verfügung.

Der erste Schritt hat einen doppelten Rahmen. Es ist der **Initialschritt**!

Die verschiedenen Ansichten

Es gibt verschiedene Darstellungen der Schrittkette, zwischen denen mit den Buttons in der oberen Zeile des Fensters umgeschaltet werden kann.

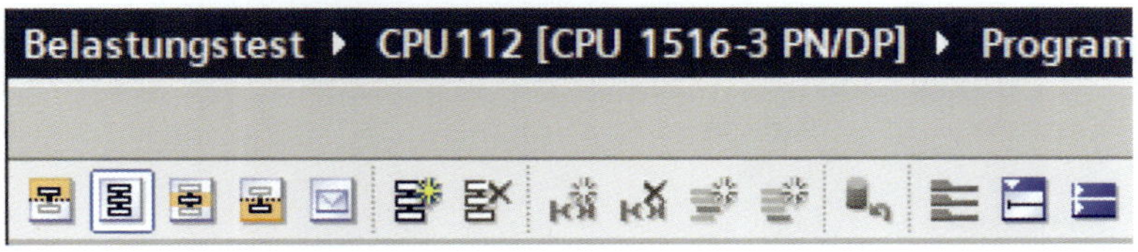

Hier die wichtigsten:

 vorausgeschaltete permanente Anweisungen

 Kettenansicht: Es wird die ganze Kette in dem Fenster dargestellt:

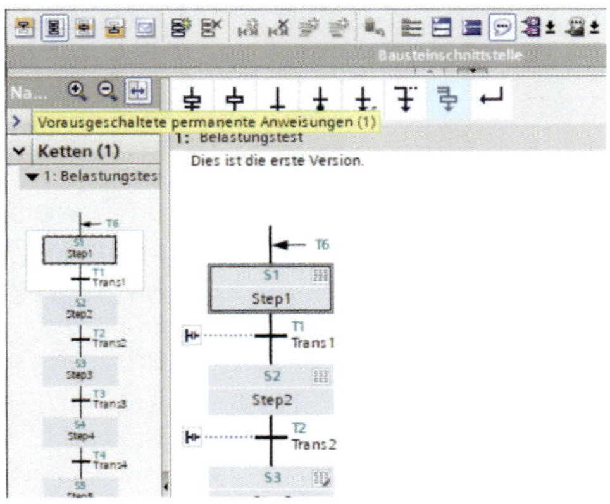

 Einzelschrittansicht: Es wird der in der Navigation markierte Schritt inklusive der folgenden Transition in allen Einzelheiten dargestellt:

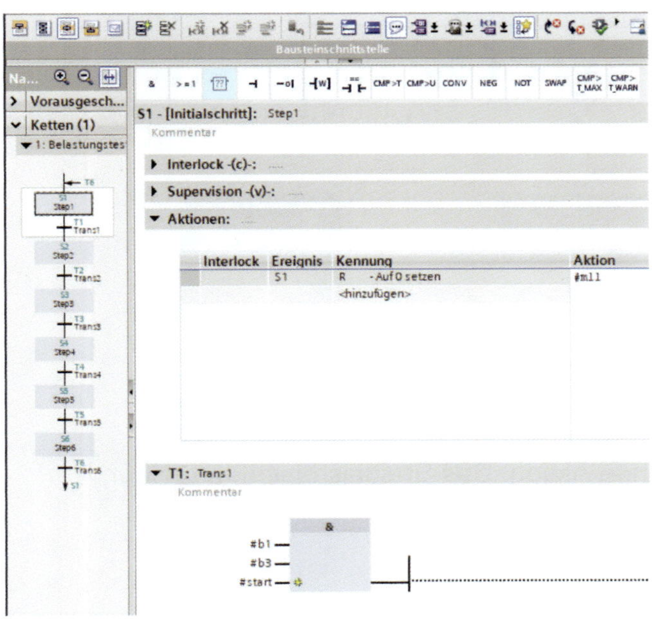

 Alle Netzwerke öffnen / schließen: Speziell in der Kettenansicht lassen sich damit alle Transitionen und Aktionen öffnen bzw. schließen.

Aktionen einfügen

Durch Anklicken dieser Fläche öffnet sich die jeweilige Aktionstabelle:

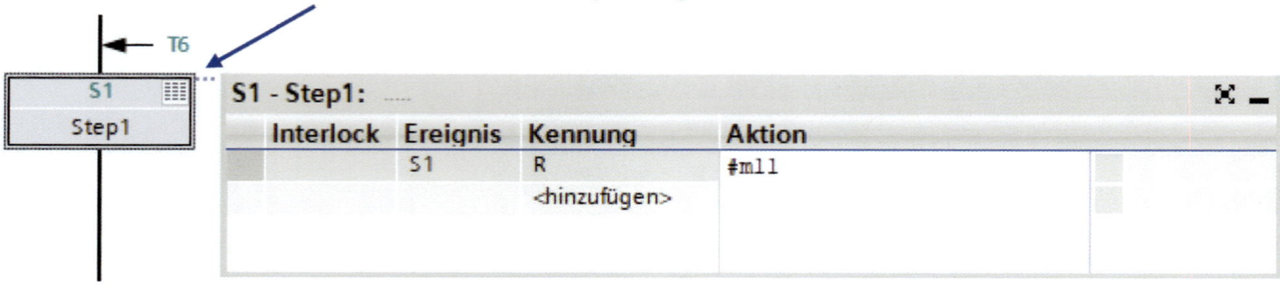

Die Spalten enthalten folgende Angaben:

- **Interlock** spielt später bei bedingten Aktionen eine Rolle
- **Ereignis** bei speichernden Aktionen muss im GRAFCET ein Zeitpunkt angegeben werden. Meist ist dies der Pfeil nach oben ↑ = bei Aktivierung des Schrittes. Bei GRAPH wird das durch S1 = kommender Schritt dargestellt.
- **Kennung** hier wird die Art der Aktion eingetragen:
  N = kontinuierlich wirkend, nicht-speichernd (Zuweisung)
  S = Auf 1 setzen = Speichernd Einschalten (GRAFCET: **:= 1**)
  R = Auf 0 setzen = Speichernd Ausschalten (GRAFCET: **:= 0**)
- **Aktion** hier wird die gesteuerte Variable eingetragen.

Zum Vergleich hier der Schritt im GRAFCET

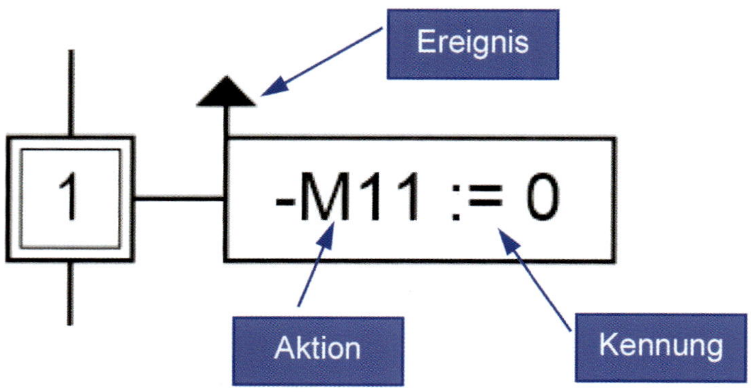

Der **Schritt 2** sieht fast genau so aus, nur bei der Kennung steht ein "S".

Der **Schritt 3** hat keine Aktionen, die Tabelle bleibt leer.

Beim **Schritt 4** steht eine kontinuierlich wirkende Aktion. Das Ereignis bleibt daher leer (-kein Ereignis), als Kennung steht dort ein "N" (nicht speichernd):

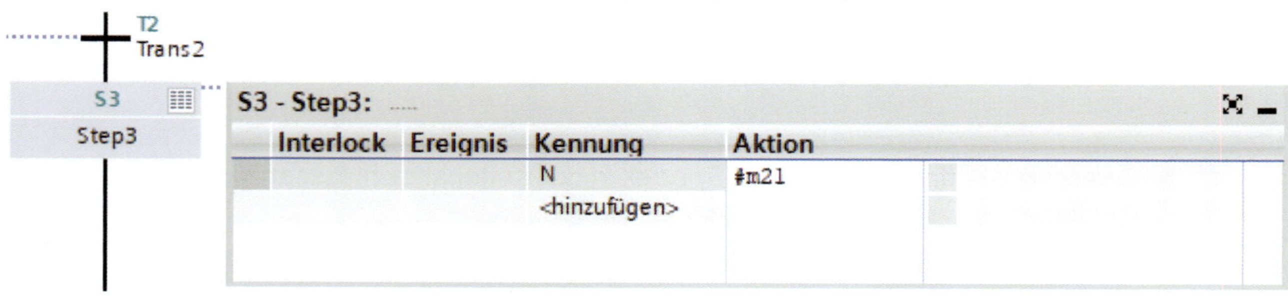

Der **Schritt 5** hat wieder keine Aktion.

Im **Schritt 6** steht dieselbe Aktion wie im Schritt 1.

Tipp

- Ganze Aktions-Zeilen werden kopiert, wenn das Feld links vom Interlock angeklickt und damit die ganze Zeile markiert wird.
- Durch Schließen der fertigen Aktionstabellen wird alles etwas übersichtlicher.

Transitionen programmieren

Durch Anklicken dieser Fläche öffnet sich die jeweilige Transition:

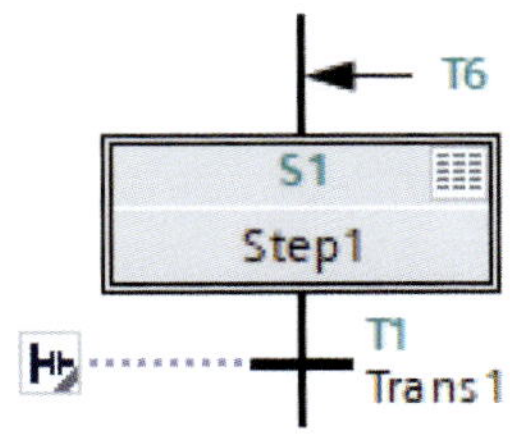

Das gewünschte
Logik-Symbol in das Transitionsfeld ziehen:

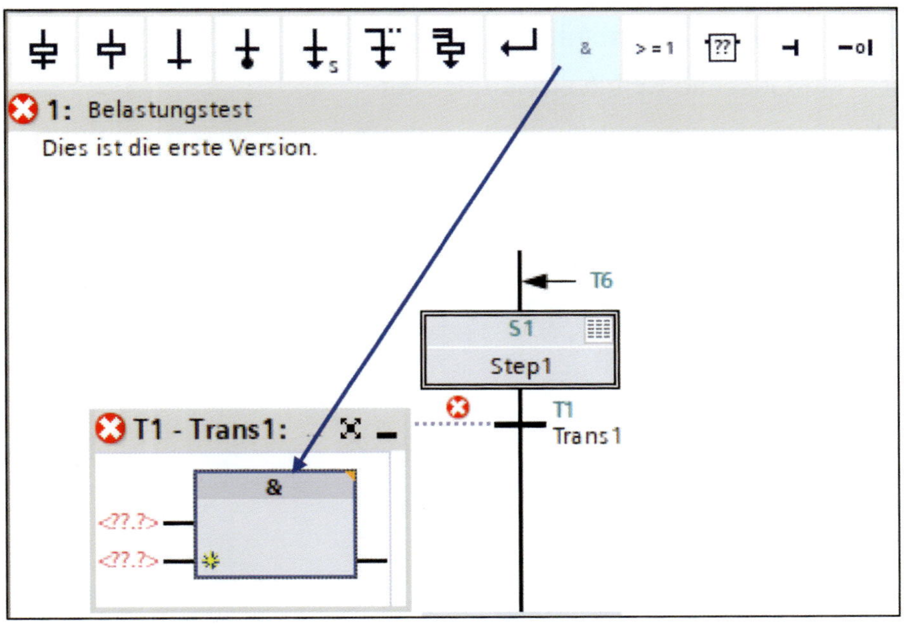

Tipp

Bei diesem Ziehen und Loslassen des Logik-Symbols passiert es sehr oft, dass das Symbol nicht mit dem "Strich" der Transition verbunden wird. Um dies zu erkennen sollte man diese Schaltfläche anklicken, dann sieht man es sofort!

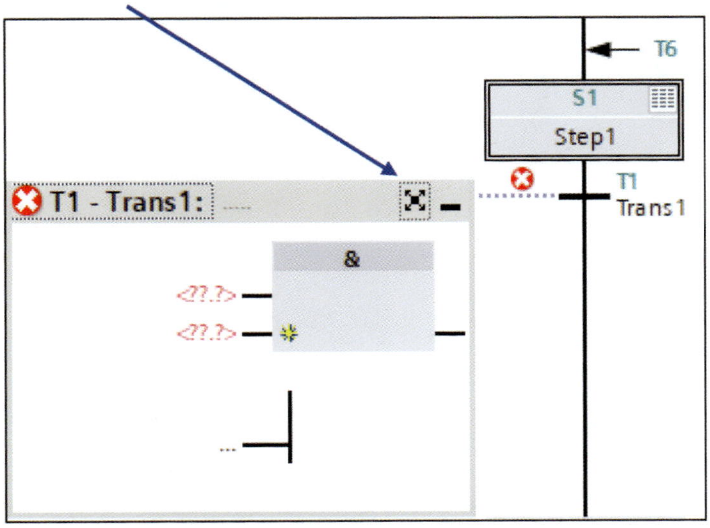

Das Logik-Symbol anfassen und auf den "Strich" der Transition ziehen.

Die fertige Transition sieht dann so aus:

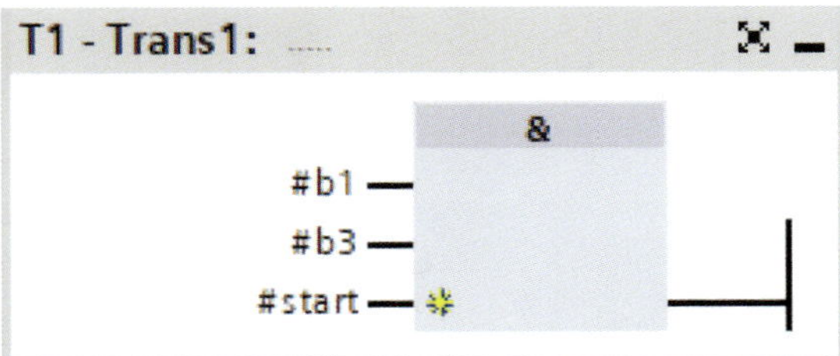

Die Transitionen nach den Schritten 2, 5 und 6 benötigen kein Logik-Symbol. Hier werden die (lokalen) Variablen direkt eingetragen, z. B.:

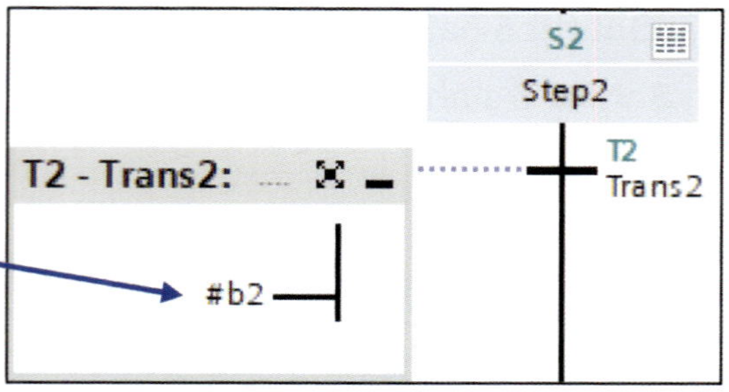

Zeitgesteuerte Transition, Schritt-gesteuert

Nach dem Schritt 3 folgt eine zeitgesteuerte Transition:

"2s nach Aktivieren des Schrittes 3"

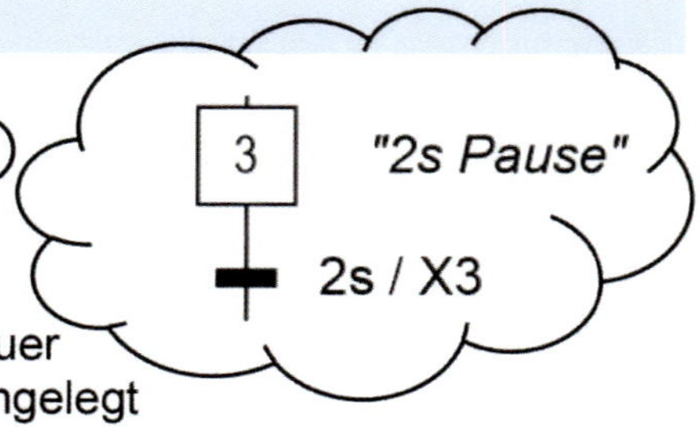

Die Schritt-Dauer ist also auf 2s festgelegt.

Dafür gibt es bei GRAPH pro Schritt zwei "Uhren", die die Schrittdauer messen. Dahinter stecken zwei Static-Variablen, die automatisch angelegt und bearbeitet werden. Diese Variablen kann man abfragen:

Step3.T	Gesamte Schrittaktivierungszeit
Step3.U	Ungestörte Schrittaktivierungszeit

Hier benutzen wir die "gesamte Schrittaktivierungszeit":

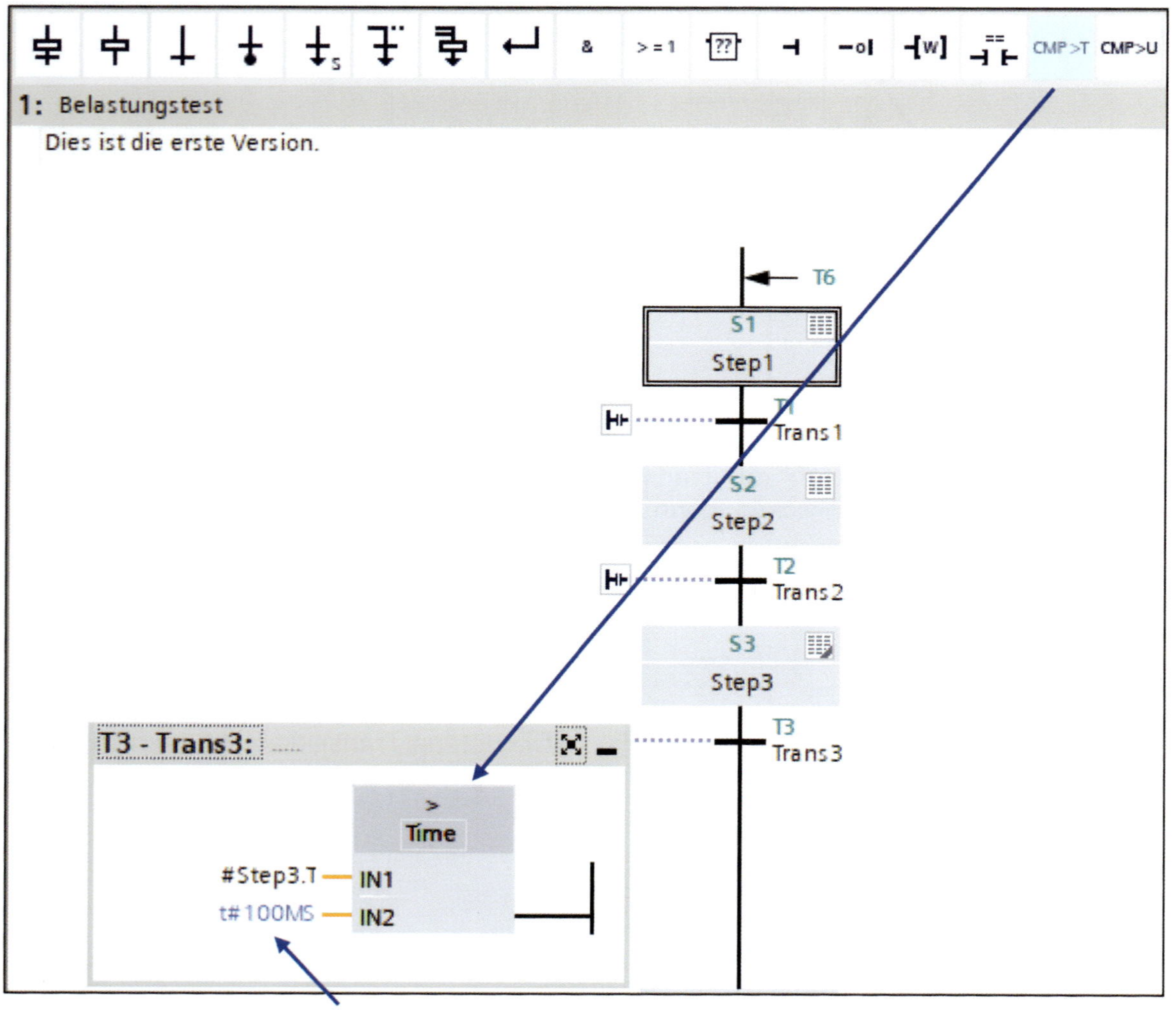

Nachdem der CMP>T – Button in die Transition gezogen wurde, muss jetzt nur noch die Zeitangabe angepasst werde: **T#2s**. Der Variablenname **#Step3.T** wurde automatisch eingefügt.

Zeitgesteuerte Transition, Ereignis-gesteuert

Bei dieser Transition nach dem Schritt 4 wird die Zeit (3s / -B4) durch einen Sensor gestartet. Das ist in GRAPH nicht direkt in der Kette realisierbar!
Es muss ein Timer (TON) programmiert werden, der durch den Sensor -B4 UND den Schritt gestartet wird.

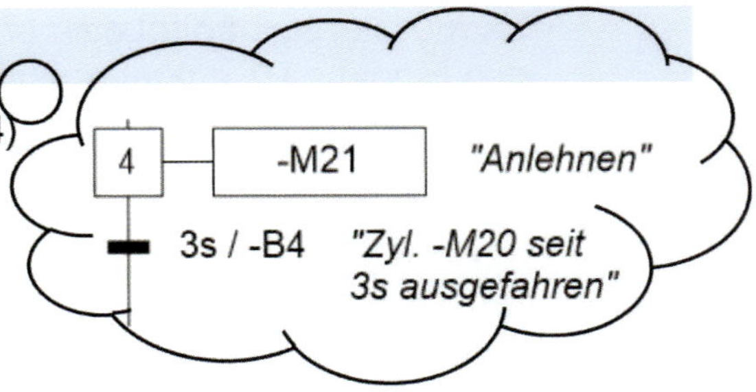

Für Anweisungen, die nicht an aktive Schritte gebunden sind und in jedem PLC-(OB1)-Zyklus abgearbeitet werden, gibt es vor und nach den Ketten jeweils einen Bereich:

Vorausgeschaltete permanente Anweisungen

Nachgeschaltete permanente Anweisungen

Sie werden bearbeitet, vor bzw. nach dem die Kette(n) bearbeitet werden.

In unserem Fall ist es sinnvoll den Timer in den vorgeschalteteten permanenten Anweisungen zu programmieren. Dann kann in demselben PLC-Zyklus das Ergebnis mit einer Temp-Variablen an die Transition weiter gegeben werden.

Grundsätzlich kann man sagen,
dass in den " Vorausgeschalteten permanenten Anweisungen" die Anweisungen bearbeitet werden, die Einfluss auf die Transitionen haben.
Alle Anweisungen, die die Ausgangssignale beeinflussen, sollten in den "Nachgeschalteten permanenten Anweisungen" bearbeitet werden.

Vorgehen:

- In der (Baustein-) Navigation die "Vorausgeschaltete permanente Anweisungen" anklicken.
- Aus den "Einfachen Anweisungen" – "Zeiten" den TON in das Feld unter "1:" ziehen.
- Es öffnen sich die "Aufrufoptionen", in denen der Instanz-Datenbaustein festgelegt wird: Bei der S7-1500 kann eine "Multi-Instanz" ausgewählt werden, bei der S7-300 kann nur eine "Einzel-Instanz" ausgewählt werden.

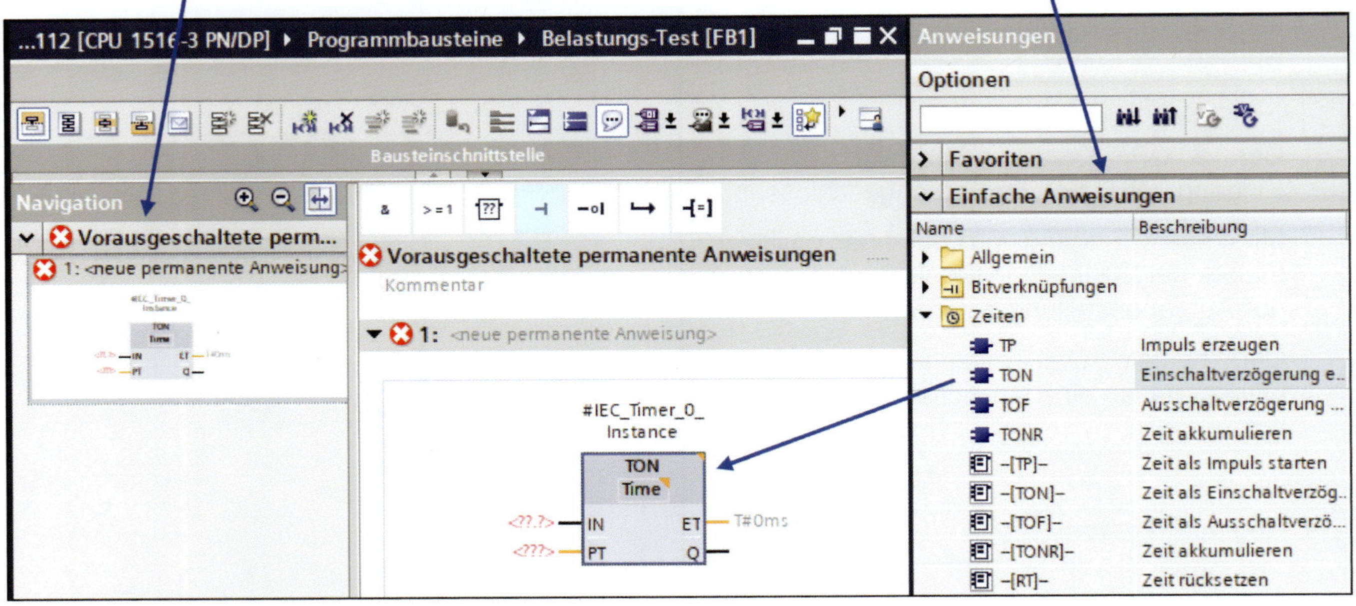

- Es müssen noch die Logik (#b4 UND #Step4.X) an den Eingang IN und die Zeit (T#3s) an den Eingang PT eingetragen werden.

Hinweis **#Step4.X** ist eine automatisch angelegte Static-Variable, die den Zustand des Schrittes 4 anzeigt: ("0" = inaktiv, "1" = aktiv)

- Beim Ausgang Q fehlt noch eine Zuweisung mit einer Temp-Variablen **(#temp_b4_verzoegert)**, um die Information an die Kette weiter zu geben.

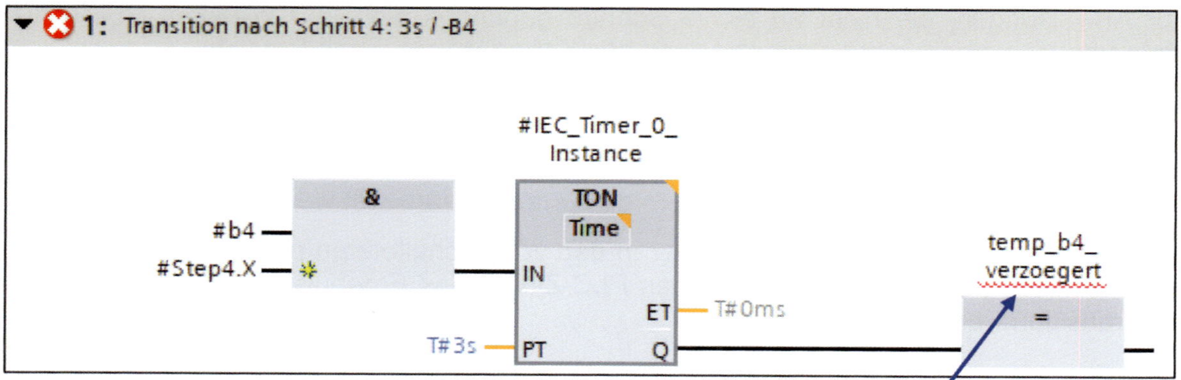

Tipp Die neue Temp-Variable kann man sehr einfach anlegen, indem man sie dort schreibt und dann anschließend über:
- rechte Maustaste
- Variable definieren

im Abschnitt "Local Temp" definiert.

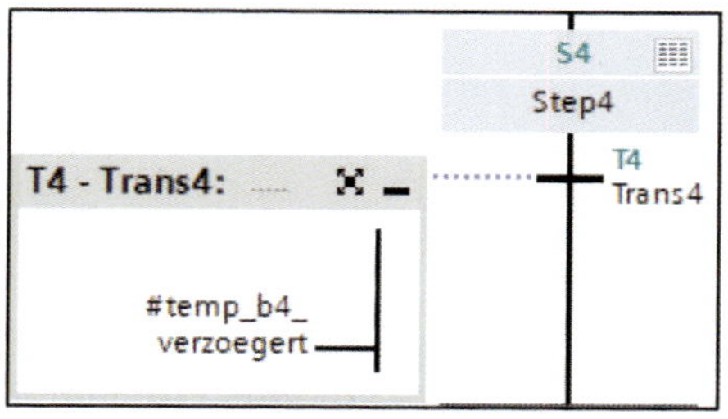

- In der Transition nach dem Schritt 4 wird diese Temp-Variable eingetragen:

Die Transitionen nach den Schritten 5 und 6 benötigen kein Logik-Symbol. Hier werden die (lokalen) Variablen (#b3 und #b1) direkt eingetragen.

Die erste Version des Belastungstest ist nun fertig programmiert. Jetzt muss der Baustein im OB1 noch aufgerufen und verschaltet werden.

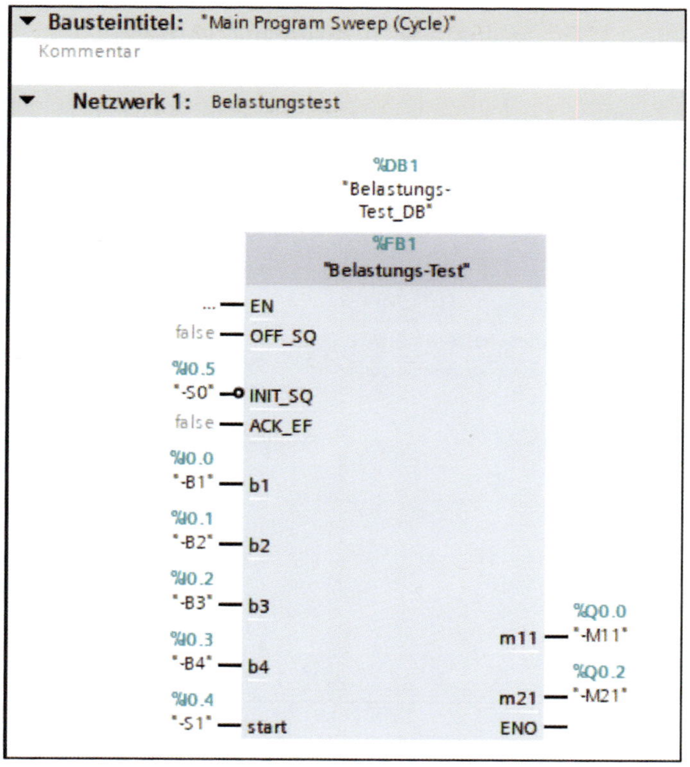

Der **STOPP**-Taster (-S0) wird an den Eingang "**INIT_SQ**" negiert angeschlossen.

Mit diesem Eingang wird bei einer positiven Flanke der Baustein initialisiert, so wie es in der Aufgabenstellung gefordert war.

Und "negiert": Der Taster ist (natürlich) ein Öffner, da er eine ausschaltende Funktion hat.

Und nun: **Testen**!

schon gespeichert??

Erster Test mit dem PLCSIM

Das Starten des PLCSIM, das Anlegen eines PLCSIM-Projektes und das Ausfüllen der SIM-Tabelle_1 ist im ersten Teil des Buches ausführlich beschrieben.

Hier geht es um das Beobachten der Schrittkette und das Steuern der Kette.

Im OB1 sieht es im Grundzustand (beide Zylinder eingefahren) nun so aus:

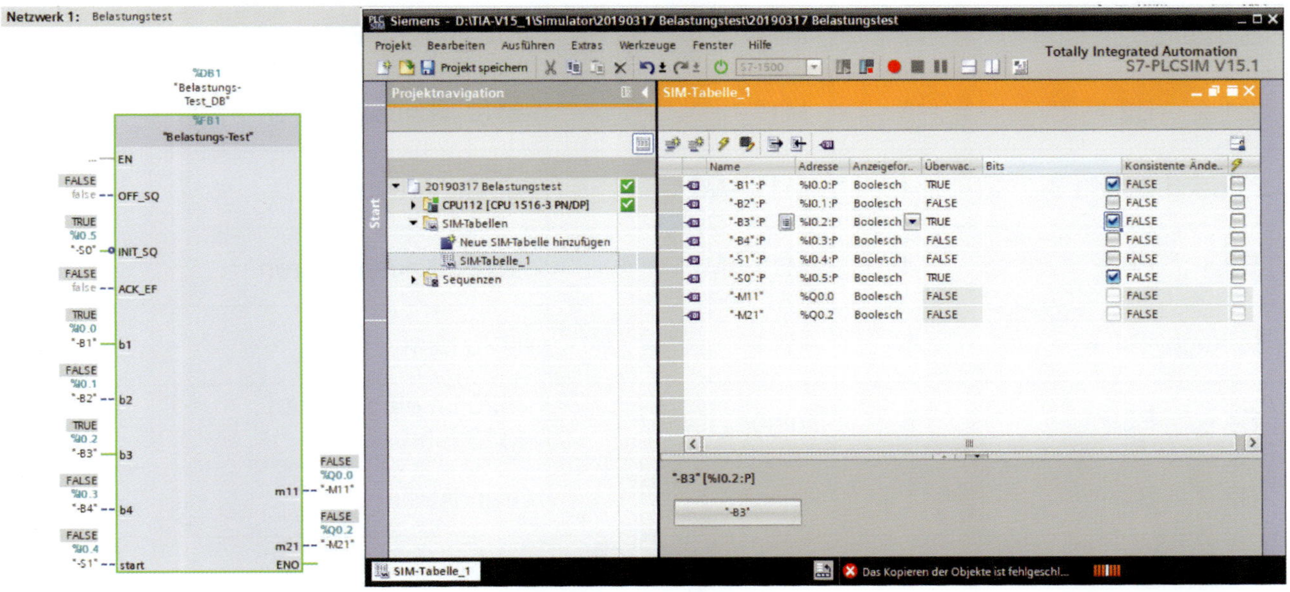

Den GRAPH-Baustein (hier Belastungs-Test (FB1)) öffnen und das Beobachten starten 

Beim Betätigen dieses Buttons (Alle Netzwerke öffnen) werden alle Transitionen und Aktionstabellen geöffnet.

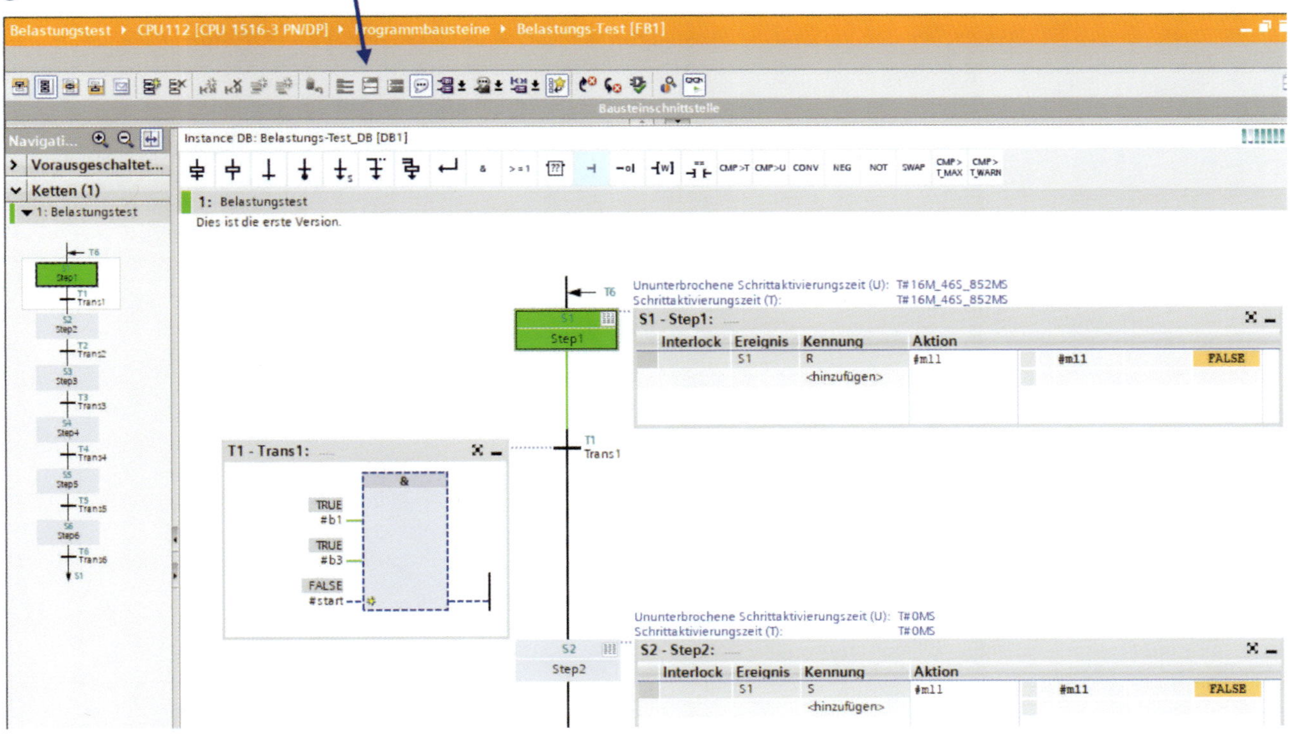

In der Navigation kann sehr schön der Ablauf der Kette beobachtet werden. Klickt man dort einen Schritt an, so wird er im rechten Fenster in der Mitte angezeigt.

Testen Sie nun ihr Programm!

Dazu hier als Hilfestellung eine Funktionstabelle mit entsprechenden Reaktionen:

("-B4 +" heißt -B4 bekommt eine "1", "-B4 –" heißt -B4 bekommt eine "0")

Sensoren / Taster	**Schritt**	**aktive Aktoren**	**Kommentar**
-B1, -B3, -S0	1	keiner	Grundstellung
-S1 tasten (1 – 0)	2	-M11	-M10 fährt aus
-B1 – , -B2 +	3	-M11	-M10 ist ausgefahren
2s nach Schritt 3	4	-M11, -M21	-M20 fährt aus
-B3 – , -B4 +	4	-M11, -M21	-M20 ist ausgefahren
3s nach -B4 +	5	-M11	-M20 fährt ein
-B4 – , -B3 +	6	keiner	-M20 ist eingefahren -M10 fährt ein
-B2 – , -B1 +	1	keiner	Grundstellung

Hinweis Der Schritt 4 kommt doppelt vor. Erst wenn der Sensor -B4 aktiv ist (-B4 +), dann startet die Zeit!

Einbau und Test mit der virtuellen Anlage

Einbau der virtuellen Anlage

Wie schon im Kühlhaus-Projekt beschrieben, kann man die Anlage nachbilden und so das Testen des Programms erleichtern.

Das Vorgehen zum Einbinden des Simulations-Bausteins hier noch einmal in Kürze:

Die Simulation der Anlagen übernimmt ein Funktionsbaustein, der in einer Bibliothek hinterlegt ist. Damit er das Prozessabbild der Eingänge der PLC überschreiben kann, muss er im **OB1** als allererster aufgerufen werden, im **Netzwerk 1**.

Übersicht über das Vorgehen:

- Die globale Bibliothek "virtuelle Anlagen V15_1" öffnen. (evtl. andere Versionen)
- Den FB "192_Belastungstest" (FB192) aus der geöffneten Bibliothek - Kopiervorlagen im Netzwerk1 des OB1 aufrufen
- Den Datenbaustein DB192 (**manuell die Nummer vergeben!**) als Instanz-DB eintragen.

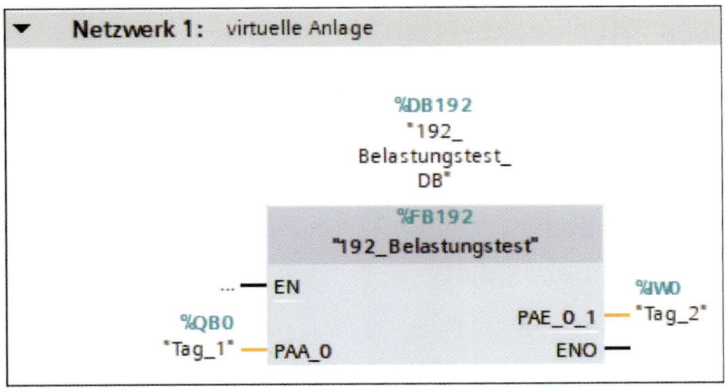

- Den Eingang **PAA_0** mit dem **%QB0** und den Ausgang **PAE_0_1** mit dem **%IW0** verschalten. (Die Variablen-Namen "Tag_1" und "Tag_2" werden automatisch erzeugt.)

Zum **Starten der Visualisierung** ist die folgende Reihenfolge zwingend erforderlich:

1. Starten der Simulationssoftware S7-PLCSIM
   oder:
   Anschließen der echten PLC und übertragen des Programms.
2. Starten der Runtime von WinCC-Advanced: **"virt_Belastungstest-V15_1.fwc**"

Nun kann das Programm mit der virtuellen Anlage getestet werden.

Hinweis: Das genaue Vorgehen zum Downloaden und Einbinden der virtuellen Anlage ist im Kapitel "virtuelle Anlagen einbinden" beschrieben (vorletztes Kapitel im Buch)

Testen: Kettensteuerung

Beim Testen der Ablaufsteuerung kann der GRAPH-Baustein nicht nur beobachtet werden.

Wählen Sie auf der rechten Seite des TIA-Fensters den Reiter "Testen" aus.

Wenn "Online verbinden" aktiviert wurde, dann kann hier:

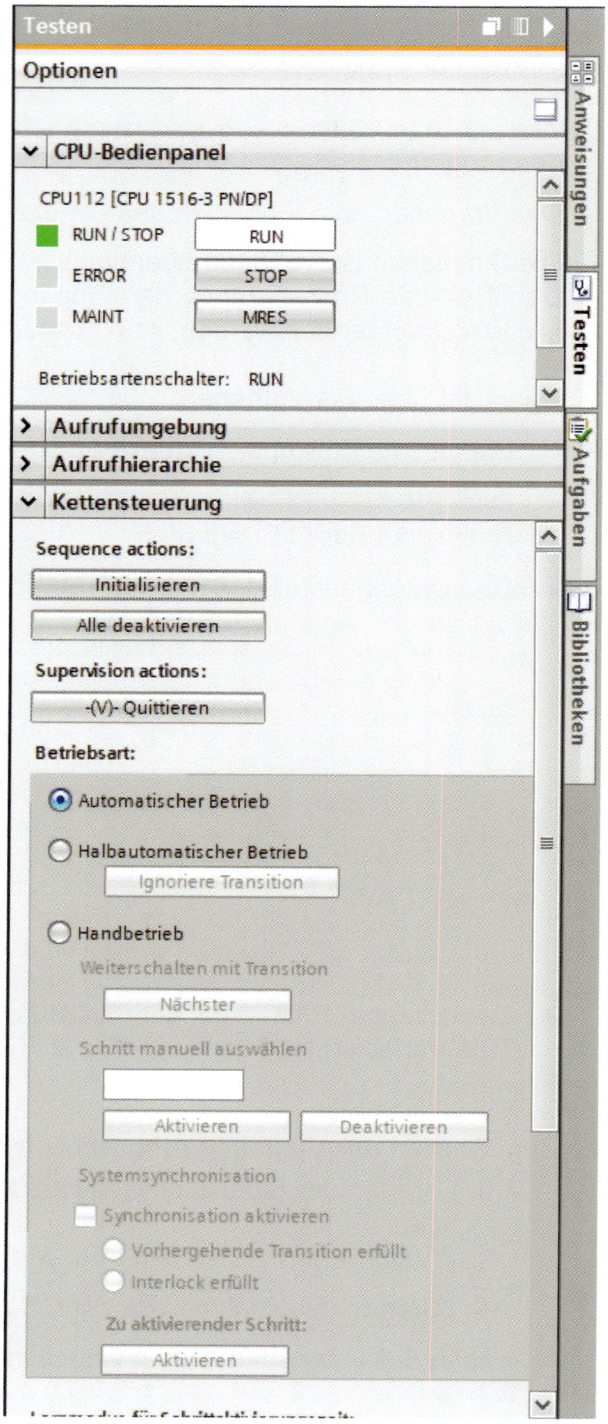

- die PLC / CPU bedient werden: RUN, STOP, MRES (**CPU-Bedienpanel**)
- die Kette gesteuert werden: **Kettensteuerung**
  - Sequence actions: **"Initialisieren"**

    Der Initialschritt der Schrittkette(n) wird aktiviert, alle anderen Schritte deaktiviert. Wenn mehrere Ketten vorhanden sind, dann bei allen Ketten!
  - Sequence actions: **"Alle deaktivieren"**

    Es werden alle Schritte der Kette(n) deaktiviert.
  - **Betriebsarten**:
  - **Automatischer Betrieb**

    Das ist die "normale" Betriebsart.
  - **Halbautomatischer Betrieb**

    Hier kann mit dem Button **"Ignoriere Transition"** eine nicht erfüllte Transition übersprungen werden. Ansonsten läuft die Schrittkette wie im Automatik-Betrieb.
  - **Handbetrieb**

    Die Kette läuft nicht mehr automatisch weiter. Das Weiterschalten kann hier auf zwei Arten geschehen:
    - Weiterschalten mit Transition:

      Wenn die Transition erfüllt ist, dann wird mit dem Button "**Nächster**" weiter geschaltet.
    - Schritt manuell auswählen:

      Hier können Schritte von Hand aktiviert und deaktiviert werden. In das Feld muss die Nummer des Schrittes eingetragen werden.

Zum Testen kann man z. B. folgendes machen: (als Ideengeber)

- Schrittkette abschalten **"Deaktivieren"**
- Schrittkette **"Initialisieren"**
- Über den halbautomatischen Betrieb – **"Ignoriere Transition"** den Ablauf starten, ohne den Start-Taster betätigt zu haben
- Über den Handbetrieb per Button **"Nächster"** weiterschalten oder die Nummer eingeben

Viel Spaß beim Ausprobieren!

Testen: Testeinstellungen

Unter der Option "Testeinstellungen" sind sehr nützliche Möglichkeiten zu finden (hier nur eine Auswahl):

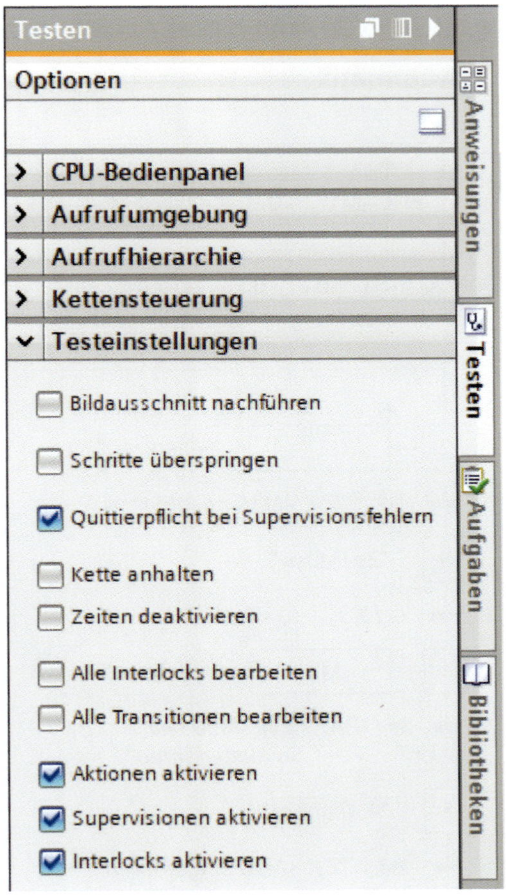

- **Bildausschnitt nachführen**

  Wenn das Häkchen gesetzt ist, dann wird der Bildauschnitt im Editor-Fenster nachgeführt, so dass immer der aktive Schritt zu sehen ist. Das gilt auch (und besonders) in der Einzelschritt-Ansicht!

- **Kette anhalten**

  Wird dieses Häkchen gesetzt, dann wird die Schrittkette (nach dem Bestätigen in einem Pop-up-Fenster) angehalten. Wird das Häkchen wieder entfernt, so läuft sie weiter.

- **Alle Transitionen bearbeiten**

  Eine ganz wichtige Einstellung: Normalerweise wird nur die Transition nach dem aktuellen Schritt bearbeitet und kann damit beobachtet werden. Wenn dieses Häkchen gesetzt ist, dann werden alle Tansitionen bearbeitet und können beobachtet werden. So kann man sehen, wenn mehrere auf einander folgende Transitionen erfüllt sind, so dass die Kette diese Schritte vermeintlich überspringt.

Erste Programmerweiterung

Nachdem die Anlage eine Zeit lang betrieben wurde, kamen einige Kunden auf die Idee, den Start-Taster im gedrückten Zustand zu blockieren. Dadurch lief die Anlage permanent und selbst nach einem Abschalten mit dem Stopp-Taster lief sie sofort wieder los.

Es wurde ein geänderter Ablauf geplant:

- Der Start-Taster sollte auf eine positive Flanke abgefragt werden, damit das Blockieren des Tasters unwirksam ist.
- Es soll ein Dauerbetrieb eingerichtet werden, der mit der positiven Flanke des Start-Tasters gestartet wird. Wenn der Stopp-Taster betätigt wird, so läuft der aktuelle Zyklus noch zu Ende.

Beschreibung des erweiterten Ablaufes (GRAFCET)

In GRAFCET kann dieser Ablauf mit zwei Ketten dargestellt werden:

G_Automatik

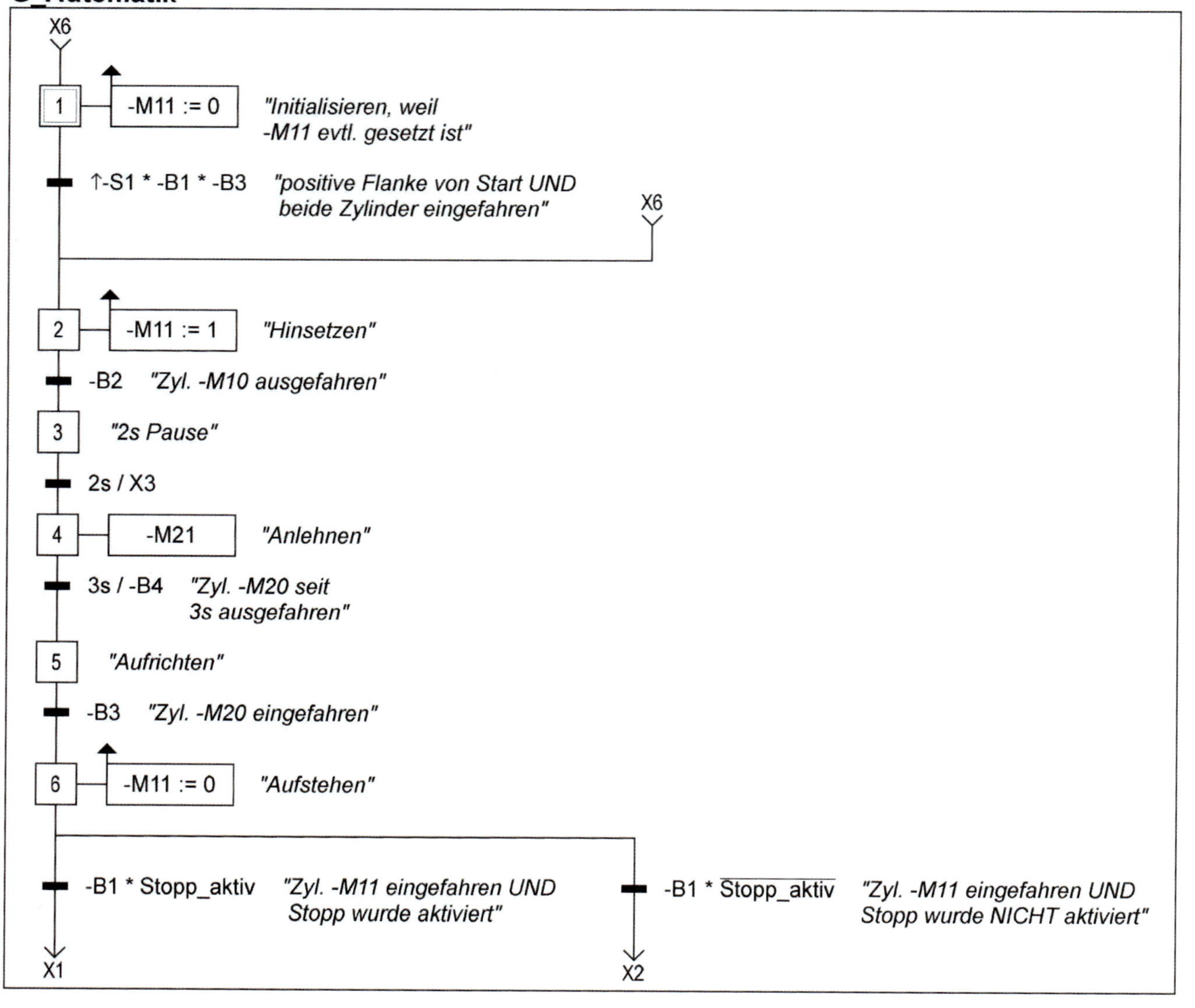

G_Stopp_aktiv

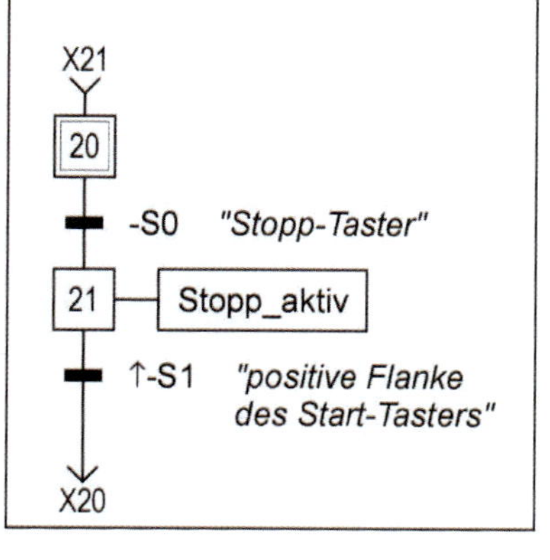

Dies soll in GRAPH umgesetzt werden.

Zweite Kette einfügen

In GRAPH können auch mehrere Ketten in einem FB programmiert werden. Um eine neue Kette einzufügen, müssen in der Navigation der Bereich der Ketten aktiv sein. Mit diesem Button wird eine neue Kette eingefügt.

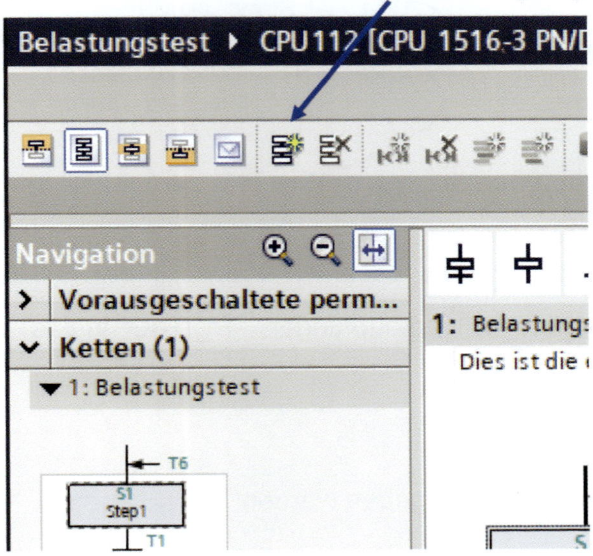

Die neue Kette sollte nun eine Bezeichnung (hier "Stopp_aktiv" bekommen:

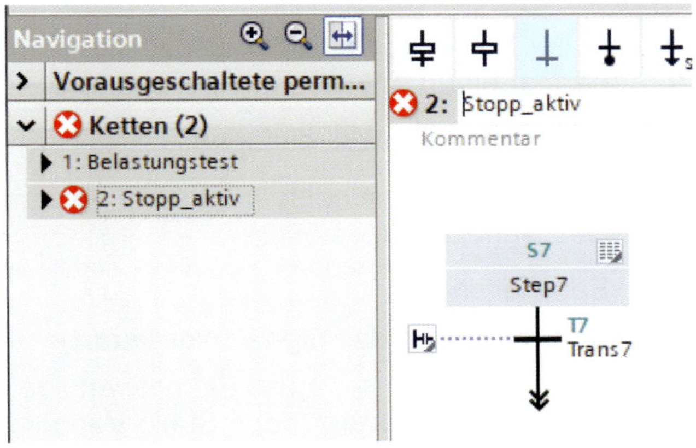

Diese neue Kette hat keinen Initialschritt!

Das kann leicht mit einem "Rechte-Maus-Klick" auf den Schritt erledigt werden: In der zweiten Zeile des Pop-Up-Fensters kann "Initialschritt" aktiviert werden.

Vor dem weiteren Programmieren der Kette sollte jetzt die Schrittnummer angepasst werden:

S20 (statt S7)

Step20 (statt Step7)

Nach dem Einfügen eines weiteren Schrittes und dem Rücksprung zum S20 sieht es dann so aus ➔

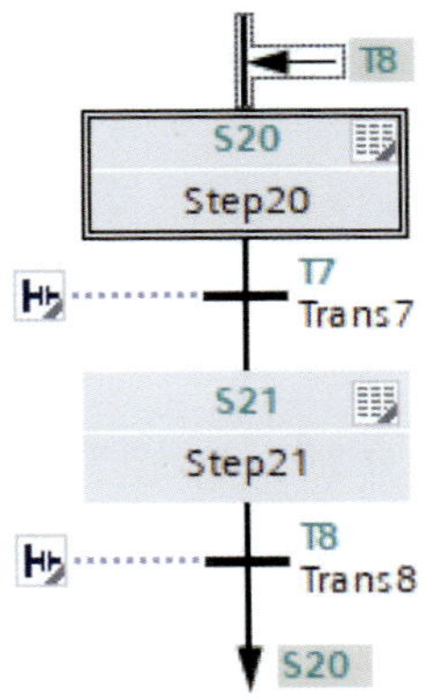

Für die Transitionen muss eine neue Input-Variablen angelegt werden:

stopp (Stopptaster -S0)

Die erste Transition sollte dann keine Schwierigkeiten bereiten.

Flankenerkennung bei einer Transition: "permanente Anweisungen" nutzen

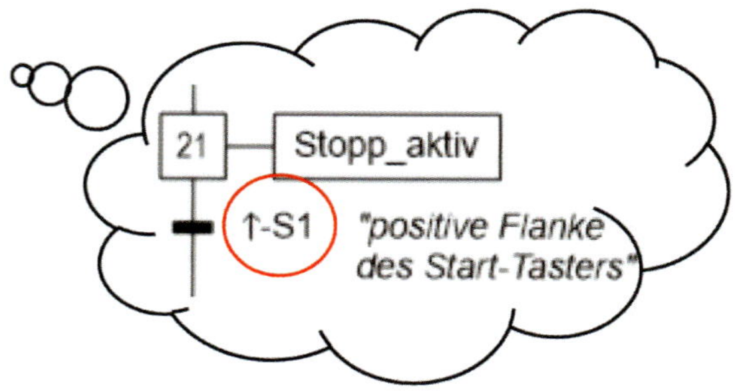

Bei der 2ten Transition soll die positive Flanke von "start" (↑-S1) abgefragt werden. Das lässt sich leider nicht in der Transition direkt abfragen. Dazu können (wie schon bei der zeitgesteuerten Transition (3s / B4)) die vorausgeschalteten permanenten Anweisungen genutzt werden.

In diesem Bereich kann wie bei der Programmiersprache FUP die positive Flanke abgefragt werden. Vorgehen:

- In der Navigation die "Vorausgeschalteten permanenten Anweisungen" aktivieren.
- Ein neues Netzwerk einfügen.
- Aus den "Anweisungen – Einfache Anweisungen – Bitverknüpfungen" "P_TRIG" in das Netzwerk ziehen.
- Beschalten:
  - an CLK kommt das Signal (hier **#start**)
  - unter dem Baustein muss der notwendige Speicher angegeben werden: **#stat_flanke_start** (neue Static-Variable)
  - Das Ergebnis Q wird mit einer Zuweisung [=] an die neue Temp-Variable **#temp_p_start** weiter gegeben.

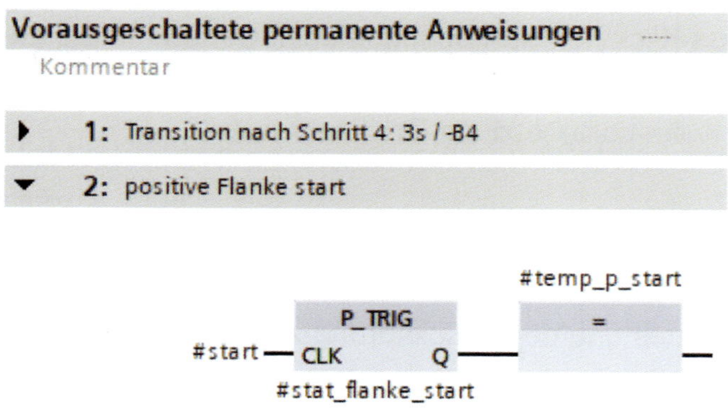

Die Variable **#temp_p_start** liefert die poitive Flanke und kann in der zweiten Transition genutzt werden.

Static-Variablen zum Informationsaustausch zwischen verschiedenen Ketten

Es fehlt noch die Aktion am Schritt 21. Hier muss in einer kontinuierlich wirkenden Aktion (nicht speichernd) eine statische Variable **(#stat_stopp_aktiv)** eingetragen werden.

Diese statische Variable kann dann in der 1ten Kette abgefragt werden.

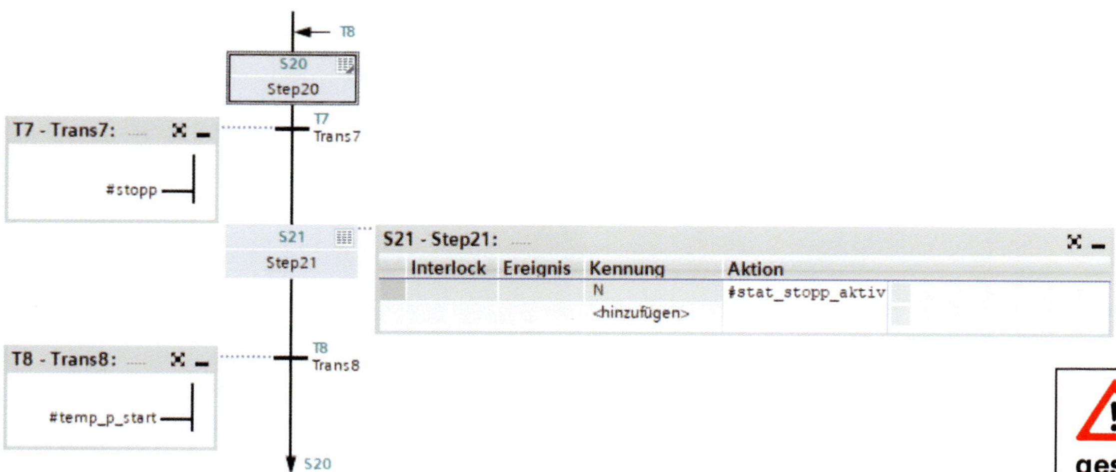

⚠ **schon gespeichert??**

Alternative Verzweigung

In der 1ten Kette fehlt noch die alternative Verzweigung: Je nachdem,ob "Stopp_aktiv" aktiv ist oder nicht, wird am Ende der Kette zu Schritt 1 oder 2 gesprungen.

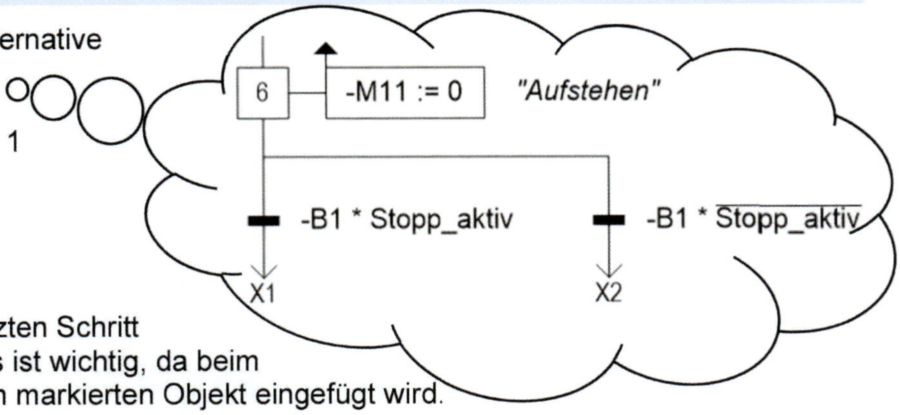

Vorgehen:

- In der ersten Kette den letzten Schritt anklicken (markieren). Das ist wichtig, da beim Einfügen immer hinter dem markierten Objekt eingefügt wird.
- "Alternativzweig öffnen" anklicken

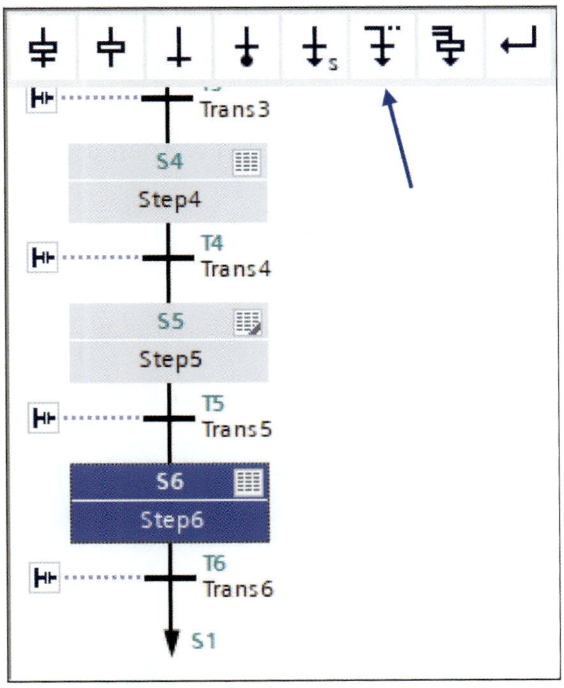

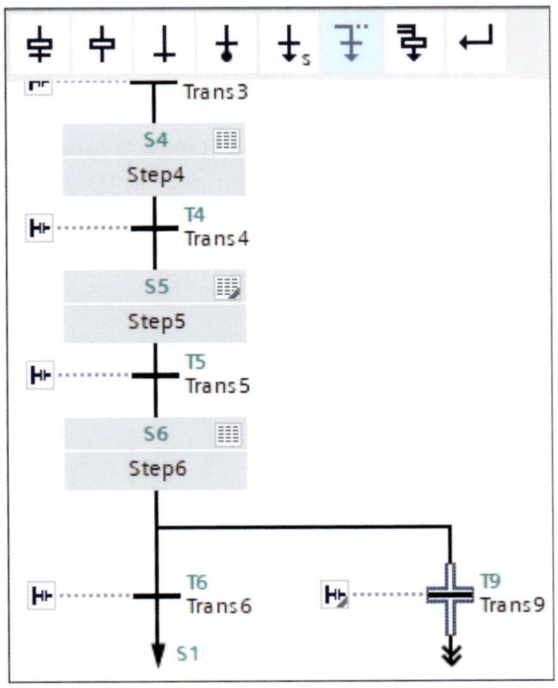

- Hinter der neuen Transition den Sprung nach S2 einfügen.
- Jetzt noch die beiden Transitionen (hier T6 und T9) anpassen (siehe GRAFCET)
- ... und fast vergessen: In der ersten Transition (nach dem Initialschritt) sollte ja noch die positive Flanke vom Start-Taster eingebaut werden.
(Das Signal haben wir ja schon erzeugt 😊)

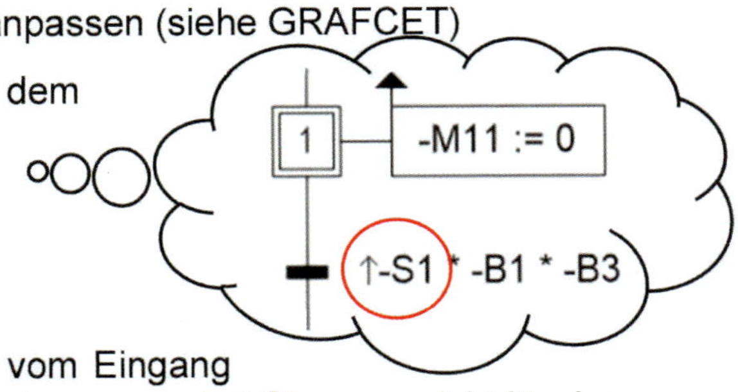

- Zum Abschluss muss der OB1 angepasst werden:
  - Der Stopp-Taster (-S0) muss (inkl. der Negation) vom Eingang "INIT_SQ" gelöscht werden. (Tipp: eine Negation kann man bei Siemens nicht löschen, man negiert sie.)
  - Stattdessen wird der Stopp-Taster (mit Negation, weil ja ein NC-Kontakt) an die zusätzlich erstellte Input-Variable "stopp" angeschlossen.

Und nun: Testen!

Tipp Um das gleichzeitige Drücken von "Start" und "Stopp" zu ermöglichen, wurden sie zusätzlich auf die Funktionstasten der Tastatur gelegt: <F1> = Start, <F2> = Stopp

Zweite Programmerweiterung

Beschreibung der erweiterten Anlage

Die Anlage soll flexibler gemacht werden. Für Service-Zwecke soll ein Handbetrieb integriert werden, in dem die Zylinder von Hand gefahren werden können.

Folgende Bedingungen sollen realisiert werden:

1. Umschalten aus dem Automatik-Betrieb in den Handbetrieb nur, wenn der Initialschritt des Automatik-Betriebes aktiv ist (Anlage ist gestoppt).
2. Umschalten aus dem Hand-Betrieb in den Automatik-Betrieb nur ermöglichen, wenn beide Zylinder eingefahren sind (-B1 und -B3 aktiv).
3. Im Handbetrieb kann der Zylinder:
   - -M10 mit der Taste "Hand-M10 ausfahren" ausgefahren werden (speichernd)
   - -M10 mit der Taste "Hand-M10 einfahren" eingefahren werden (speichernd), wenn der Zylinder -M20 eingefahren ist (-B3 ist aktiv)
   - -M20 mit der Taste "Hand-M20" im Tippbetrieb ausgefahren werden. Bedingung ist, dass der Zylinder -M10 ausgefahren ist (-B2 ist aktiv)

   Durch die Verriegelungen mit -B2 und -B3 wird sichergestellt, dass das "Anlehnen" nur passieren kann, wenn vorher "Hinsetzen" (-M10 ausgefahren) aktiv ist.

Hinweis: In der virtuellen Anlage kann die "erweiterte Bedienung" im Hilfe-Fenster aktiviert werden.

Erweiterte Zuordnungsliste

Eingänge	
Adresse	**Betriebsmittel**
%I 0.0	-B1, -M10 Endlage oben
%I 0.1	-B2, -M10 Endlage unten
%I 0.2	-B3, -M20 Endlage eingefahren
%I 0.3	-B4, -M20 Endlage ausgefahren
%I 0.4	-S1, START
%I 0.5	-S0, STOPP (NC)
%I 0.6	-S30, Nothalt (NC)
%I 0.7	-S31, Quittieren
%I 1.0	-S2, Hand – Automatik (1)
%I 1.1	-S10, Hand -M10 einfahren
%I 1.2	-S11, Hand -M10 ausfahren
%I 1.3	-S20, Hand -M20 Tippbetrieb

Ausgänge	
Adresse	**Betriebsmittel**
%Q 0.0	-M11, Ventil für Zylinder -M10
%Q 0.2	-M21, Ventil für Zylinder -M20
%Q 0.4	-P1 Automatik (weiß)
%Q 0.5	-P2 Handbetrieb (blau)
%Q 0.6	-P3 Alarm (rot)

Zum Realisieren des Handbetriebes mit der Umschaltung Hand-/Automatikbetrieb wird ein weiterer GRAFCET benötigt, der den **G_Automatik** beeinflusst.

Der GRAFCET für die Betriebsart könnte so aussehen (**G_Betriebsart**):

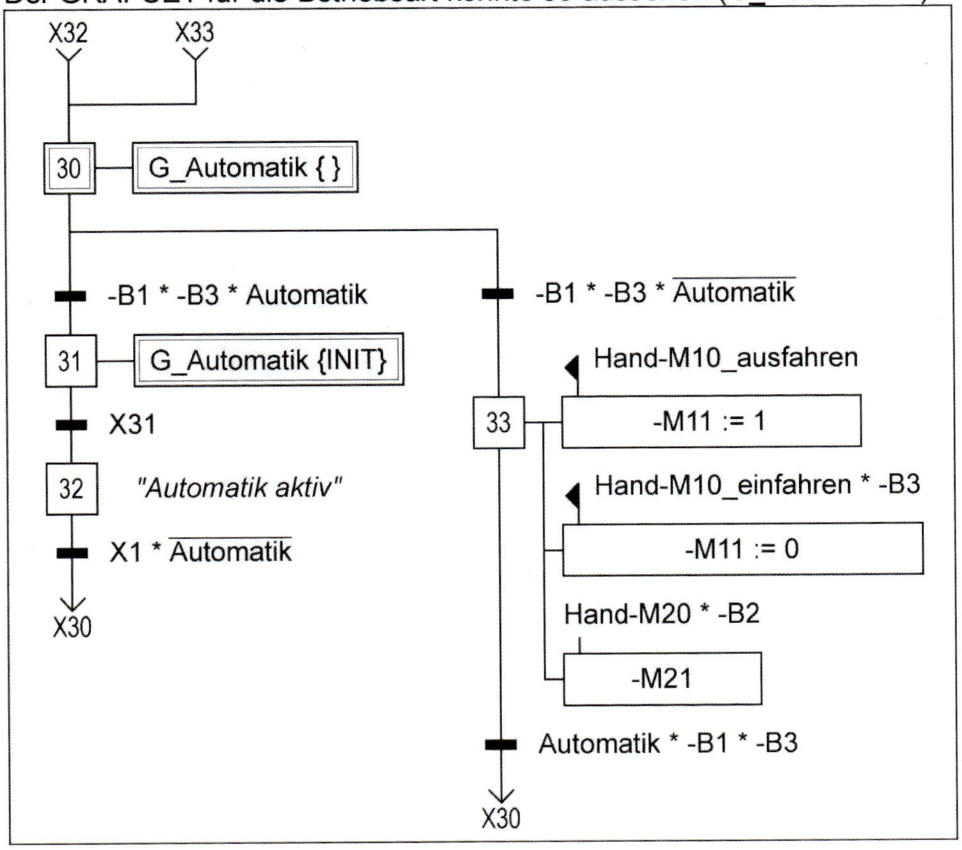

Zwangssteuernde Befehle / Bedingte Aktionen

In diesem GRAFCET sind ein paar neue Aktionen enthalten:

- **Zwangssteuernder Befehl**: G_Automatik **ausschalten**:
  Der GRAFCET "G_Automatik" wird ausgeschaltet und bleibt ausgeschaltet, bis er durch eine andere Aktion initialisiert oder ein Schritt in dem GRAFCET aktiviert wird.

  G_Automatik { }

- **Zwangssteuernder Befehl**: G_Automatik **initialisieren**:
  Der GRAFCET "G_Automatik" wird initialisiert, d. h. es werden alle Schritte darin deaktiviert und der Initialschritt wird aktiviert. Solange dieser Befehl ansteht wird der GRAFCET im Initialschritt festgehalten.

  G_Automatik {INIT}

- **Bedingte Aktion** (nicht speichernd):
  Nur wenn der zugehörende Schritt UND die zusätzliche Bedingung "Hand-M20 * -B2) erfüllt ist, wird -M21 aktiv.

  Hand-M20 * -B2
  -M21

- **Bedingte speichernde Aktion bei Ereignis**:
  -M11 wird speichernd eingeschaltet, wenn der zugehörende Schritt aktiv ist und zusätzlich die Bedingung "Hand-M10_ausfahren" aktiv wird.

  Hand-M10_ausfahren
  -M11 := 1

Diese Kette muss in einen neuen FB programmiert werden, da das **Zwangssteuern** einfach über die Schnittstelle für alle darin befindlichen Ketten realisiert werden kann.

Vorgehen:

- Neuen FB anlegen („Betriebsart“), Programmiersprache GRAPH
- Schnittstelle deklarieren:
  - Es können nun bis auf die ersten drei Input (OFF_SQ, INIT_SQ, ACK_EF) alle anderen In- und Output-Variablen gelöscht werden. Die Static-Variablen auf keinen Fall löschen!!
  - **Input**: b1, b2, b3, automatik, hand_m10_ausf, hand_m10_einf, hand_m20, x1
    Hinweis: Über die Input-Variable x1 wird der Zustand der Kette „Automatik“ abgefragt.
  - **Output**: m11, m21, g_automatik_off, g_automatik_init
    Hinweis: Die beiden letzten Ausgänge dienen der Zwangssteuerung.
- Struktur der Kette anlegen

Tipp Als erstes den Initialschritt in die Nummer 30, Name Step30 ändern. Damit stimmen GRAFCET und GRAPH überein.

- Transitionen programmieren

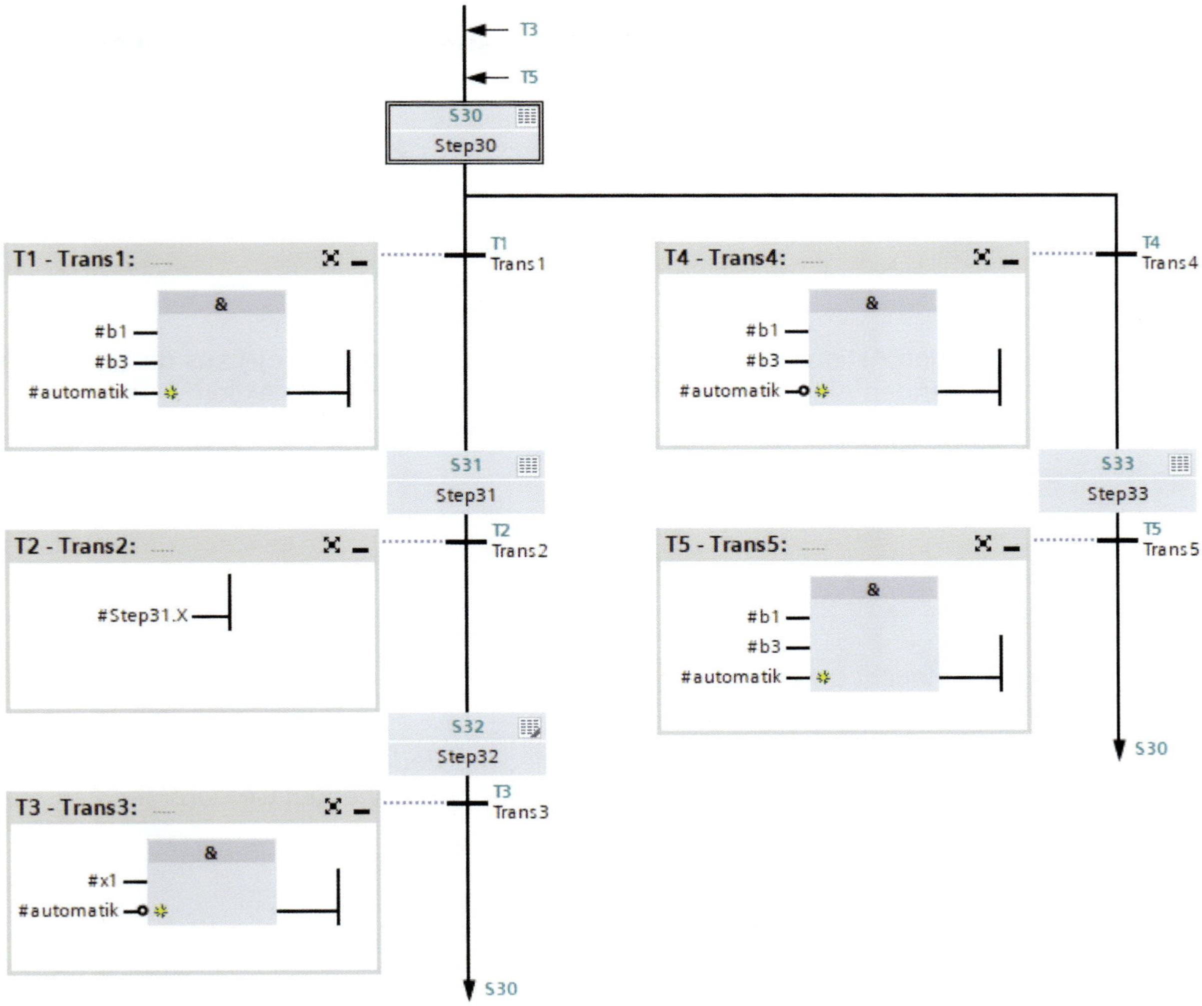

- Aktionen programmieren
  - Die beiden **zwangssteuernden Befehle** sind einfache, kontinuierlich wirkende Aktionen:

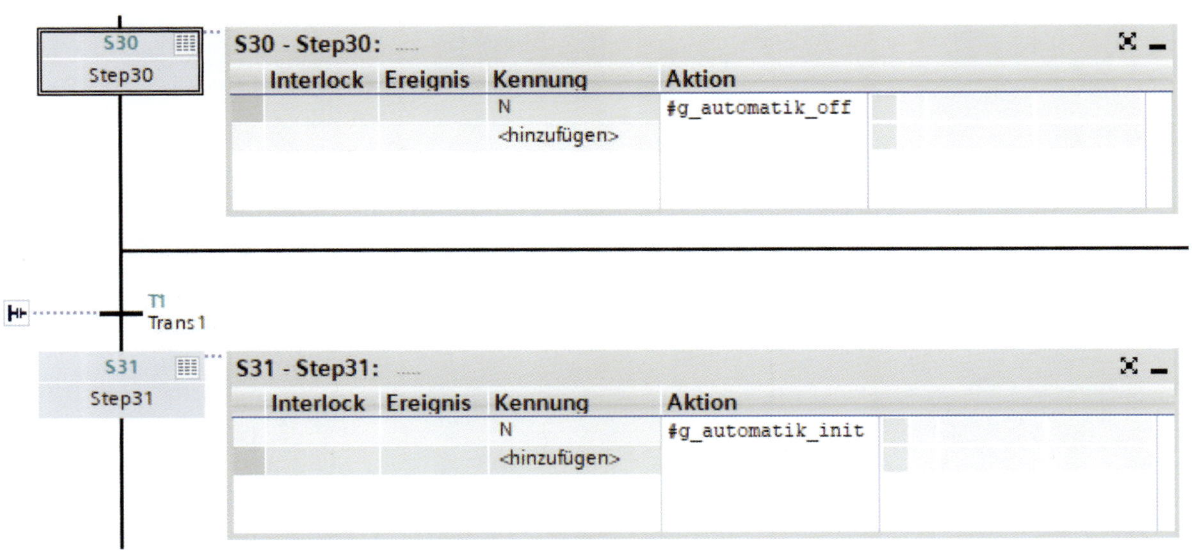

- Für die **bedingten Aktionen** im Schritt S33 muss in die **Einzelschrittansicht** gewechselt (z. B. durch Doppelklick auf den Schritt S33) und der Bereich **Interlock -(c)-** geöffnet werden. Hier werden die zusätzlichen Bedingungen programmiert:

Bei den Aktionen wird durch Aktivieren des Interlock **(-(c)-)** aus der kontinuierlich wirkenden Aktion eine bedingte kontinuierlich wirkende Aktion:

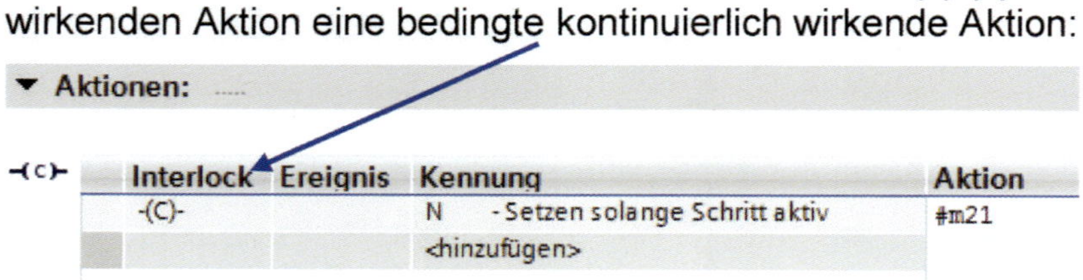

- Nun taucht ein Problem auf: Man kann nur eine Interlock-Bedingung pro Schritt programmieren.

  Lösung des Problems: Da 3 verschiedene Bedingungen im Schritt 33 benötigt werden, müssen 2 weitere, parallele Schritte eingebaut werden:

  Vorgehen:

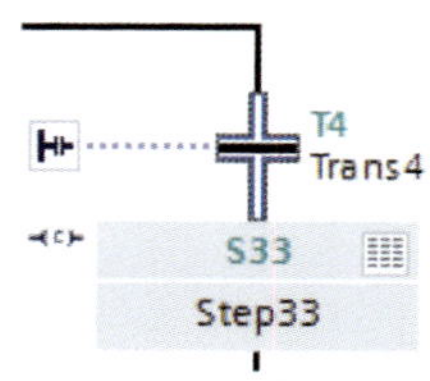

  - Wechseln in die Kettenansicht
  - Die Transition vor dem Schritt 33 markieren (den Querstrich, nicht den Text!)
  - Simultanzweig öffnen und dann gleich wieder schließen
    Das Resultat:

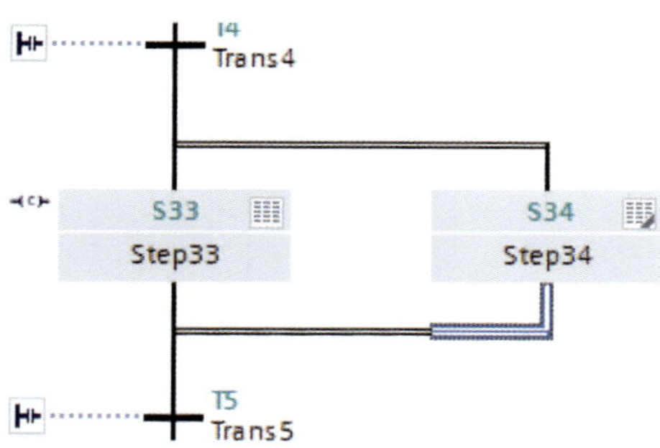

  - Das gleiche noch einmal durchführen, und man hat drei parallele Schritte, in denen die bedingten Aktionen programmiert werden können.
    Tipp: Wenn man die Nummern und Namen der Schritte ändert, dann wird der Zusammenhang zum Ursprungsschritt erkennbar:

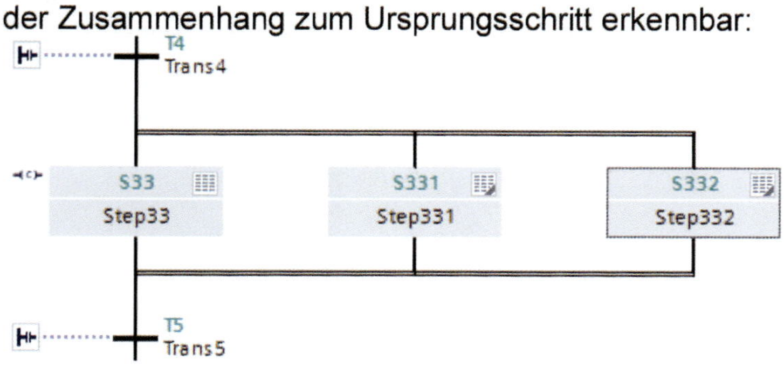

- Zum Programmieren der **bedingt speichernden Aktion bei Ereignis** wieder in die Einzelschrittansicht wechseln.

  Dort muss das **negierte Signal** als Interlock-Bedingung programmiert werden!

  Bei der Aktion das **Ereignis**: **L1-gehende Interlockbedingung** auswählen:

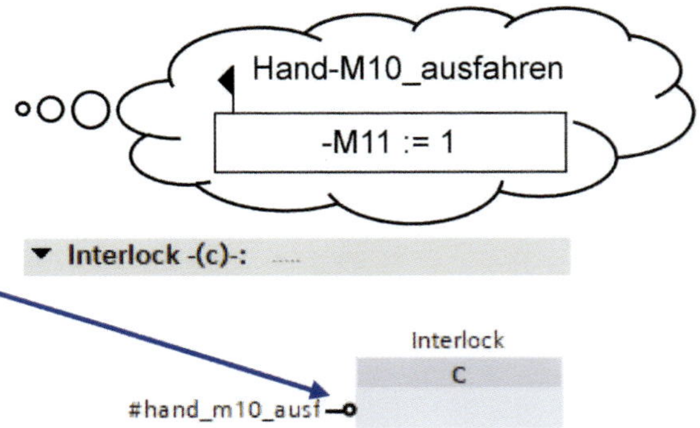

Aktionen:

Interlock	Ereignis	Kennung		Aktion
	L1	S	- Auf 1 setzen	#m11

- Der letzte Schritt (Step332) wird nach demselben Prinzip programmiert. Der Interlock hat dabei ein UND mit einem negierten Ausgang:

Informationstransport mit Hilfe eines globalen Datenbausteins

Der neue FB "Betriebsart" wird im OB1 aufgerufen und ein Instanz-DB angelegt. Nun müssen die Informationen der Output-Variablen "g_automatik_off" und "g_automatik-init" zum FB "Belastungstest" transportiert werden, um dort die zwangssteuernden Befehle umzusetzen.

Die S7-GRAPH-Bausteine sind für diese Befehle vorbereitet: Es gibt die Standard-Eingänge:

- INIT_SQ
  Bei einer positiven Flanke an diesem Eingang werden alle Ketten in diesem Baustein initialisiert. Leider werden sie nicht in dem Zustand fixiert. Das muss man händisch sicherstellen.
- OFF_SQ
  Bei einer positiven Flanke an diesem Eingang werden alle Schritte in dem Baustein deaktiviert.

Hinweis Eventuell speichernd eingeschaltete Ausgänge werden **nicht** zurückgesetzt!!

Für den Informationstransport wird nun ein globaler Datenbaustein angelegt und parametriert:

- Anlegen eines globalen Datenbausteins:
  - Neuen Baustein hinzufügen
    - "Datenbaustein" auswählen
    - Typ: "Global-DB"
    - Name: "Speicher"
    - OK
  - Struktur in dem DB anlegen:
    Da noch weitere Daten in dem DB angelegt werden sollen, soll dieser in "Bereiche" aufgeteilt werden (Strukturieren):
    - Bereich (Name) "austausch" einfügen, Datentyp: "Struct"
    - In der eingerückten Zeile (3ff) können die Variablen **g_auto_off** und **g_auto_init**, Typ Bool, angelegt werden.

Speicher

	Name	Datentyp	Startwert
1	▼ Static		
2	▼ austausch	Struct	
3	<Hinzufügen>		
4	<Hinzufügen>		

Speicher

	Name	Datentyp	Startwert
1	▼ Static		
2	▼ austausch	Struct	
3	g_auto_off	Bool	false
4	g_auto_init	Bool	false

- Verschalten der Ein- und Ausgänge der Bausteine:

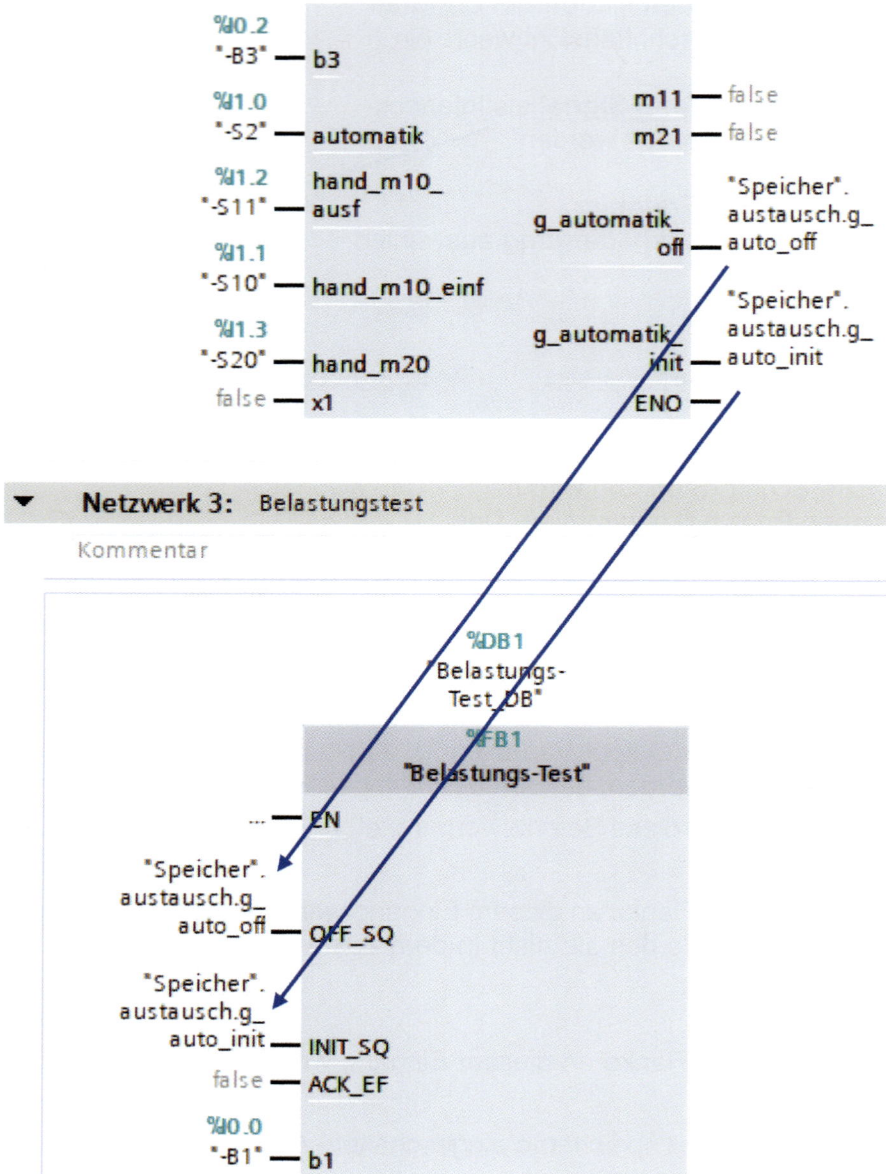

- Nacharbeiten im FB "Belastungstest" notwendig!
  Es müssen zwei Dinge im FB "Belastungstest" nachgearbeitet werden:
  - Die Information, dass der Schritt 1 aktiv ist, muss zur Verfügung gestellt werden.
    ➔ Am Schritt 1 wird eine neue Output-Variable (#x1) nichtspeichernd zugewiesen.

  - Da der Eingang "INIT_SQ" flankengesteuert ist, im GRAFCET aber eine Zustands-Steuerung gefordert wird, muss die Transition nach dem Schritt S1 um eine Bedingung erweitert werden:

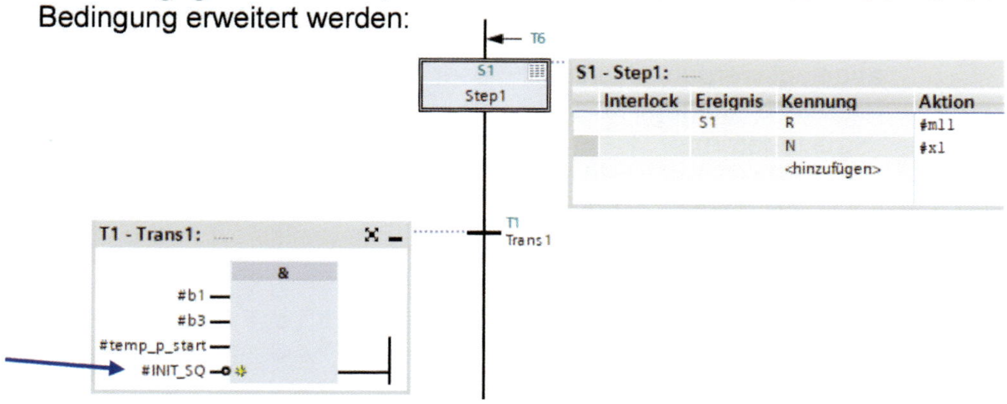

- Nun den Aufruf des FB "Belastungstest" im OB1 "Main" aktualisieren. Es gibt einen zusätzlichen Ausgang "x1".
  Die Information muss von diesem Ausgang zum Eingang des FB "Betriebsart" transportiert werden. Das ist wieder mit Hilfe einer Variablen im globalen Datenbaustein möglich:
  - In dem DB "Speicher" in der aktuellen Struktur "austausch" die Variable **x1**, Typ Bool, anlegen, fertig!
  - An den beiden FB-Aufrufen jeweils diese (globale) Variable eintragen:

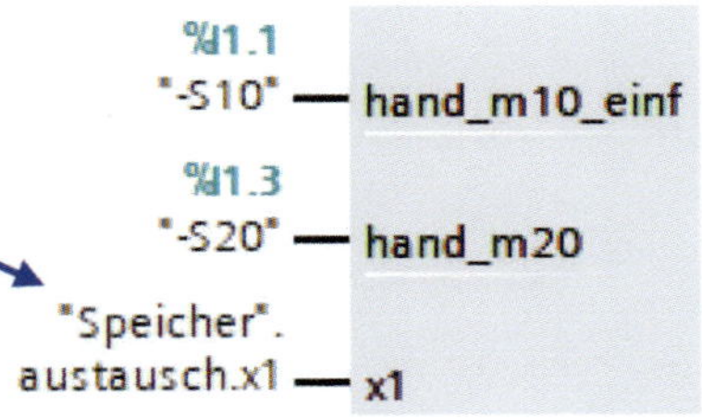

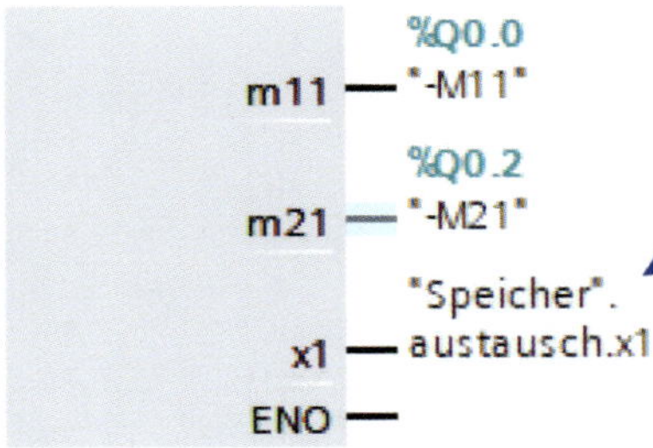

Das Projekt kann jetzt getestet werden, es wird aber einen Fehler aufweisen:

➔ Entweder funktioniert der Handbetrieb ODER der Automatik-Betrieb!

Es hängt davon ab, welcher FB im OB1 "Main" unten steht.

- Beide Bausteine (FBs) greifen auf dieselben Ausgänge zu. Das bedeutet, dass der "untere" Zugriff (hier "Belastungs-Test") den Zustand der Ausgänge bestimmt, während der Zugriff weiter oben im Programm keine Wirkung hat. Der Handbetrieb ist also nicht wirksam!

Ansteuern der Ausgänge

Lösung: Die Ausgänge von beiden Bausteinen müssen über ein ODER verknüpft werden. Dafür wird ein FC "Ausgänge_ansteuern" angelegt, der diese Aufgabe übernimmt.

- FC "Ausgänge_ansteuern" anlegen
- Variablen deklarieren

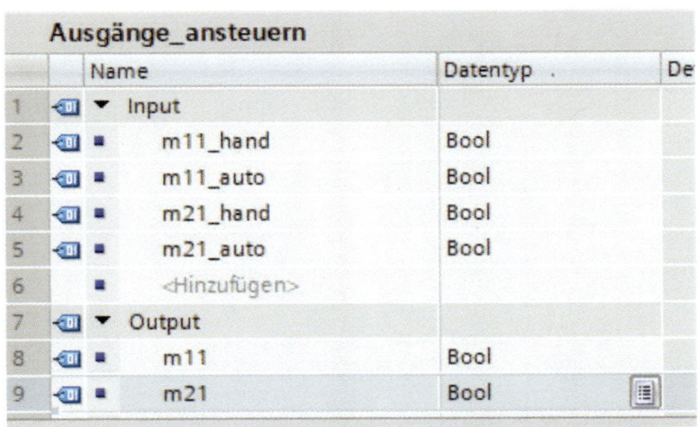

- Logik programmieren

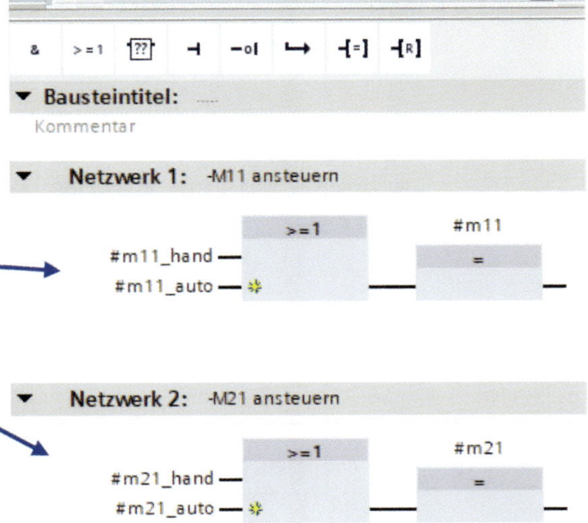

Dann:

- Den FC "Ausgänge_ansteuern" im OB1 im letzten Netzwerk aufrufen.

- Für den Informations-Austausch kann wieder der globale Datenbaustein genutzt werden. Dazu werden zwei weitere Strukuren angelegt "hand" und "auto". In beiden Strukturen werden dann "m11" und "m21", Typ Bool eingetragen:

Speicher

	Name	Datentyp	Startwert
1	▼ Static		
2	▼ austausch	Struct	
3	g_auto_off	Bool	false
4	g_auto_init	Bool	false
5	x1	Bool	false
6	<Hinzufügen>		
7	▼ hand	Struct	
8	m11	Bool	false
9	m21	Bool	false
10	<Hinzufügen>		
11	▼ auto	Struct	
12	m11	Bool	false
13	m21	Bool	false
14	<Hinzufügen>		
15	<Hinzufügen>		

- Im OB1 werden die Eingänge des FC mit den Ausgängen der FBs über die neuen Variablen verbunden.

Netzwerk 2: Betriebsart

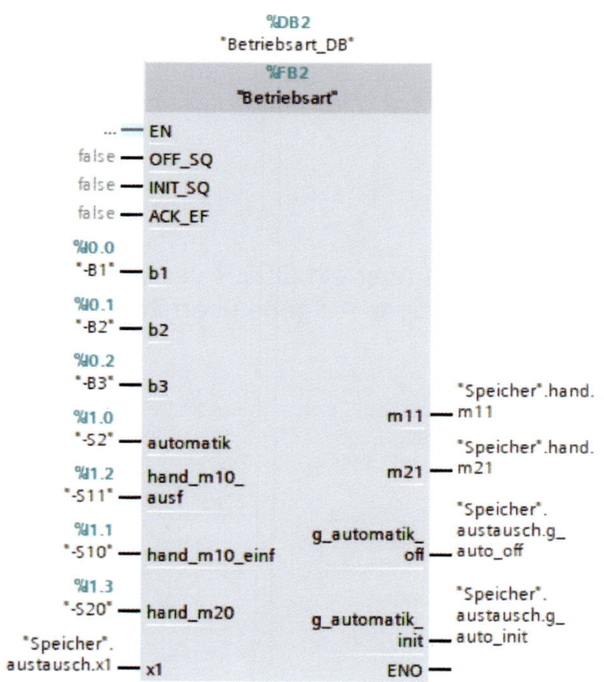

Netzwerk 3: Belastungstest

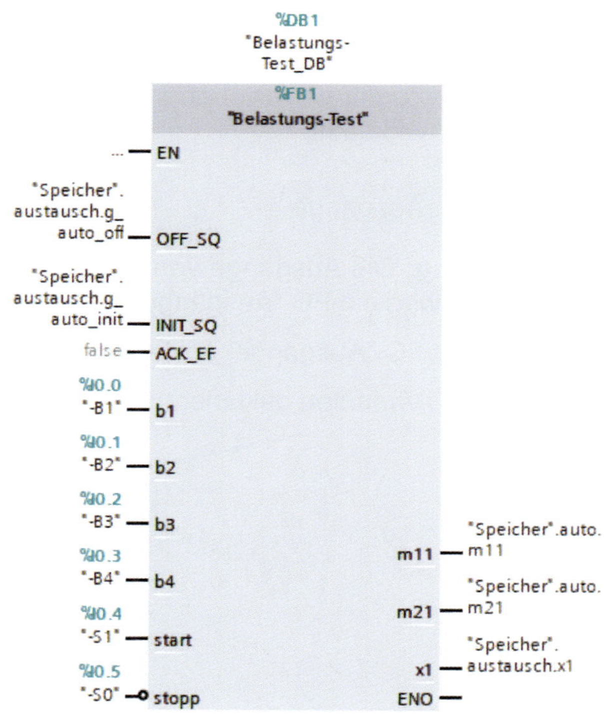

Netzwerk 4: .....

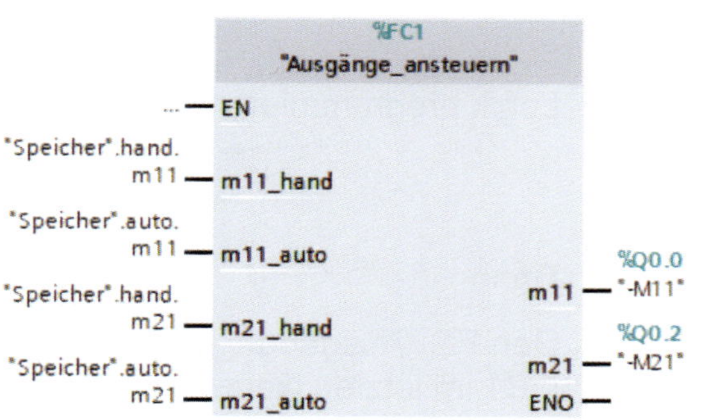

- An die Ausgänge des FCs die echten Ausgänge anschließen.
➔ Testen

⚠ **schon gespeichert??**

Struktur des ganzen Programms

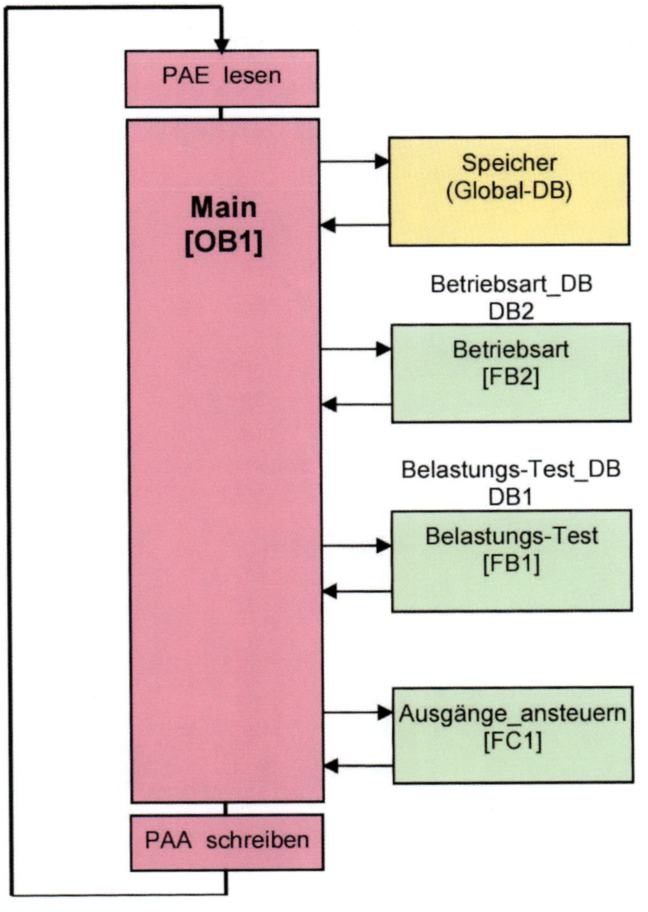

Mögliche weitere Programmerweiterung

Beschreibung der erweiterten Anlage

Die Anlage soll sicherer gemacht werden.

1. Es wird ein "Nothalt" eingebaut. Wenn der Rast-Taster betätigt wird, werden beide Zylinder kontrolliert zurückgefahren:

   -M20 sofort und

   -M10 erst, wenn -M20 die untere Endlage verlassen hat.

   Die Anlage kann erst wieder betrieben werden, wenn der Rast-Taster gezogen und der Quittieren-Taster betätigt wurde.
2. Der Zustand der Anlage wird mit 3 Meldeleuchten signalisiert.
3. ...

Es gibt noch viele weitere Möglichkeiten mit GRAFCET und S7-Graph.
In dem im EPV-Verlag erschienenen Buch
GRAFCET Norm DIN EN 60848 umsetzen mit S7-GRAPH
ist eine Gegenüberstellung von GRAFCET und deren Umsetzung
in S7-Graph zu finden.

Projekt Filterprüfstand

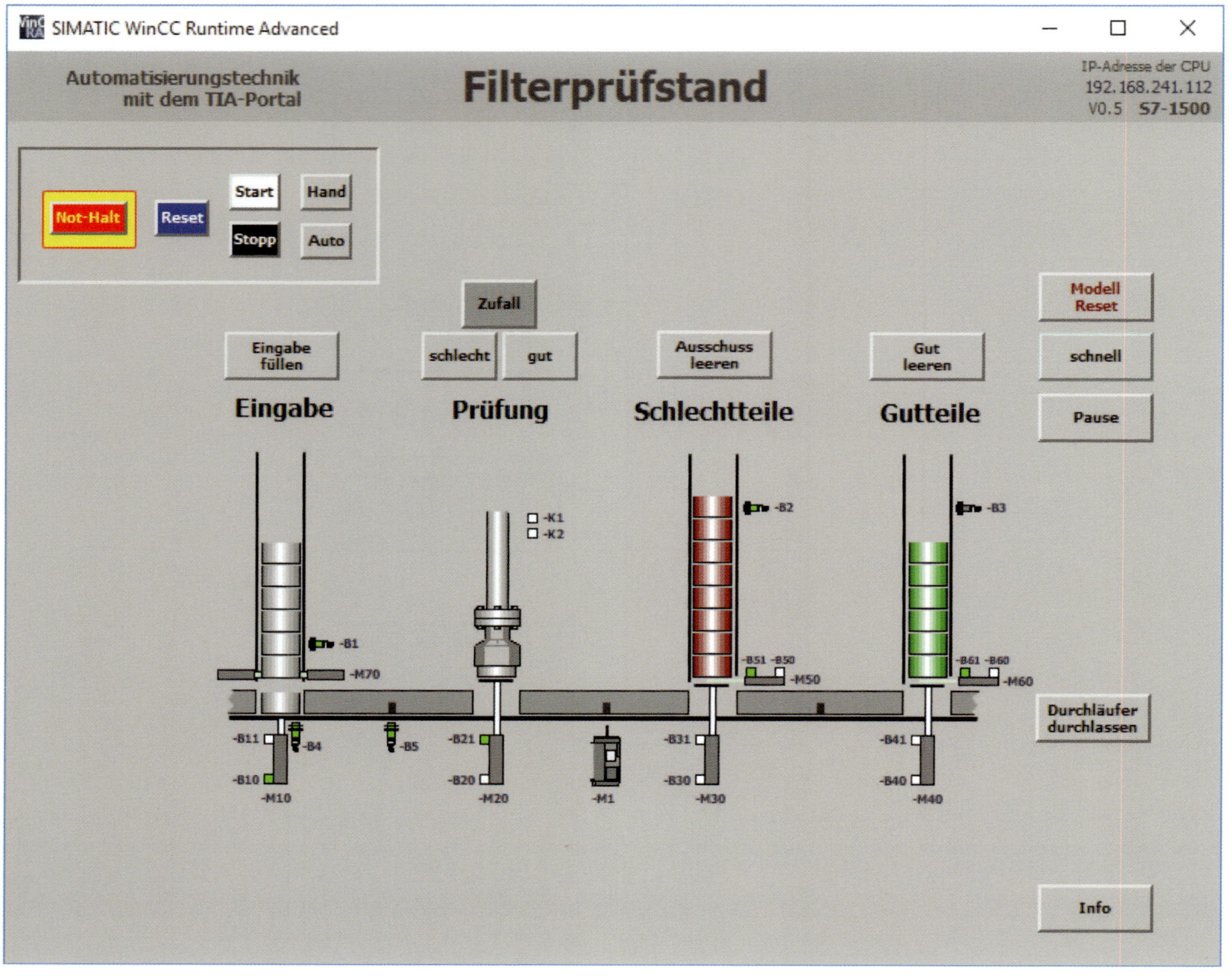

Einleitung

Dieses Projekt ist zum Üben von Ablaufsteuerungen (Schrittketten) gedacht. Es enthält einige weitere Möglichkeiten die **GRAFCET** bietet, wie z.B. Makros.

Das sehr komplexe Programm wird Stück für Stück entwickelt und umgesetzt.

- Grundprogramm mit Zuführen der Filter
- Einführung von **Makros**
- Nutzen von **Schieberegistern**
- Ergänzen um die Funktion "Prüfen"
- Ergänzen um die Funktionen Ausschleusen der "Schlechtteile" und "Gutteile"

Für die Anlagenvisualisierung steht eine WinCC-Advanced - Runtime in verschiedenen Versionen (V14, V14.1, V15, V15.1, V16) und für die S7-1500 und S7-300 zur Verfügung.

Die Screenshots wurden mit dem TIA-Portal V15.1 gemacht.

Hinweis: Das Programm lässt sich auch auf einer S7-300 programmieren. Der Hauptunterschied ist der Simulator. Er ist deutlich einfacher und stammt aus der Step7-Welt. **Für die 300er sind andere WinCC-Advanced - Runtimes notwendig!**

Die Programmbeschreibung des Projektes Filterprüfstand

Aufgabenstellung

Der Filterprüfstand untersucht Filter auf Abweichungen im Luftstrom-Druckverhältnis. Er besteht aus 4 Stationen die über einen Drehteller verbunden sind:

- Eingabemagazin
  Es wird jeweils ein Filter aus dem Magazin in einen Drehteller vereinzelt
- Prüfstation
  Der Filter wird geprüft
- Schlechtteilmagazin
  Filter, die durch die Prüfung gefallen sind, werden im Schlechtteilmagazin gestapelt
- Gutteilmagazin
  Filter, die die Prüfung bestanden haben, werden im Gutteilmagazin gestapelt

Der Drehteller hat 4 "Nester". Die Stationen sind im 90°-Winkel zueinander angeordnet.

Beschreibung des Ablaufes / der Anlage

Eingabemagazin
Sofern sich ein Filter im Nest befindet, schiebt der Eingabe-Hubzylinder die Filter nach oben. In der oberen Endlage fährt der Klemmzylinder aus und hält den zweituntersten Filter fest. Nach einer Wartezeit von 0,5s fährt der Hubzylinder wieder in die untere Endlage und legt den untersten Filter ins Nest.

Prüfstation
In der Prüfstation fährt der Prüfen-Hubzylinder bis zur oberen Endlage aus und drückt dabei den Filter unter eine Druckglocke. Die Prüfung beginnt automatisch und dauert einen Augenblick. Das Beenden der Prüfung wird durch das Signal „Prüfung erfolgt“ signalisiert. Gleichzeitig erfolgt die Rückmeldung "Gutteil" (Gutteil = 1, Schlechtteil = 0). Nach erfolgter Prüfung fährt der Hubzylinder wieder bis zur unteren Endlage ein.

Schlechtteilmagazin
Befindet sich ein Schlechtteil unter dem Schlechtteilmagazin, so fährt der Sperrzylinder ein. Die bereits gestapelten Filter fallen auf den neuen Filter. Alle Filter werden mit dem Schlecht-Hubzylinder bis zur oberen Endlage hochgefahren. Nun fährt der Sperrzylinder wieder aus und verhindert ein Herunterfallen der Filter. Nachdem der Sperrzylinder eingefahren ist, fährt der Hubzylinder wieder bis zur unteren Endlage ein.

Gutteilmagazin
Befindet sich ein Gutteil unter dem Gutteilmagazin, so fährt der Sperrzylinder ein. Die bereits gestapelten Filter fallen auf den neuen Filter. Alle Filter werden mit dem Gut-Hubzylinder bis zur oberen Endlage hochgefahren. Nun fährt der Sperrzylinder wieder aus und verhindert ein Herunterfallen der Filter. Nachdem der Sperrzylinder eingefahren ist, fährt der Hubzylinder wieder bis zur unteren Endlage ein.

Drehteller
Sofern alle Stationen fertig und die Hubzylinder eingefahren sind, kann der Drehteller angesteuert werden, bis der Sensor "Drehteller in Position" nicht mehr "1" meldet. Der Teller fährt eigenständig weiter, bis er um 90° gedreht wieder in Position ist. Eine Drehung ist nur erforderlich, sofern ein Filter weiter transportiert werden muss.

Parallelbetrieb
Alle 4 Stationen sollen parallel betrieben werden. Hierfür müssen für jede Station Alternativzweige programmiert werden, die keine Aktion ausführen, sofern nicht nötig. Zur Erkennung, ob ein Filter vorhanden ist, ist es sinnvoll eine Variable mit 8 Bit (davon das rechte Nibble des Byte) zu verwenden. Sofern ein Filter in Station 1 in den Drehteller gelangt, wird das Bit 3 gesetzt. Bei jeder Drehung werden mittels Schieberegister die Bits nach rechts verschoben. Eine Prüfung erfolgt nur, wenn Bit 2 ergibt, dass ein Filter zu prüfen ist. Das Ergebnis der Prüfung (Schlechtteil/Gutteil) kann in Bit 2 einer 2. Variable geschrieben werden. Für das Schlecht- und Gutteilmagazin liegen nun die Erkenntnisse über den Zustand des Filters vor. Nach dem Ausschleusen muss im jeweiligen Magazin das "Vorhanden-Bit" zurückgesetzt werden.
Sofern kein Filter mehr im Drehteller ist, kann die Anlage stoppen.

Randbedingungen
Not-Halt schaltet die Aktorik energiefrei. Aus didaktischen Gründen passiert dies in der virtuellen Anlage nicht von außen, damit die evtl. Ansteuerung vom Programm sichtbar bleibt. Der Drehteller in dieser Simulation fährt zur Vereinfachung bis zur nächsten Position. Nach Not-Halt oder Spannungswiederkehr muss die Anlage über Reset betriebsbereit geschaltet werden. Sofern Freigabe erteilt, alle Endlagen in Ordnung, das Eingabemagazin gefüllt und die Ausfuhrmagazine nicht voll sind, kann der Betrieb der Anlage gestartet werden. Wenn der letzte Filter aus dem Eingabemagazin entnommen, eines der Ausfuhrmagazine voll oder der Stopptaster gedrückt wurde, werden die im Teller befindlichen Filter zu Ende transportiert und danach der Betrieb mit Nachlauf gestoppt.

Zuordnungsliste

Eingänge	
Adresse	**Betriebsmittel**
%I 0.0	-B11, -M10 Endlage ausgefahren
%I 0.1	-B10, -M10 Endlage eingefahren
%I 0.2	-B21, -M20 Endlage ausgefahren
%I 0.3	-B20, -M20 Endlage eingefahren
%I 0.4	-B31, -M30 Endlage ausgefahren
%I 0.5	-B30, -M30 Endlage eingefahren
%I 0.6	-B41, -M40 Endlage ausgefahren
%I 0.7	-B40, -M40 Endlage eingefahren
%I 1.0	-B5, Drehteller in Position
%I 1.1	-B4, Eingabe-Nest voll
%I 1.4	-B51, -M50 Sperrzyl. ausgefahren
%I 1.5	-B50, -M50 Sperrzyl. eingefahren
%I 1.6	-B61, -M60 Sperrzyl. ausgefahren
%I 1.7	-B60, -M60 Sperrzyl. eingefahren
%I 2.0	-S10, Hand
%I 2.1	-S11, Automatik
%I 2.2	-S12, Reset
%I 2.3	-B1, Füllstand - Eingabe

Eingänge	
Adresse	**Betriebsmittel**
%I 2.4	-B2, Füllstand - Schlechtteilmag.
%I 2.5	-B3, Füllstand - Gutteilmagazin
%I 2.6	-S0, Not-Halt (NC)
%I 3.0	-S1, Start
%I 3.1	-S2, Stopp (NC)
%I 3.6	-K1, Prüfung erfolgt
%I 3.7	-K2, Gutteil (= 1)

Ausgänge	
Adresse	**Betriebsmittel**
%Q 0.0	-M10, Eingabe-Hubzylinder
%Q 0.1	-M70, Eingabe-Klemmzylinder
%Q 0.2	-M20, Prüfung-Hubzylinder
%Q 0.3	-M30, Schlecht-Hubzylinder
%Q 0.4	-M40, Gut-Hubzylinder
%Q 0.5	-M50, Schlecht-Sperrzylinder
%Q 0.6	-M60, Gut-Sperrzylinder
%Q 0.7	-M1, Drehteller-Start

GRAFCET, Version 1 - Grundprogramm

In der ersten Version soll nur ein "**Grundprogramm mit Zuführen der Filter**" geschrieben werden. Das umfasst in der Beschreibung die Abschnitte "Eingabemagazin" und "Randbedingungen".

Der GRAFCET zu dem "Grundprogramm mit Zuführen der Filter" besteht aus mehreren Teil-GRAFCETs:

G_Freigabe

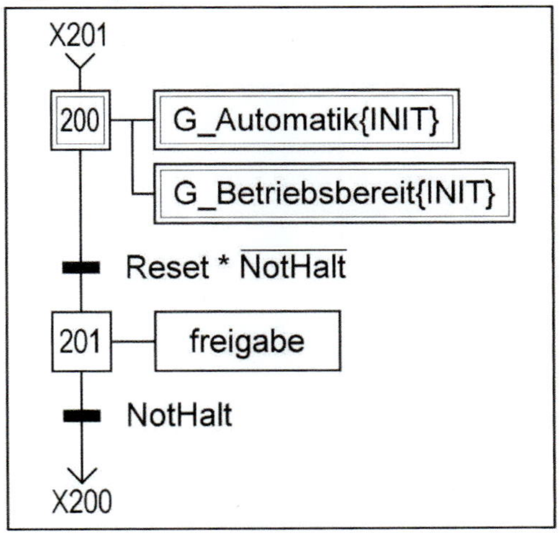

Im GRAFCET **G_Freigabe** wird der Not-Halt mit der notwendigen Quittierung (Reset) realisiert. Es werden die beiden anderen GRAFCETs initialisiert (zwangsgesteuert) und das Signal "statFreigabe" erzeugt, das notwendig ist, um die Anlage betriebsbereit zu schalten.

G_Betriebsbereit

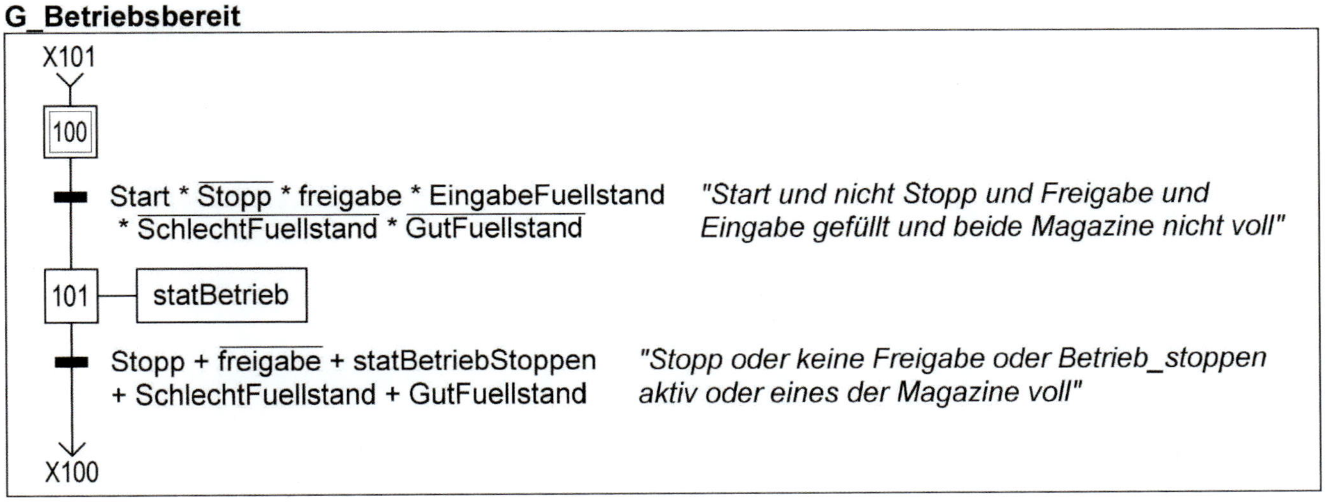

Im GRAFCET **G_Betriebsbereit** wird die (statische) Variable statBetrieb auf TRUE geschaltet, wenn Filter in der Eingabe liegen, die Magazine für die Gut- und Schlechtteile nicht voll sind, die Freigabe vorliegt, kein Stopp gedrückt ist und der Start-Taster betätigt wird.

Die Variable bleibt solange auf TRUE, bis entweder Stopp betätigt wird oder keine Freigabe mehr da ist oder die Anlage keine Filter mehr im Prozess hat (statBetriebStoppen) oder einer der beiden Magazine voll ist.

Der Ablauf mit dem Einlegen der Filter in die Nester und dem Weiterdrehen des Drehtellers ist im GRAFCET **G_Automatik** beschrieben (nächste Seite).

G_Automatik

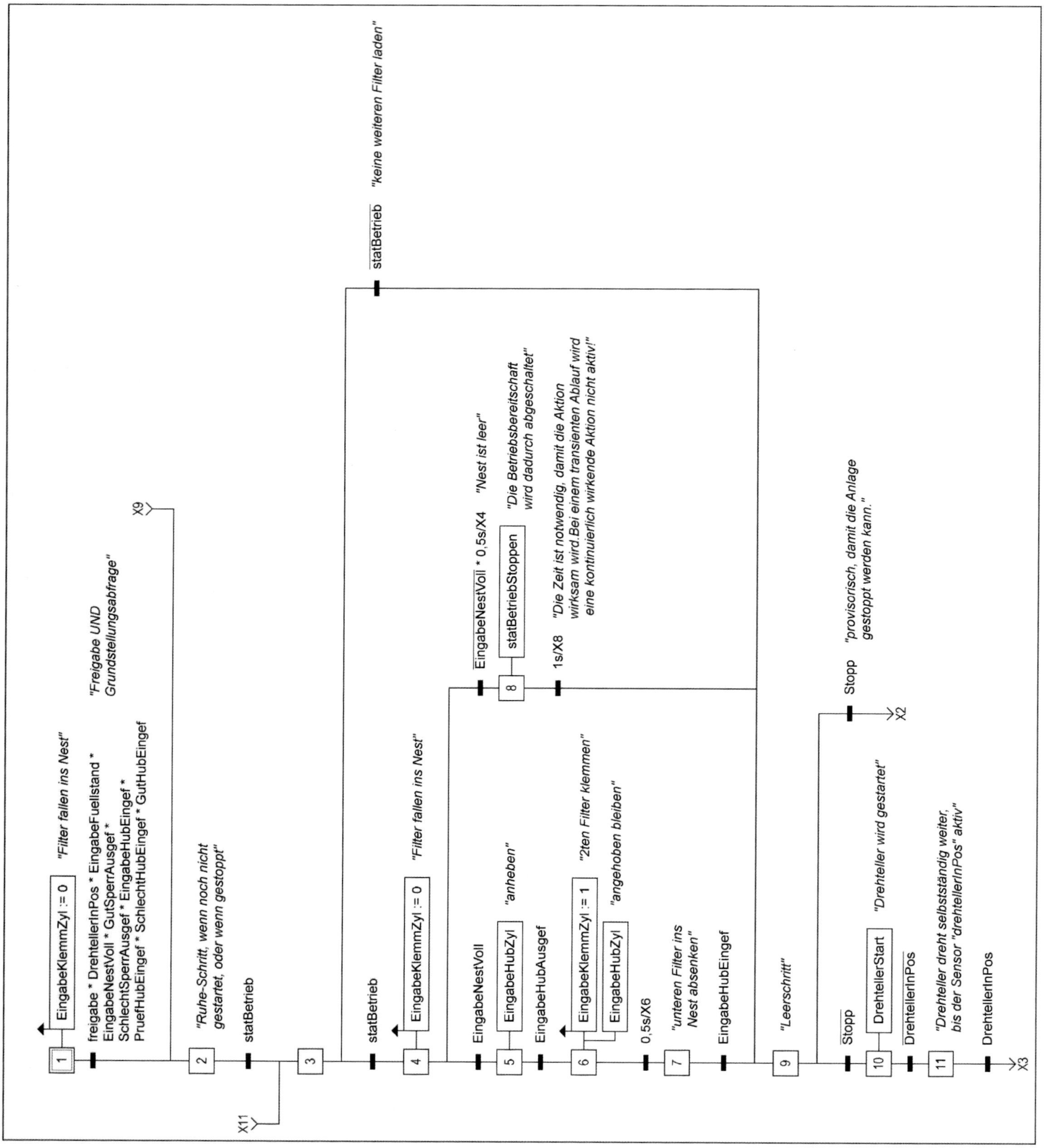
1
EingabeKlemmZyl := 0
"Filter fallen ins Nest"
freigabe * DrehtellerInPos * EingabeFuellstand * EingabeNestVoll * GutSperrAusgef * SchlechtSperrAusgef * EingabeHubEingef * PruefHubEingef * SchlechtHubEingef * GutHubEingef
"Freigabe UND Grundstellungsabfrage"
X9
2
"Ruhe-Schritt, wenn noch nicht gestartet, oder wenn gestoppt"
statBetrieb
X11
3
statBetrieb
"keine weiteren Filter laden"
statBetrieb
4
EingabeKlemmZyl := 0
"Filter fallen ins Nest"
EingabeNestVoll
5
EingabeHubZyl
"anheben"
EingabeHubAusgef
6
EingabeKlemmZyl := 1
"2ten Filter klemmen"
EingabeHubZyl
"angehoben bleiben"
0,5s/X6
7
"unteren Filter ins Nest absenken"
EingabeHubEingef
EingabeNestVoll * 0,5s/X4
"Nest ist leer"
8
statBetriebStoppen
"Die Betriebsbereitschaft wird dadurch abgeschaltet"
1s/X8
"Die Zeit ist notwendig, damit die Aktion wirksam wird.Bei einem transienten Ablauf wird eine kontinuierlich wirkende Aktion nicht aktiv!"
9
"Leerschritt"
Stopp
"provisorisch, damit die Anlage gestoppt werden kann."
X2
Stopp
10
DrehtellerStart
"Drehteller wird gestartet"
DrehtellerInPos
11
"Drehteller dreht selbstständig weiter, bis der Sensor "drehtellerInPos" aktiv"
DrehtellerInPos
X3

Projekt anlegen

Als Hardware wird die gleiche Hardware wie in den anderen Projekten und zuletzt im Projekt "Belastungstest" verwendet. Es ist ein sinnvoller Gerätename und eine passende IP-Adresse zu wählen. Wer ausschließlich mit dem PLCSIM arbeitet, kann darauf auch verzichten und die Standard-Einstellungen (IP-Adresse 192.168.0.1 und Gerätename PLC_1) verwenden.

Die PLC-Variablen für die Ein- und Ausgänge sind hier wieder strukturiert. Außerdem wird hier von der **camelCasing**-Schreibweise Gebrauch gemacht. Sie wird in dem Programmierleitfaden von Siemens favorisiert. (Programmierstyleguide für S7-1200/S7-1500)

Input

	Name	Datentyp	Adresse ▲	Rema...	Erreic...	Schrei...	Sichtb..	Übe...	Kommentar
1	EIngabeHubAusgef	Bool	%I0.0	☐	☑	☑	☑		-B11
2	EIngabeHubEingef	Bool	%I0.1	☐	☑	☑	☑		-B10
3	PruefHubAusgef	Bool	%I0.2	☐	☑	☑	☑		-B21
4	PruefHubEingef	Bool	%I0.3	☐	☑	☑	☑		-B20
5	SchlechtHubAusgef	Bool	%I0.4	☐	☑	☑	☑		-B31
6	SchlechtHubEingef	Bool	%I0.5	☐	☑	☑	☑		-B30
7	GutHubAusgef	Bool	%I0.6	☐	☑	☑	☑		-B41
8	GutHubEingef	Bool	%I0.7	☐	☑	☑	☑		-B40
9	DrehtellerInPos	Bool	%I1.0	☐	☑	☑	☑		-B5
10	EingabeNestVoll	Bool	%I1.1	☐	☑	☑	☑		-B4
11	SchlechtSperrAusgef	Bool	%I1.4	☐	☑	☑	☑		-B51
12	SchlechtSperrEingef	Bool	%I1.5	☐	☑	☑	☑		-B50
13	GutSperrAusgef	Bool	%I1.6	☐	☑	☑	☑		-B61
14	GutSperrEingef	Bool	%I1.7	☐	☑	☑	☑		-B60
15	Hand	Bool	%I2.0	☐	☑	☑	☑		-S10
16	Auto	Bool	%I2.1	☐	☑	☑	☑		-S11
17	Reset	Bool	%I2.2	☐	☑	☑	☑		-S12
18	EingabeFuellstand	Bool	%I2.3	☐	☑	☑	☑		-B1
19	SchlechtFuellstand	Bool	%I2.4	☐	☑	☑	☑		-B2
20	GutFuellstand	Bool	%I2.5	☐	☑	☑	☑		-B3
21	NotHalt	Bool	%I2.6	☐	☑	☑	☑		-S0 (NC)
22	Start	Bool	%I3.0	☐	☑	☑	☑		-S1
23	Stopp	Bool	%I3.1	☐	☑	☑	☑		-S2 (NC)
24	PruefungErfolgt	Bool	%I3.6	☐	☑	☑	☑		-K1
25	TeilGut	Bool	%I3.7	☐	☑	☑	☑		-K2 (Gut = 1)

Output

	Name	Datentyp	Adresse ▲	Rema...	Erreic...	Schrei...	Sichtb..	Übe...	Kommentar
1	EingabeHubZyl	Bool	%Q0.0	☐	☑	☑	☑		-M10
2	EingabeKlemmZyl	Bool	%Q0.1	☐	☑	☑	☑		-M70
3	PruefHubZyl	Bool	%Q0.2	☐	☑	☑	☑		-M20
4	SchlechtHubZyl	Bool	%Q0.3	☐	☑	☑	☑		-M30
5	GutHubZyl	Bool	%Q0.4	☐	☑	☑	☑		-M40
6	SchlechtSperrZyl	Bool	%Q0.5	☐	☑	☑	☑		-M50, Ruhestellung ausgefahren
7	GutSperrZyl	Bool	%Q0.6	☐	☑	☑	☑		-M60, Ruhestellung ausgefahren
8	DrehtellerStart	Bool	%Q0.7	☐	☑	☑	☑		-M1, dreht bis wieder in Position

Funktionsbaustein für die virtuelle Anlage einbauen

Öffnen Sie die globale Bibliothek "**Virtuelle Anlagen V15_1**".

Ziehen Sie aus den **Kopiervorlagen** den Baustein **71_Filterprüfstand** in den Projektordner **Programmbausteine.**

Öffnen Sie nun den Programmbaustein **Main [OB1]** und stellen Sie (wenn gewünscht) die (Programmier-) Sprache in FUP um.

Rufen Sie dann den Baustein **71_Filterprüfstand** in dem Netzwerk 1 auf. Wichtig ist auch hier wieder, dass der Instanzdatenbaustein eine bestimmte Nummer bekommt: **DB71**

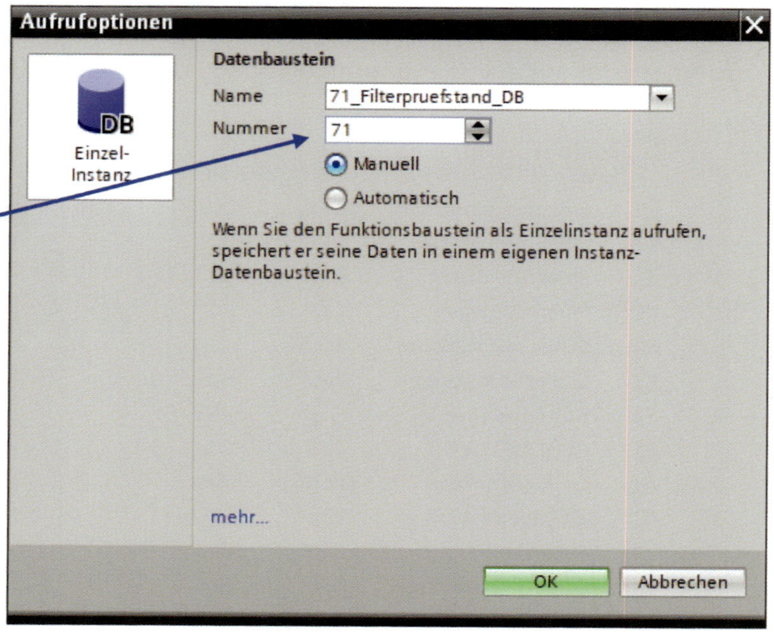

"Verdrahten" Sie nun den Baustein mit den Aus- und Eingängen:

- Links die Ausgänge: (%QW0)
- Rechts die Eingänge: (%IW0 und %IW2)

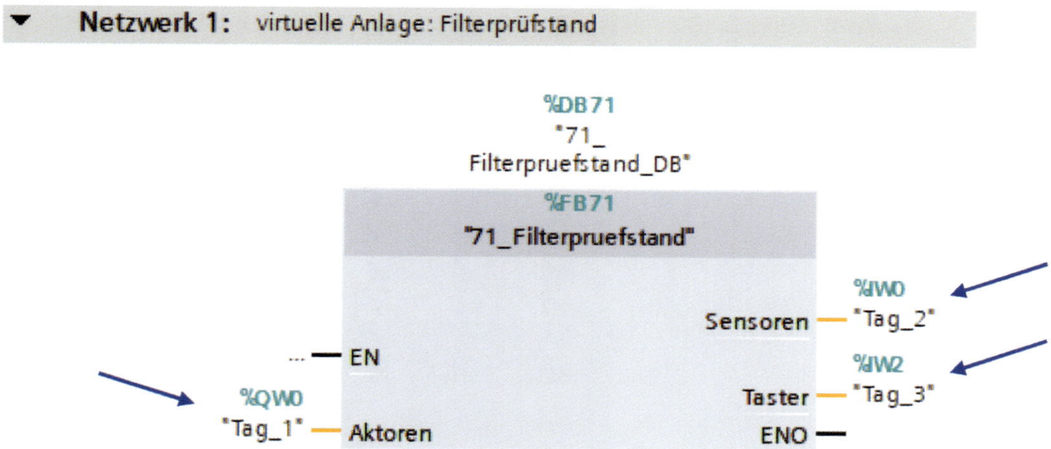

Damit ist die virtuelle Anlage eingebunden. Im Netzwerk 2 wird später das eigene Programm aufgerufen.

Hinweis Das genaue Vorgehen zum Downloaden und Einbinden der virtuellen Anlage ist im Kapitel "virtuelle Anlagen einbinden" beschrieben (vorletztes Kapitel im Buch)

Programmstruktur planen

Das Programm beinhaltet 3 GRAFCETs. Der erste (G_Freigabe) hat zwangssteuernde Befehle, um die beiden anderen gleichzeitig zu intialisieren.

Daher ergibt es Sinn, den GRAFCET G_Freigabe in einen eigenen FB ("Freigabe") und die beiden anderen in einen zweiten FB ("Automatik") zu programmieren.

GRAPH-Funktionsbausteine anlegen und die Schnittstellen deklarieren

In der Projektnavigation werden zwei neue Bausteine (FB1 "Freigabe" und FB2 "Automatik") hinzugefügt (S7-GRAPH) und geöffnet.

Die Schnittstellen der Bausteine werden (wie beim Belastungstest) bereinigt: Bis auf die ersten drei Input-Variablen werden alle Input- und Output-Variablen gelöscht.

Dann werden die Ein- und Ausgänge deklariert. Wir haben die **camelCasing**-Schreibweise beibehalten, allerdings fangen alle lokalen Variablen mit einem kleinen Buchstaben an.

Hier die Schnittstellen der beiden FBs:

- FB1 "Freigabe"
- FB2 "Automatik"

Freigabe

	Name	Datentyp
1	▾ Input	
2	OFF_SQ	Bool
3	INIT_SQ	Bool
4	ACK_EF	Bool
5	reset	Bool
6	notHalt	Bool
7	▾ Output	
8	initGrafcets	Bool
9	freigabe	Bool

Automatik

	Name	Datentyp
1	▾ Input	
2	OFF_SQ	Bool
3	INIT_SQ	Bool
4	ACK_EF	Bool
5	freigabe	Bool
6	eingabeHubAusgef	Bool
7	eingabeHubEingef	Bool
8	pruefHubAusgef	Bool
9	pruefHubEingef	Bool
10	schlechtHubAusgef	Bool
11	schlechtHubEingef	Bool
12	gutHubAusgef	Bool
13	gutHubEingef	Bool
14	drehtellerInPos	Bool
15	eingabeNestVoll	Bool
16	schlechtSperrAusgef	Bool
17	schlechtSperrEingef	Bool
18	gutSperrAusgef	Bool
19	gutSperrEingef	Bool
20	eingabeFuellstand	Bool
21	schlechtFuellstand	Bool
22	gutFuellstand	Bool
23	start	Bool
24	stopp	Bool
25	pruefungErfolgt	Bool
26	teilGut	Bool
27	▾ Output	
28	eingabeHubZyl	Bool
29	eingabeKlemmZyl	Bool
30	pruefHubZyl	Bool
31	schlechtHubZyl	Bool
32	gutHubZyl	Bool
33	schlechtSperrZyl	Bool
34	gutSperrZyl	Bool
35	drehtellerStart	Bool

Nun können die drei Ketten angelegt werden:

Im FB1 " Freigabe": 1: G_Freigabe

Im FB2 "Automatik": 1: G_Betriebsbereit

2: G_Automatik

Tipp Ein neue Kette wird immer hinter der gerade in der Navigation markierten Kette eingefügt. Wird die Überschrift "Ketten" markiert, dann gibt es eine neue erste Kette.

Ein nachträgliches Ändern der Reihenfolge ist nicht möglich!

Als nächstes sollen alle Strukturen angelegt werden:

- Schritte ohne Aktionen
- Transitionen (leer)
- Verzweigungen
- Rücksprünge

Hinweis Wenn die Schritte dieselben Nummern bekommen wie im GRAFCET, dann kann man das Programm leichter mit dem GRAFCET verfolgen. Dazu muss sowohl die Nummer (z.B. S200), als auch der Name des Schrittes (z.B. Step200) geändert werden. Der nächste eingefügte Schritt zählt dann automatisch hoch.

Frage Sind die Schritte X200, X100 und X1 Initialschritte?
Nur so können die 3 Ketten gestartet und initialisiert werden!

Transitionen und Aktionen programmieren, Zwangssteuern

In den Ketten können jetzt die Transitionen und Aktionen entsprechend der GRAFCETs programmiert werden.

Die Transitionen sollten kein Problem darstellen, da sie alle aus dem Projekt "Belastungstest" bekannt sind.

Vergleichbares gilt auch für alle Aktionen.

Die Zwangssteuernden Aktionen im Schritt X200 können mit einer Aktion realisiert werden, da ja beide Ketten (G_Betriebsbereit und G_Automatik) im gleichen Baustein liegen.

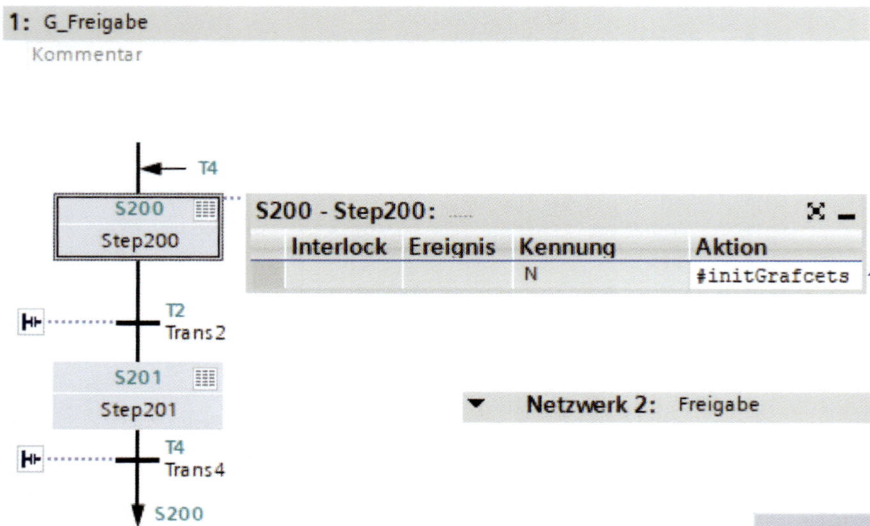

Die Variable in der Aktion ist eine Output-Variable.

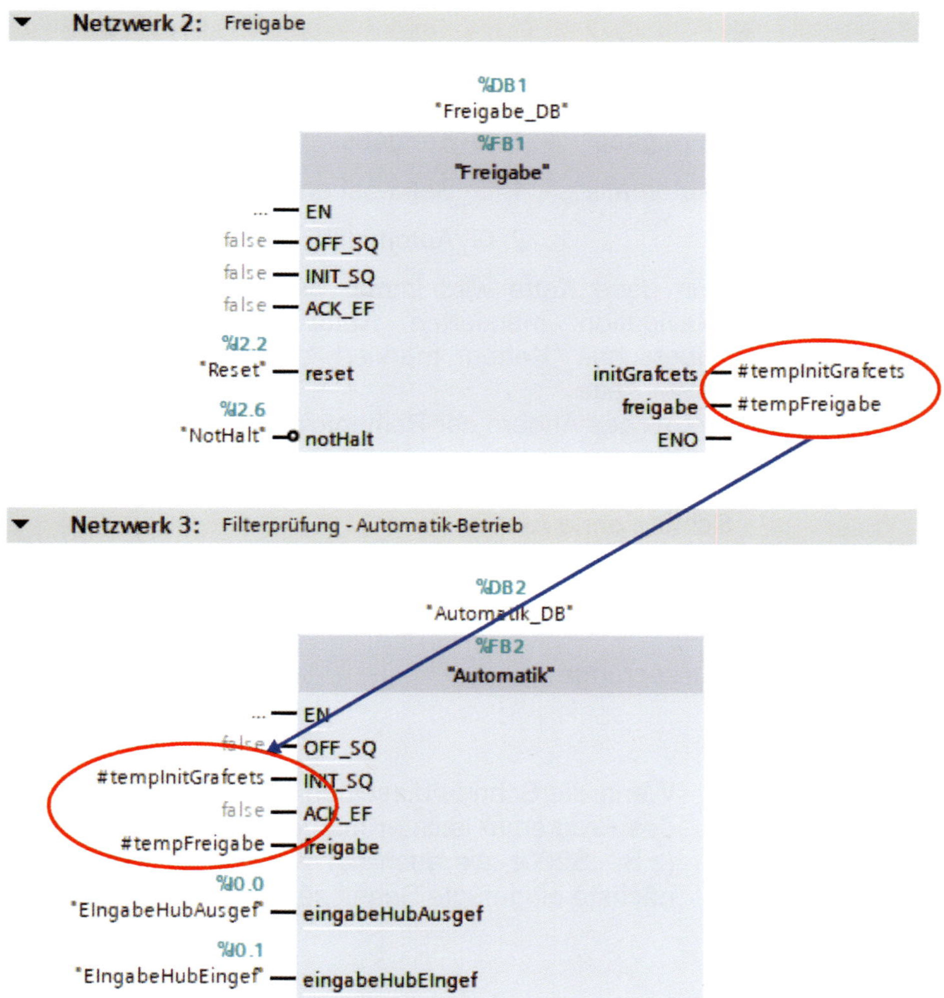

Im "Main" (OB1) müssen die beiden Bausteine nun aufgerufen werden. Da Informationen vom FB1 ("Freigabe") zum FB2 ("Automatik") übergeben werden, sollte die Reihenfolge entsprechend sein, damit die Informationsweitergabe mit Hilfe von Temp-Variablen im OB1 passieren kann. Dazu die Variablen in der Deklarationsliste nachdeklarieren.

Alles andere sollte bekannt sein. Viel Erfolg beim Testen!

Tipp (Beim Aufrufen des FB im Main an die **NC-Kontakte** von **Stopp** und **NotHalt** gedacht?)

Tipp Um das Leerlaufen des Eingabemagazins besser beobachten zu können, einfach die Filter in der Visualisierung über den Schalter „Durchläufer entfernen“ entfernen lassen, bevor sie wieder am Eingabemagazin ankommen.

GRAFCET, Version 2 – mit Makroschritt

In der zweiten Version soll das "**Grundprogramm mit Zuführen der Filter**" geändert werden, um es für die weiteren Versionen vorzubereiten.

Auf der Anlage sind drei weitere Stationen: Prüfen, Schlechtteil-Magazin und Gutteil-Magazin, die später alle gleichzeitig bearbeitet werden sollen. Das könnte man alles im GRAFCET **G_Automatik** programmieren, der dann aber sehr unübersichtlich werden würde.

Hier bieten sich nun die Makroschritte an. Dadurch werden Teile der Schrittkette ausgelagert, alles wird übersichtlicher.

An dieser Stelle soll das Zuführen der Filter als **Makro M20** ausgeführt werden.

Der GRAFCET **G_Automatik** sieht dann so aus:

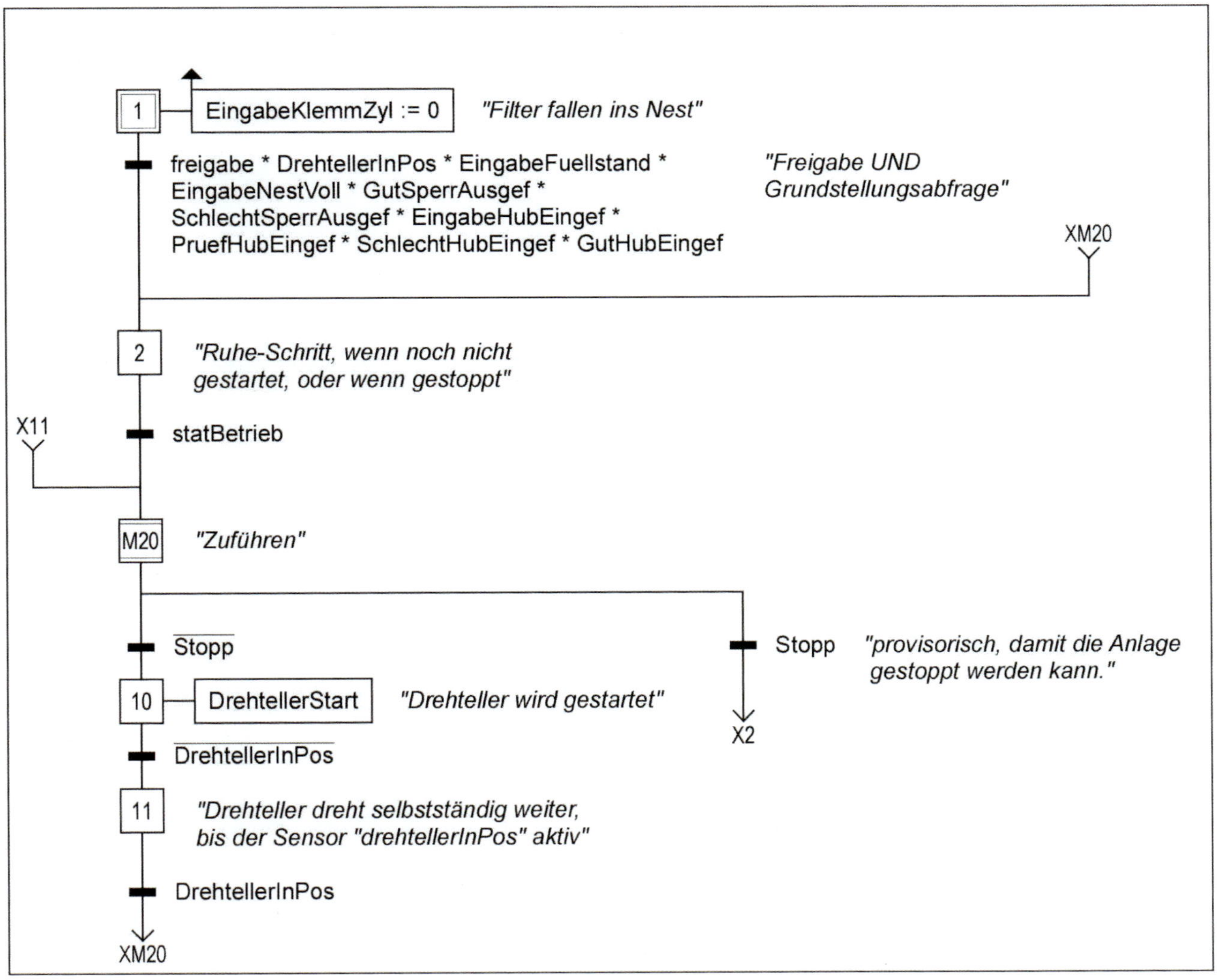

Wenn der Schritt M20 aktiv wird, dann wird der **Eingangsschritt E20** im Makro-GRAFCET **G_Zuführen** aktiviert. (siehe nächste Seite).

Wenn das Makro komplett durchlaufen ist und in seinem **Schlussschritt S20** steht, dann wird das Makro-GRAFCET **G_Zuführen** deaktiviert und der **G_Automatik** läuft weiter.

G_Zuführen

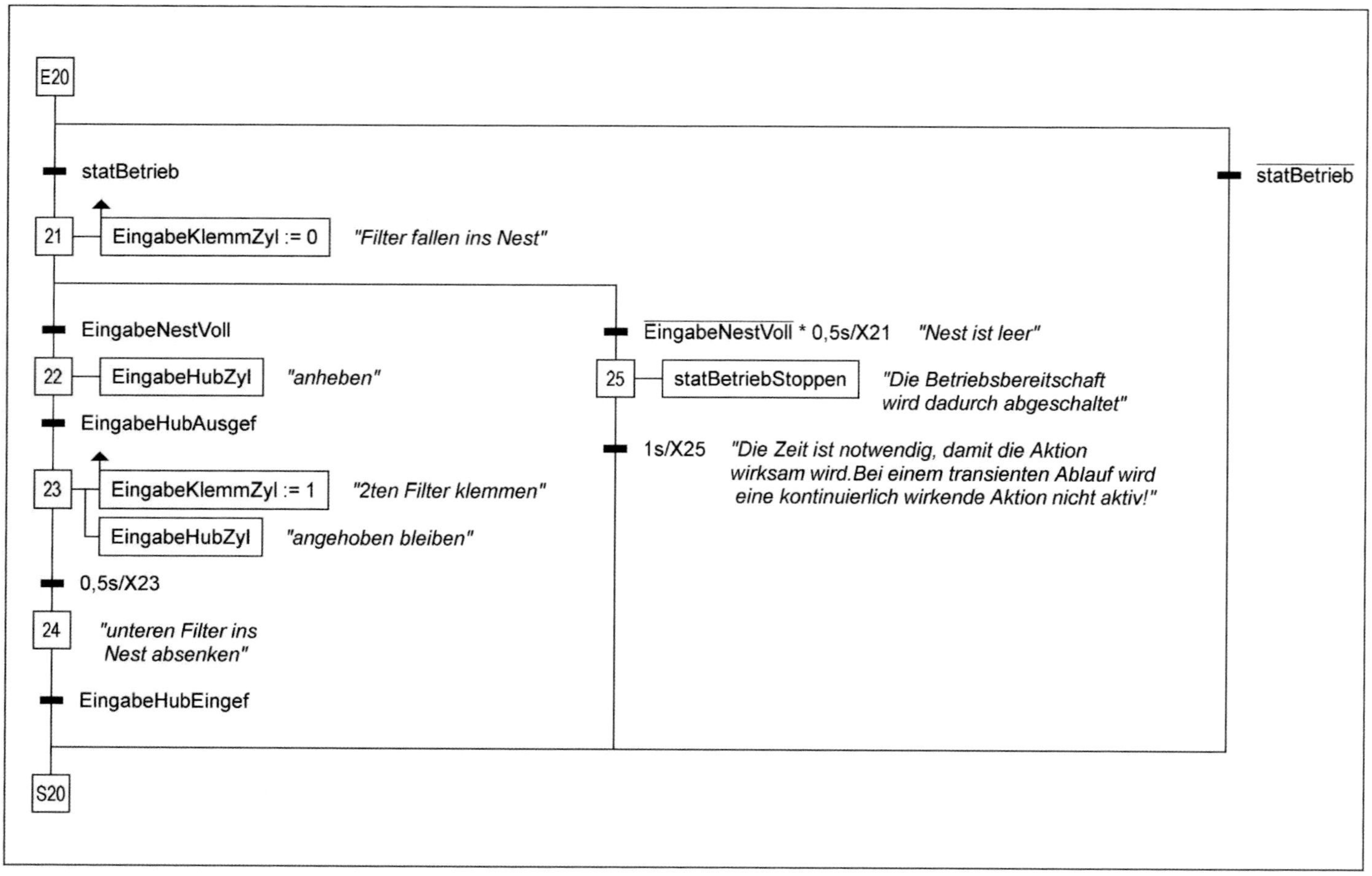
E20
statBetrieb
$\overline{\text{statBetrieb}}$
21
EingabeKlemmZyl := 0
"Filter fallen ins Nest"
EingabeNestVoll
$\overline{\text{EingabeNestVoll}}$ * 0,5s/X21
"Nest ist leer"
22
EingabeHubZyl
"anheben"
25
statBetriebStoppen
"Die Betriebsbereitschaft wird dadurch abgeschaltet"
EingabeHubAusgef
1s/X25
"Die Zeit ist notwendig, damit die Aktion wirksam wird.Bei einem transienten Ablauf wird eine kontinuierlich wirkende Aktion nicht aktiv!"
23
EingabeKlemmZyl := 1
"2ten Filter klemmen"
EingabeHubZyl
"angehoben bleiben"
0,5s/X23
24
"unteren Filter ins Nest absenken"
EingabeHubEingef
S20

Programmieren des Makroschrittes

Erzeugen Sie zuerst hinter der Kette 2: G_Automatik eine neue Kette 3: G_Zuführen.

Um nicht alles neu programmieren zu müssen, kann der entsprechende Teil aus der Kette 2: G_Automatik ausgeschnitten und in die Kette 3: G_Zuführen eingefügt werden:

- Markieren Sie den Bereich **zwischen** Step3 und **einschließlich** Step9:

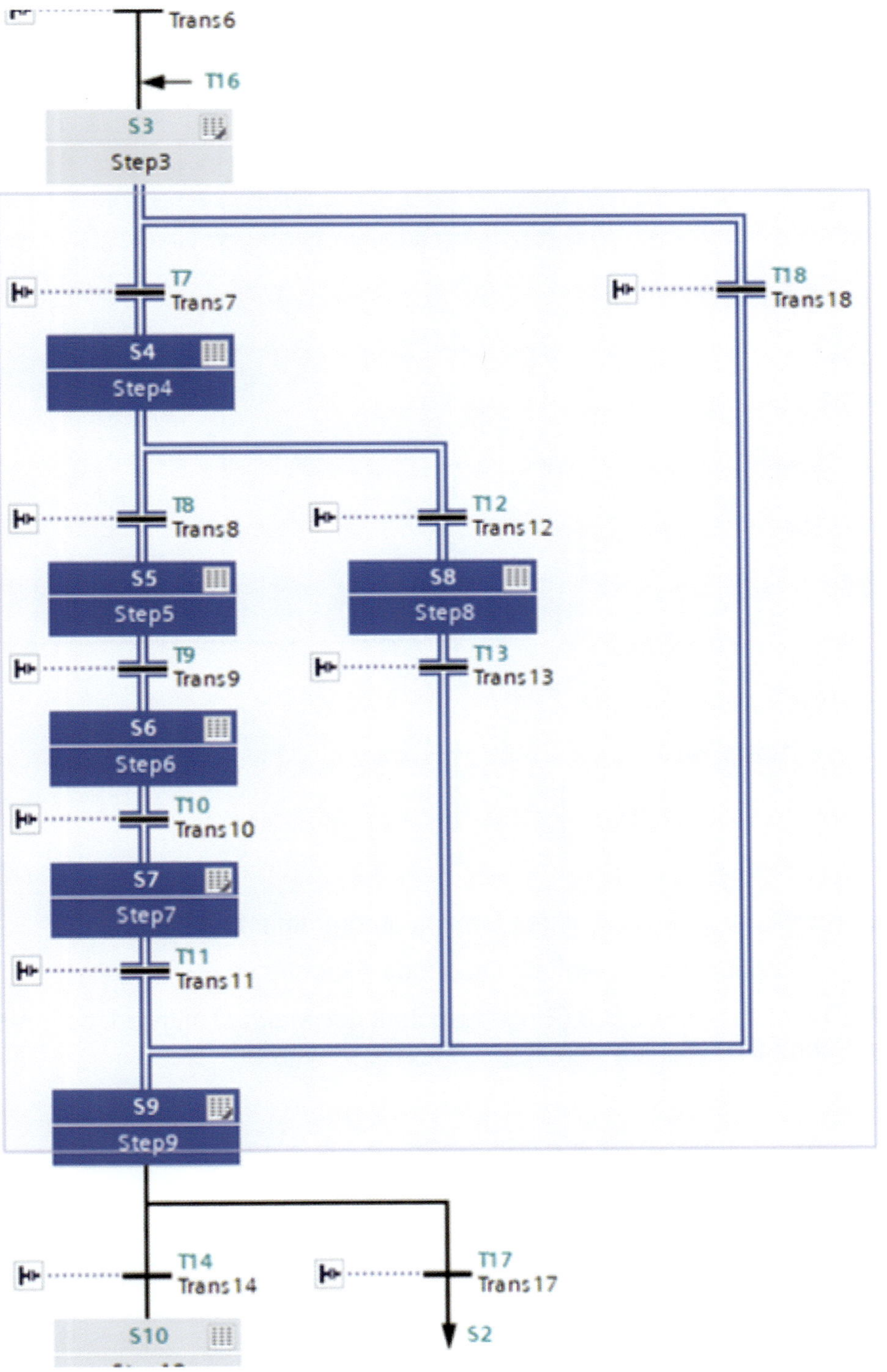

- Wählen Sie über die rechte Maustaste "Ausschneiden"
- wechseln Sie in die Kette 3: G_Zuführen
- markieren Sie dort den Schritt
- wählen Sie dann über die rechte Maustaste "Einfügen" aus

Die Schritt-Nummer und die Schritt-Namen in der Kette 3: G_Zuführen müssen noch geändert werden, und am Ende muss eine Transition stehen, die immer "false" ist.

Das kann man bei der S7-1500 über eine Eingabe "false" machen. Bei der S7-300 oder älteren TIA-Versionen geht es nur über eine Static-Variable mit dem Default-Wert "false".

Der **Eingangsschritt** (S20) hat den Namen **E20** und ist **kein Initialschritt!**

Das Umnummerieren lässt sich übrigens bequem per Rechtsklick auf den obersten Schritt “Umnummerieren…“ erledigen. Nur die Symbolnamen müssen händisch geändert werden.

Der **Schlussschritt** (S26) den Namen **S20**

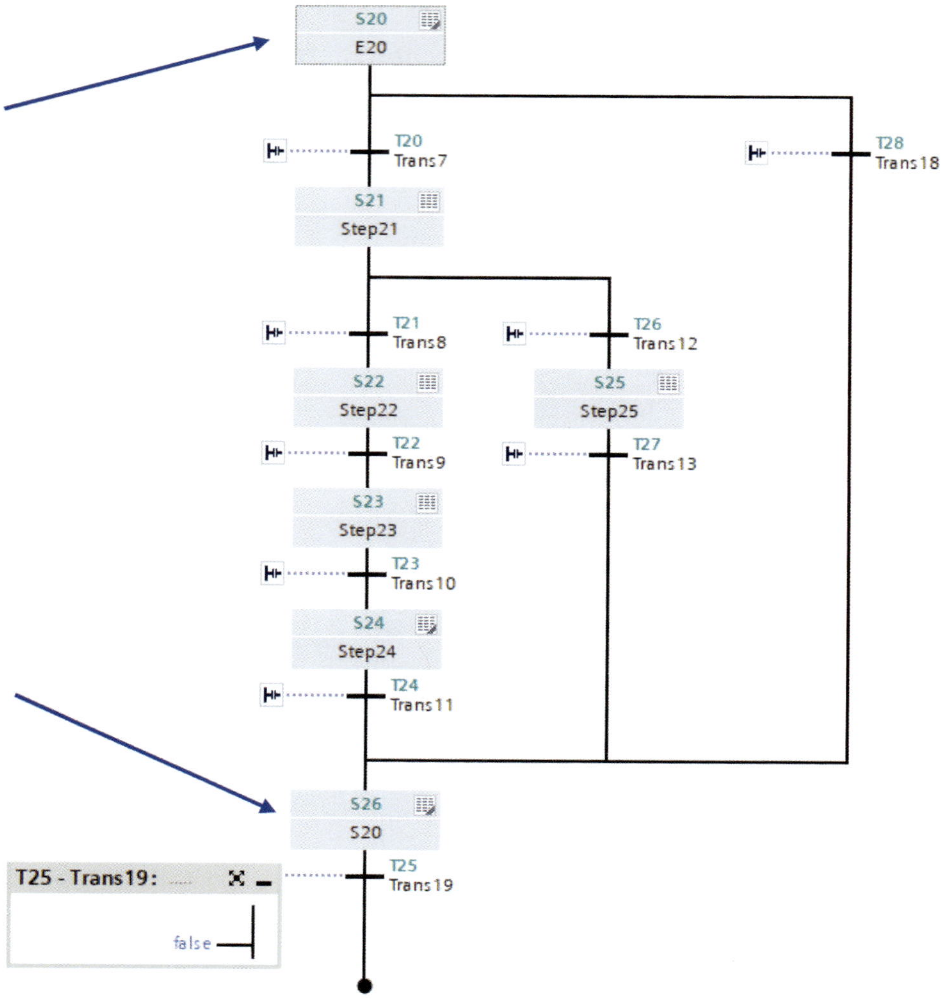

In der Kette **2: G_Automatik** muss der Aufruf des Makros programmiert werden:

Der Schritt S3 ist in M20 umbenannt und beinhaltet folgende Aktionen:

Beim Aktivieren von M20 wird der Schritt E20 (Eingangsschritt des Makros) aktiviert, beim Verlassen des Schrittes wird der Schritt S20 (Schlussschritt des Makros) deaktiviert.

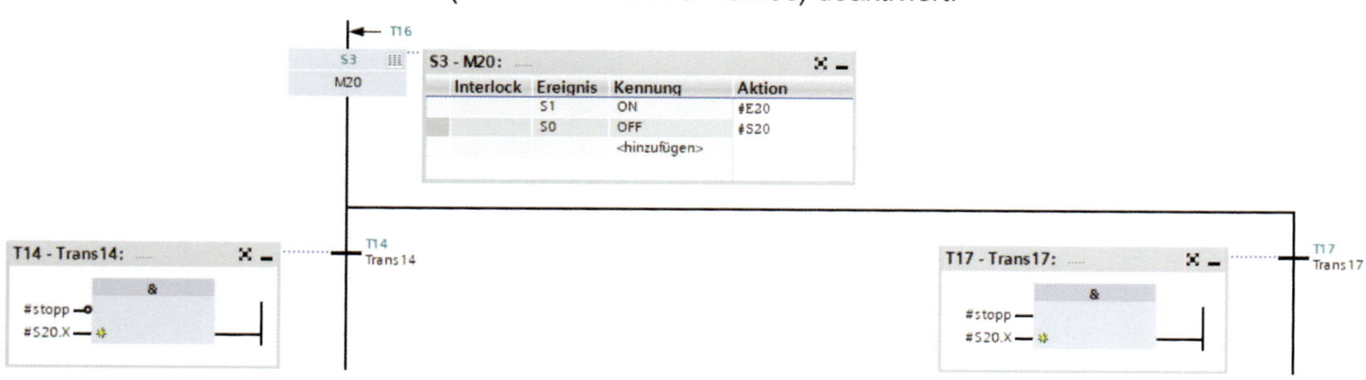

Für die folgenden Transitionen ist es notwendig, dass das Makro bis zum Ende durchgelaufen ist. Daher wird bei beiden Transitionen abgefragt, ob die Kette **G_Zuführen** bis zum **Schlussschritt S20** durchgelaufen ist (#S20.X = “1“).

Testen Sie nun die Anlage und beobachten Sie auch online, was passiert, wenn Sie Nothalt betätigen: Da der gesamte FB2 "Automatik" initialisiert wird, wird auch das Makro sofort abgeschaltet. Da es keinen Initialschritt hat (nicht haben darf!!), wird auch kein Schritt in dem Makro aktiviert.

GRAFCET, Version 3 – mit Makroschritt und Schieberegister

In der dritten Version soll das Programm vorbereitet werden, um die Information, dass ein Filter eingelegt wurde, an die Folge-Stationen weiter zu geben.

Weiterhin soll die Anlage automatisch stoppen, wenn kein Filter mehr zugeführt wird und der letzte zugeführte Filter an dem Gutteile-Magazin ankommt.

In den GRAFCETs kann das wie folgt dargestellt werden (siehe Kommentare im GRAFCET):

G_Automatik:

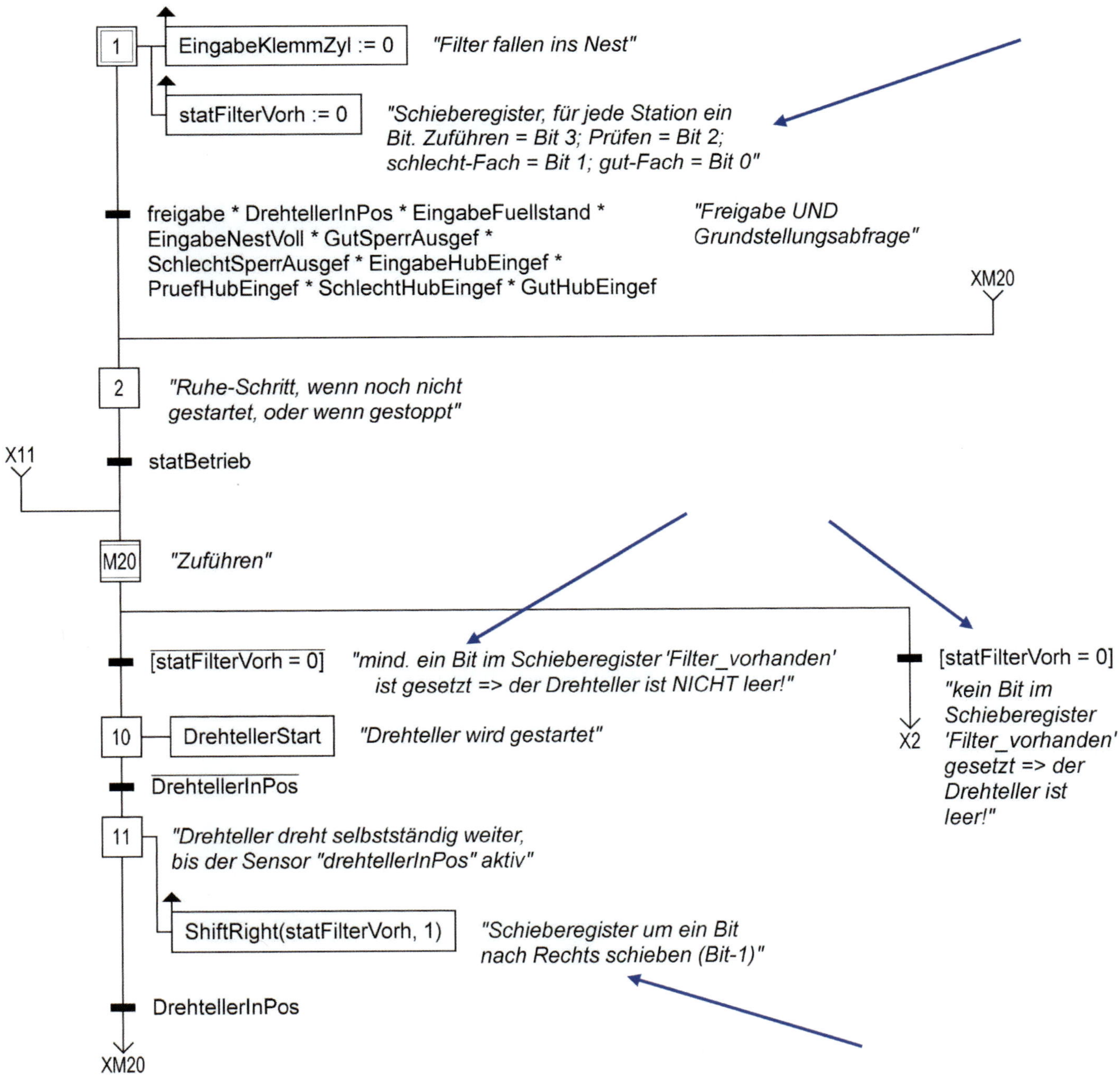

Im Detail:

- Die Variable "statFilterVorh" ist vom Datentyp Byte und ist das sogenannte Schieberegister
- X1: Die Aktion "statFilterVorh := 0" setzt alle Bits auf 0
- In den Transitionen nach M20 wird das Byte abgefragt, ob es leer ist (=0) oder nicht leer
- In X11 wird mit ShiftRight das Bitmuster in dem Byte um eine Stelle nach rechts verschoben. Das niederwertigste Bit wird dabei „hinausgeschoben“

G_Zuführen

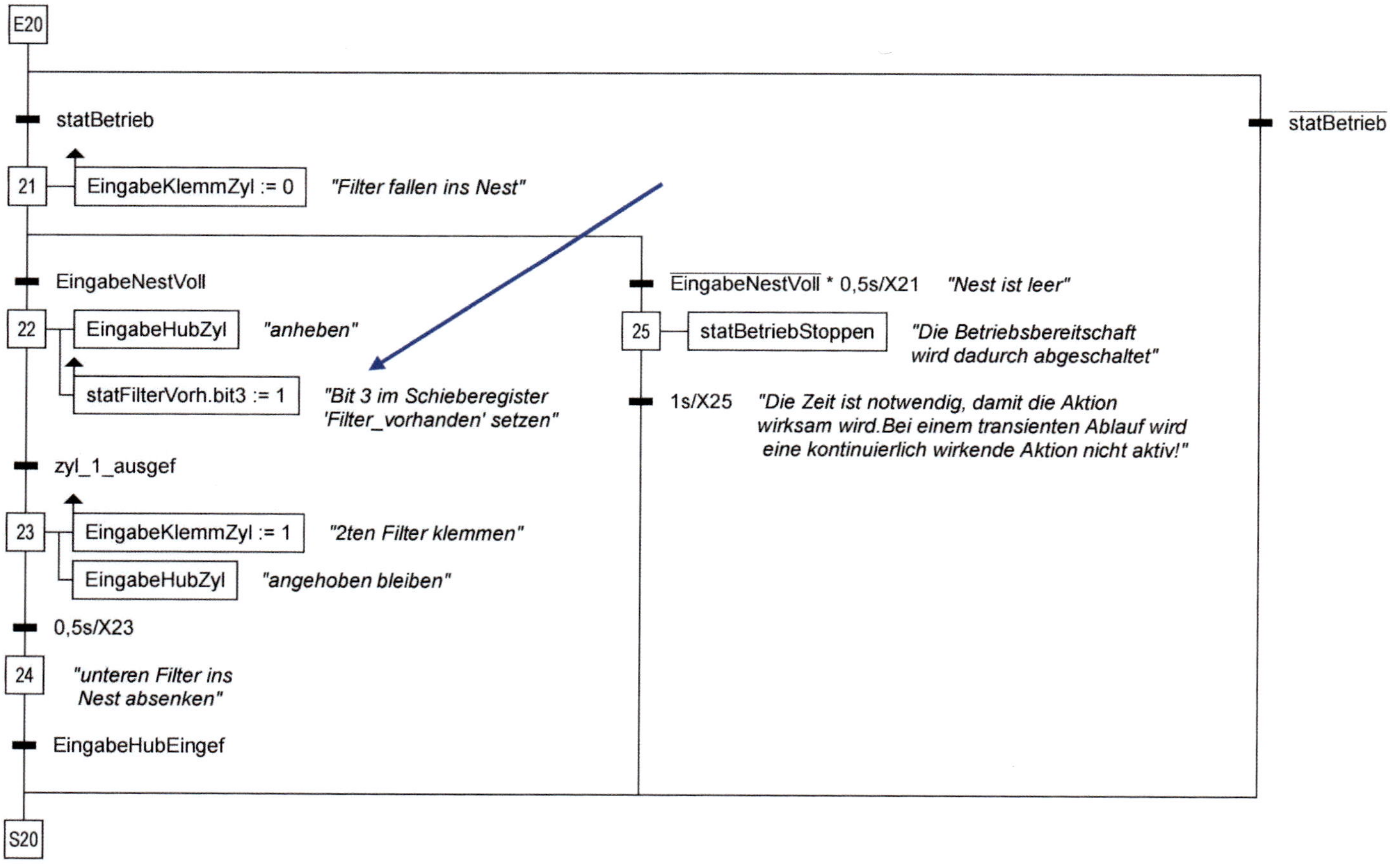

Im Detail:

- X22: die Aktion "statFilterVorh.bit3 := 1" setzt in dem Byte das Bit 3

Übersicht zum Veränderungsablauf des Bytes "statFilterVorh", wenn ein Filter vorhanden ist und der Drehteller gedreht hat:

	7	6	5	4	3	2	1	0
statFilterVorh auf "0" setzen	0	0	0	0	0	0	0	0
Das Bit 3 auf "1" setzen	0	0	0	0	**1**	0	0	0
Das Bit 3 mit SHR.Byte um eine Stelle nach rechts schieben	0	0	0	0	0	**1**	0	0

Programmieren des Schieberegisters (nur S7-1500)

Legen Sie im FB2 "Automatik" die Static-Variable **statFilterVorh** vom Datentyp **Byte** an.

Die Aktion im Step1 lautet:

S1 - Step1: .....

Interlock	Ereignis	Kennung	Aktion
	S1	R	#eingabeKlemmZyl
	S1	N	#statFilterVorh := 0

Die Kennungen **S** und **R** funktionieren nur bei Boolschen Variablen. Hier ist ein **N** notwendig! Das Zuweisen der "0" steht in der Aktion (**:= 0**)

Bei den Transitionen nach dem Schritt **M20** muss nun das #stopp entfernt werden. Stattdessen wird mit einem Vergleicher (CMP==) der Wert der Byte-Variable abgefragt:

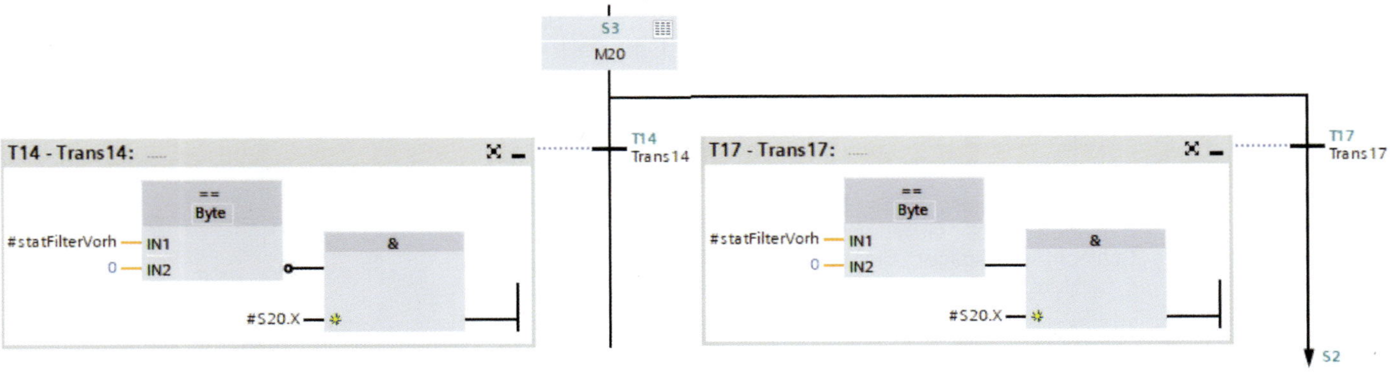

Die Aktion für das Rechts-Schieben im Schritt Step11 finden Sie in den

⇨ Anweisungen – Einfache Anweisungen – GRAPH-Aktionen – Schieben und Rotieren

S11 - Step11: .....

Interlock	Ereignis	Kennung	Aktion
	S1	N	#statFilterVorh := SHR_BYTE(#statFilterVorh,1)

Im Makroschritt, Schritt Step22 soll das Bit 3 in dem Byte gesetzt werden:

S22 - Step22: .....

Interlock	Ereignis	Kennung	Aktion
		N	#eingabeHubZyl
	S1	S	#statFilterVorh.%X3

Mit der Schreibweise **#statFilterVorh.%X3** wird das Bit 3 direkt adressiert und kann mit einem einfachen S1 S – Befehl auf "1" gesetzt werden.

Leider geht das **bitweise Zugreifen innerhalb eines Bytes** bei der **S7-300 nicht**.

Programmieren des Schieberegisters (für S7-300), Kurzanleitung

- Schieberegister im WORD-Format
- Alles im **G_Automatik** wie oben beschrieben
- X22: In der Aktion mit **S1 | N | tempBit3Setzen** für einen Zyklus eine "1" in der neuen Temp-Variablen erzeugen.
- In den **nachgeschalteten permanenten Anweisungen** mit der **OR**-Anweisung das Bit 3 setzen. (Der Wert vor IN2 ist durch 2# im Binär-Format.)

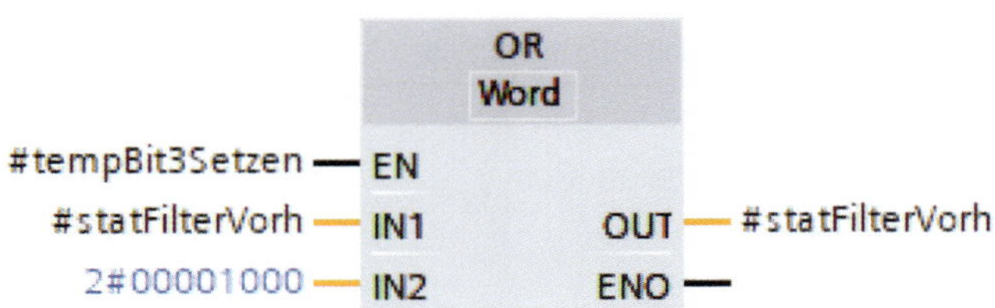

GRAFCET, Version 4 – mit Prüfen und 2tem Schieberegister

In der 4ten Version soll das "**Prüfen**" eingebaut werden. Die Prüfstation wird immer zeitgleich mit der Eingabe-Station abgearbeitet. Daher wird in dem **G_Automatik** ein weiterer Makroschritt parallel zu M20 angelegt: M30

Da M20 bisher aus zwei verschiedenen Schritten heraus aktiviert werden konnte, muss nun ein Leerschritt (X3) vor M20 eingeführt werden, damit ein Parallelzweig eingebaut werden kann:

G_Automatik

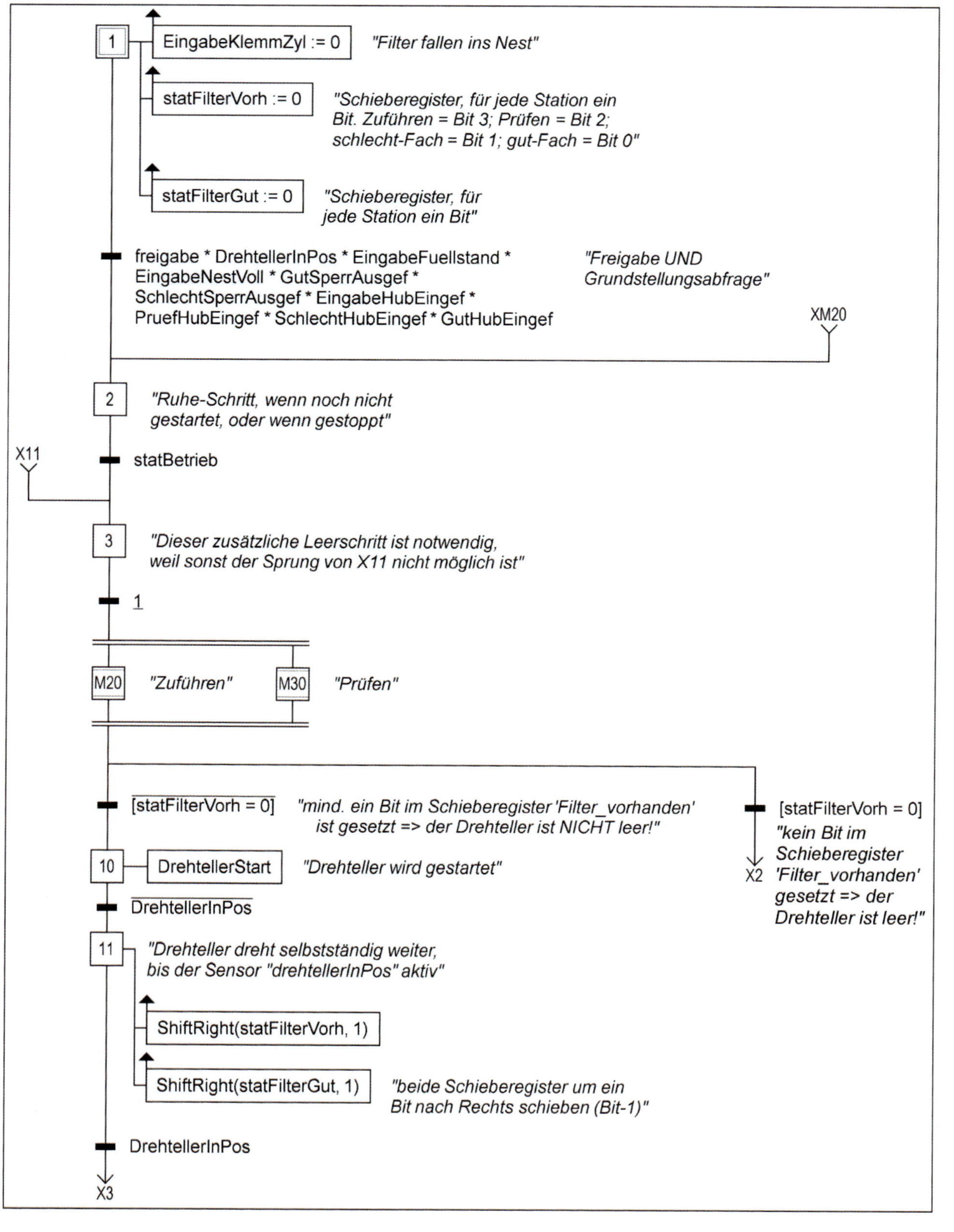

Der neue Makroschritt "**G_Prüfen**"

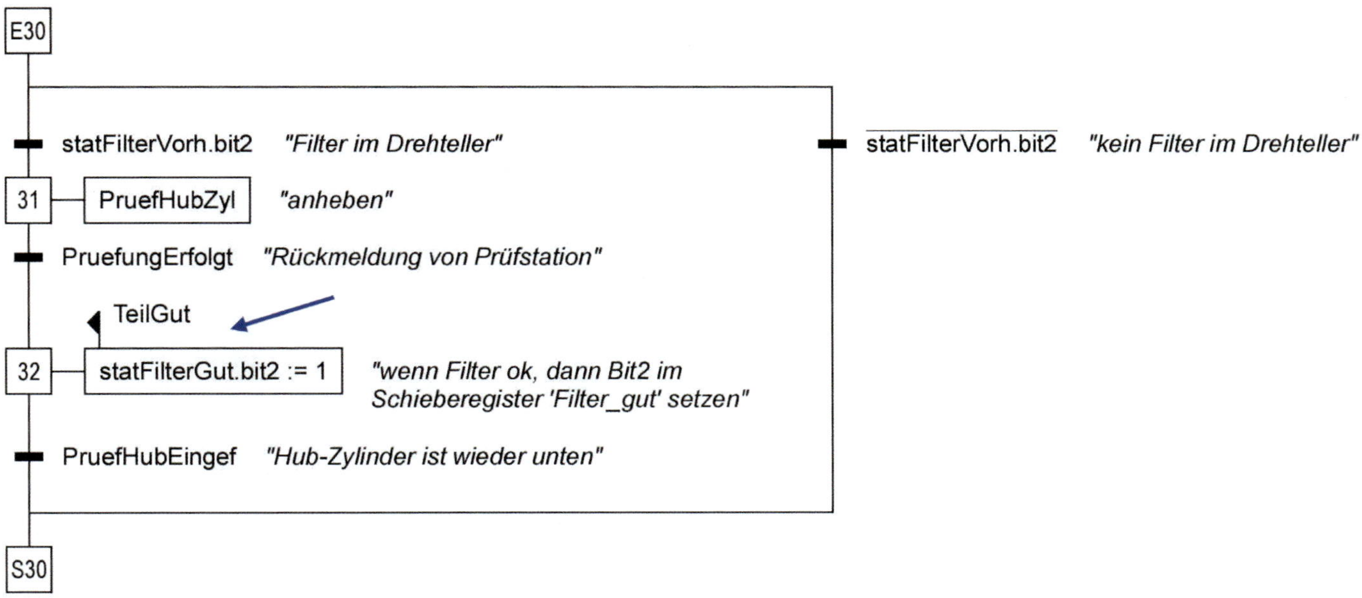

Programmieren der Bit-Abfrage in einer WORD-Variablen (für S7-1500), Kurzanleitung

Es ist ein weiteres Schieberegister "**statFilterGut**" und eine weitere **Kette 4: G_Prüfen** notwendig.

In dieser Kette ist in X32 ist eine speichernd wirkende Aktion bei Ereignis (siehe Pfeil oben).

Zum Programmieren wird die **negierte** Bedingung (TeilGut) im Interlock des Schrittes verwendet. Das **Ereignis** in der Aktion ist dann **L1** (- gehende Interlockbedingung).

In der Einzelschritt-Ansicht sieht das so aus:

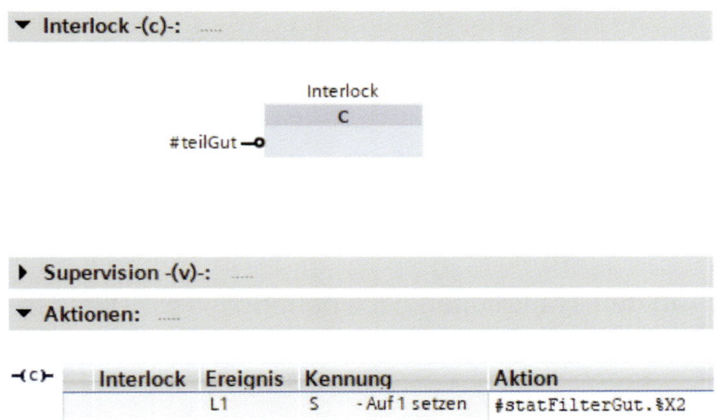

In der **Kette2: G_Automatik** müssen folgende Änderungen / Ergänzungen gemacht werden:

- In X1 das Schieberegister "statGutFilter" auf "0" setzen
- Einen Schritt vor dem Schritt M20 einfügen
- Den Sprung von X11 gegebenenfalls zum neuen Schritt X3 korrigieren
- Den Schritt M30 parallel zu M20 einbauen und das Makro aufrufen
- In X11 auch das Schieberegister "statGutFilter" um ein Bit nach rechts schieben

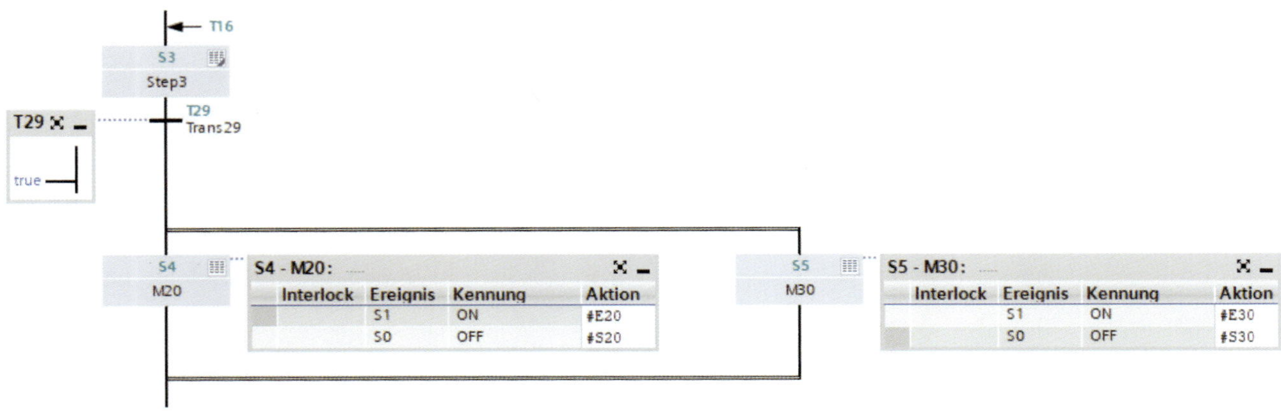

- Die beiden Transitionen nach den parallelen Schritten M20 und M30 müssen um die Abfrage erweitert werden, dass auch das Makro **G_Prüfen** vollständig durchlaufen ist:

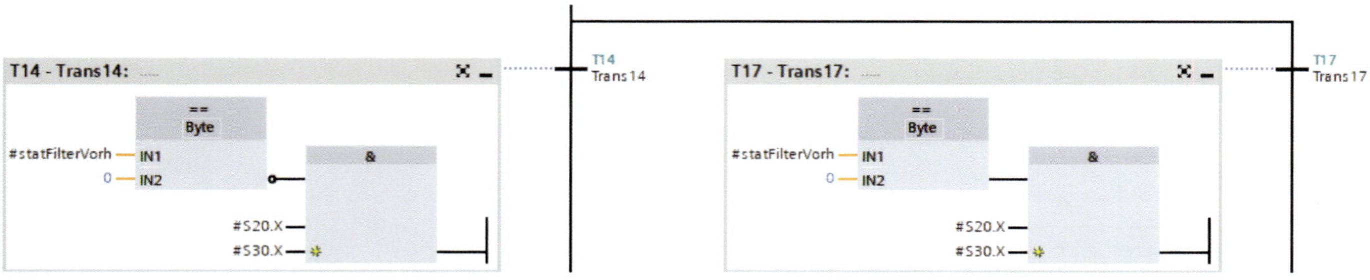

Das sollte alles bei der S7-1500 kein Problem darstellen, aber bei der S7-300 ist das bitweise Abfragen in einer Byte/WORD-Variablen nicht so einfach möglich, also:

Programmieren der Bit-Abfrage in einer WORD-Variablen (für S7-300), Kurzanleitung

In den **vorausgeschalteten permanenten Anweisungen** wird mit Hilfe der **AND**-Anweisung das Bit 2 in die (neue) Temp-Variable #tempBit2Extra (WORD) extrahiert.

1: Bit 2 extrahieren un in der Transition auf <> 0 abfragen

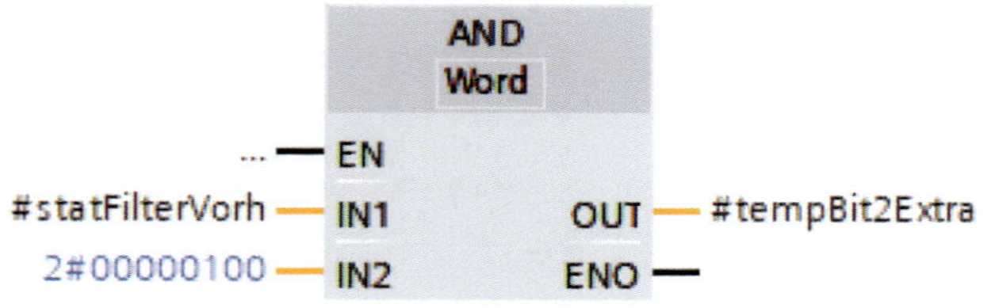

In den Transitionen nach dem Schritt E30 werden mit der CMP <> -Anweisung die Temp-Variable ausgewertet:

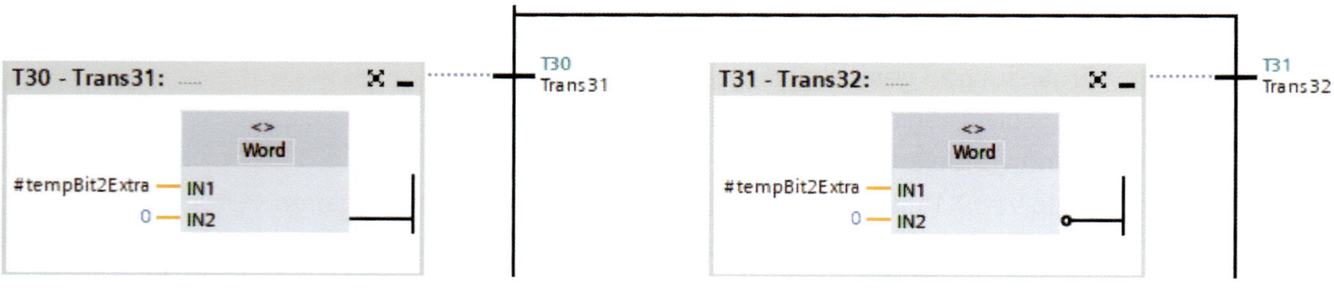

Viel Erfolg bei der vorletzten Version!

GRAFCET, Version 5 – komplett

Das wird hoffentlich kein Problem. Hier die geänderten und neuen GRAFCETs:

G_Automatik

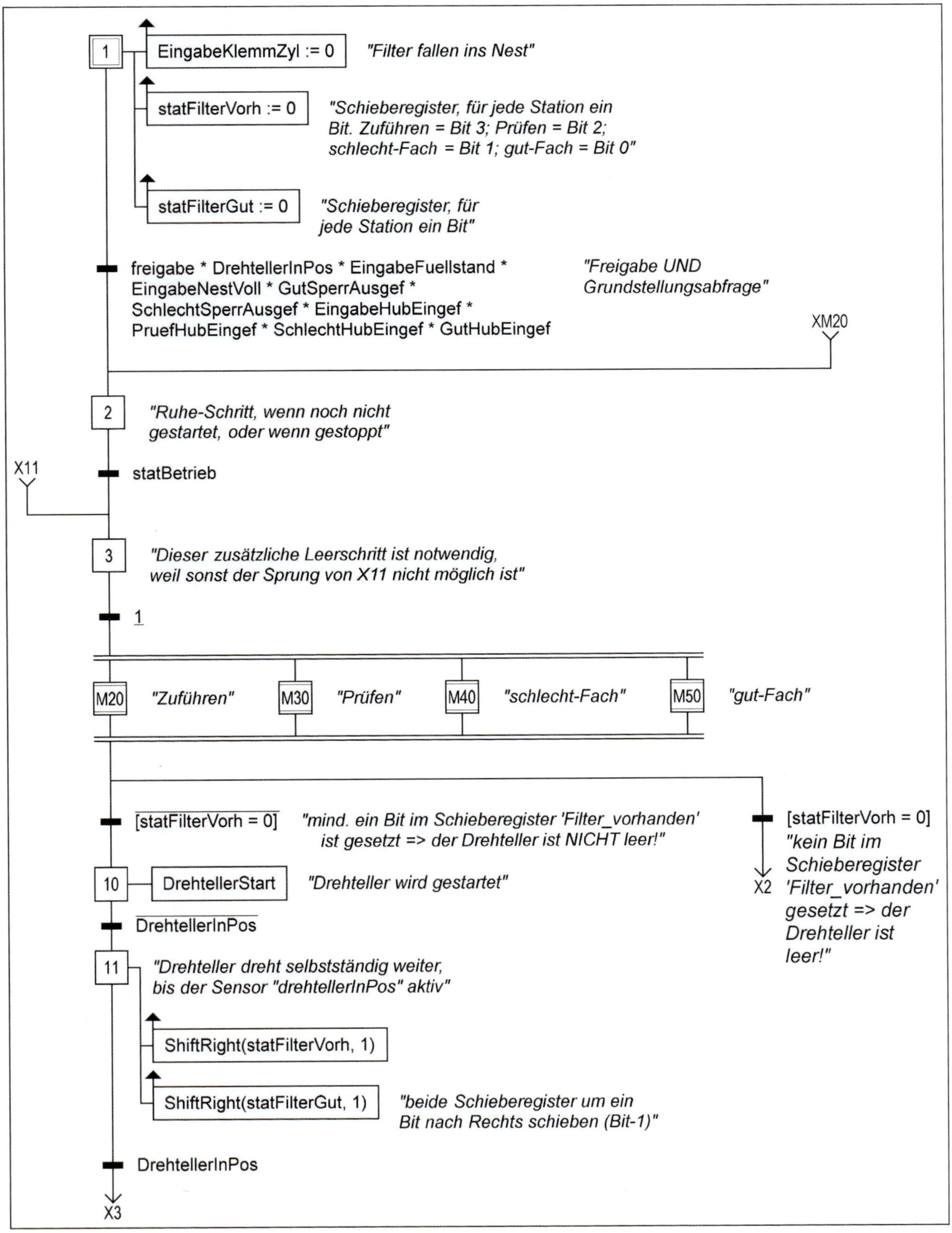

G_schlecht_Fach

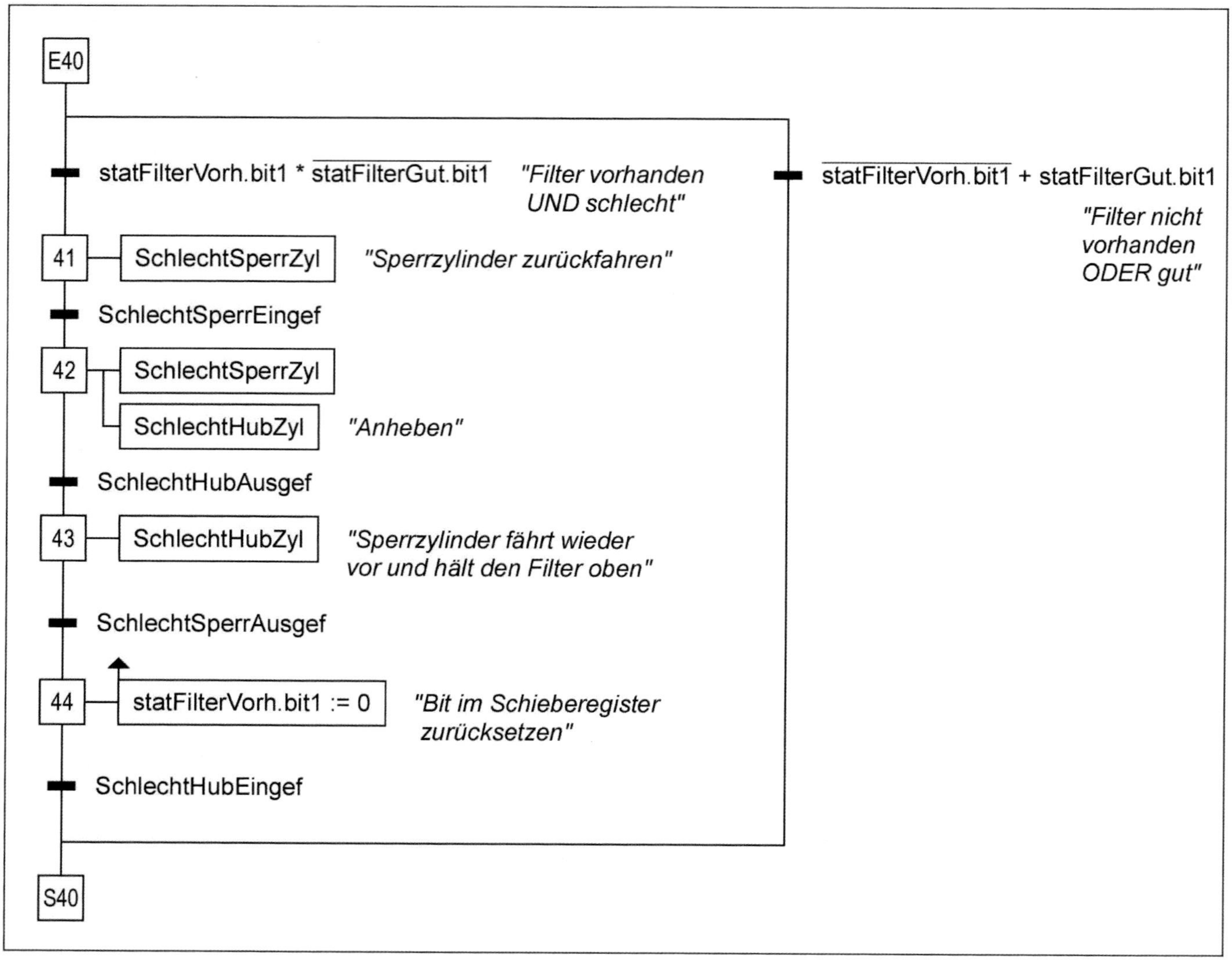

G_gut_Fach

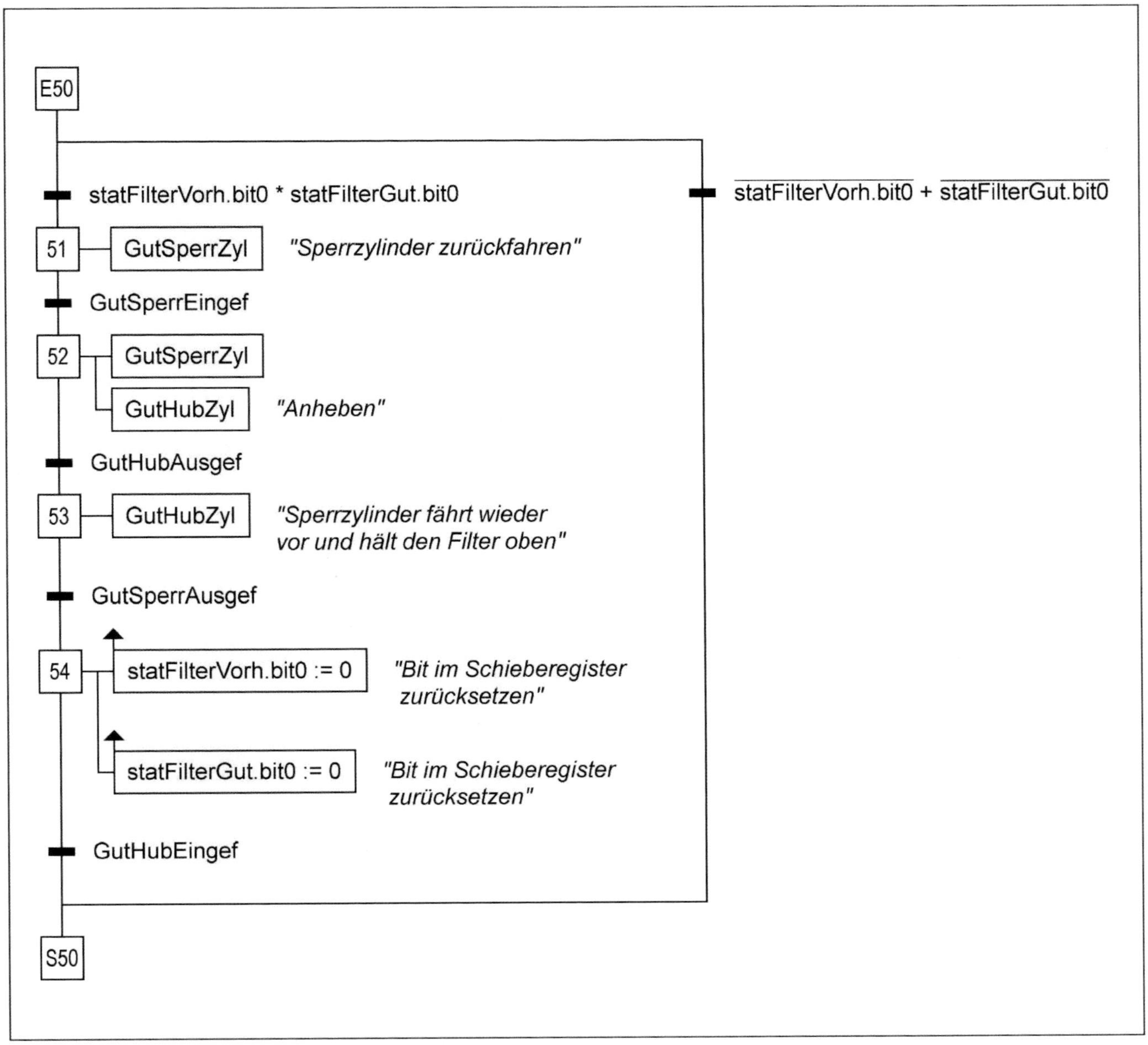

Viel Erfolg!

Projekt Motor-Generator-Anlage

Einleitung

Dieses Projekt dient dem Einstieg in die Analogwert-Verarbeitung mit der PLC.

Eine PLC kann mit analogen Ein- und Ausgangsbaugruppen ausgestattet werden. Damit können dann analoge Sensor-Signale (z.B. 0...10V) eingelesen und analoge Aktoren (z.B. Regel-Ventile) angesteuert werden.

Es werden folgende Themen in aufeinander aufbauenden Abschnitten erarbeitet:

- Parametrieren von analogen Baugruppen
- PLC-Datentypen zum Rechnen
- Einlesen von analogen Signalen und darstellen als Zahlenwert
- Mit Zahlenwerten rechnen, vergleichen und sie begrenzen
- Skalieren und Deskalieren von Zahlenwerten
- Ausgabe von analogen Werten (z.B. 0...10V)
- Digitale Regler programmieren
- Einsatz des Organisationsbausteins "Cyclic-Interrupt"
- Einsatz des fertigen Standard-Bausteins "CONT_C"

Hinweis Einige der hier beschriebenen Funktionen wie z.B. die "implizite Konvertierung", "Calculate" und einige weitere stehen bei der S7-300 nicht zur Verfügung.

Die Anlagenbeschreibung der Motor-Generator-Anlage

Die Motor-Generator-Anlage besteht aus zwei gekoppelten DC-Antrieben, von denen der eine als Motor arbeitet und der andere als Generator.
Der Generator liefert (ohne Belastung) fast 10V bei einer Ansteuerung des Motors mit 10V.

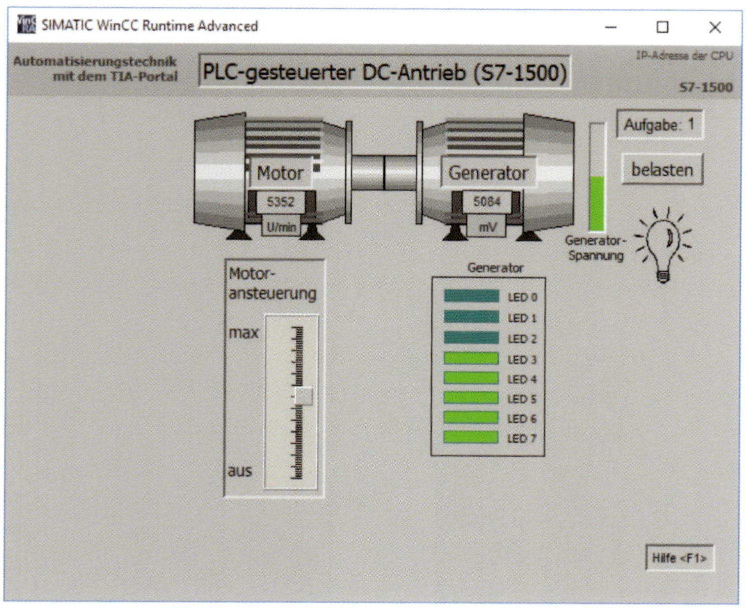

Diese Anlage steht Ihnen, wie in den bisherigen Projekten, auch als virtuelle Anlage zur Verfügung.

Ein neues Projekt erstellen und analoge I/O parametrieren

Über das gestartete **TIA-Portal** kann ein **neues Projekt** angelegt werden:
Projektname und **Pfad** festlegen, dann **Erstellen** anklicken und das Projekt wird angelegt.

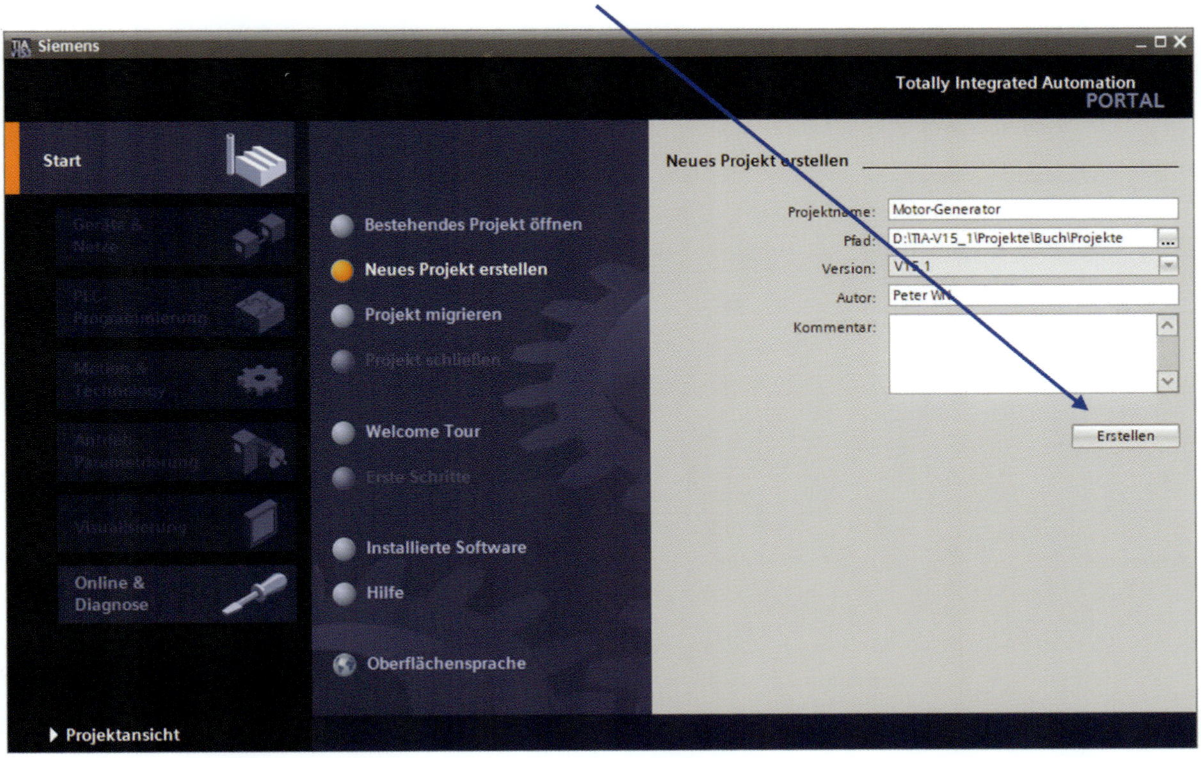

Fügen Sie die Geräte (PLC, I/O..) wie im Kühlhaus-Projekt ein.

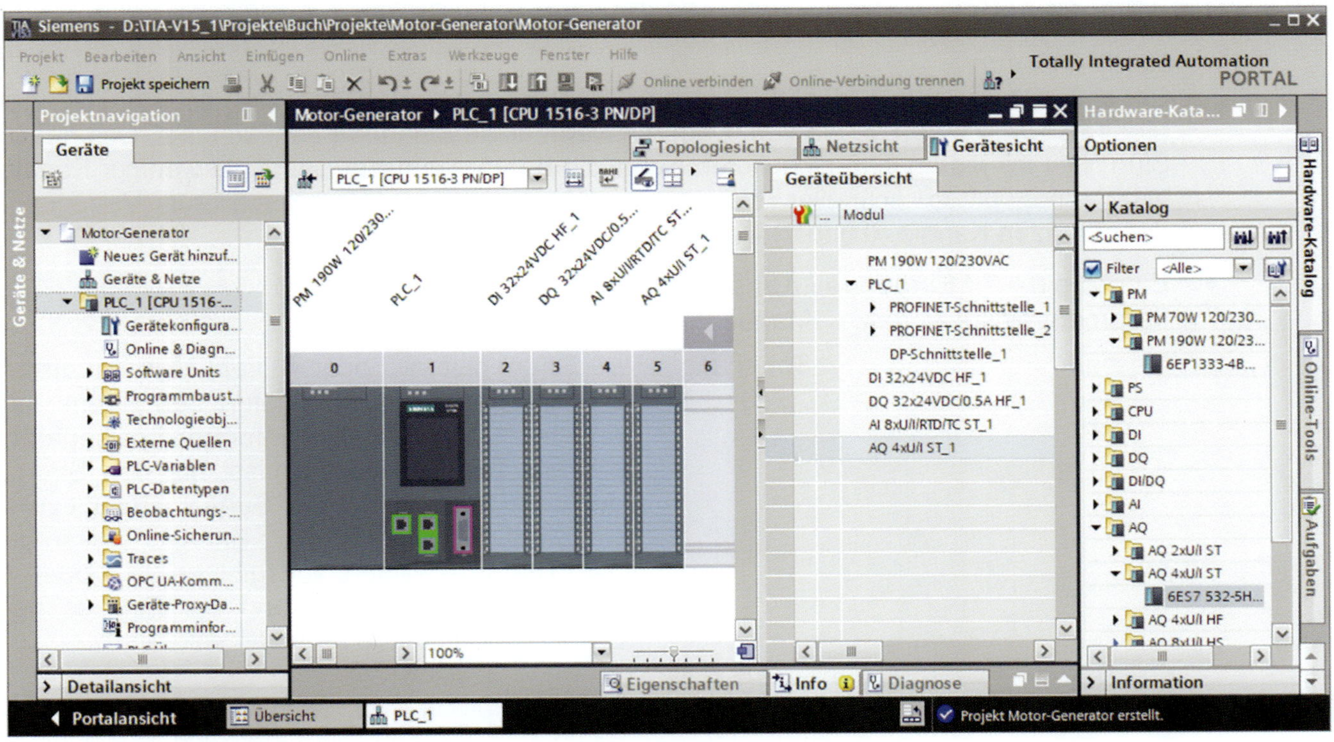

Als nächstes werden die analogen Ein- und Ausgänge parametriert.

Die Eigenschalten der analogen Eingangsbaugruppe

- Allgemein (Reiter)

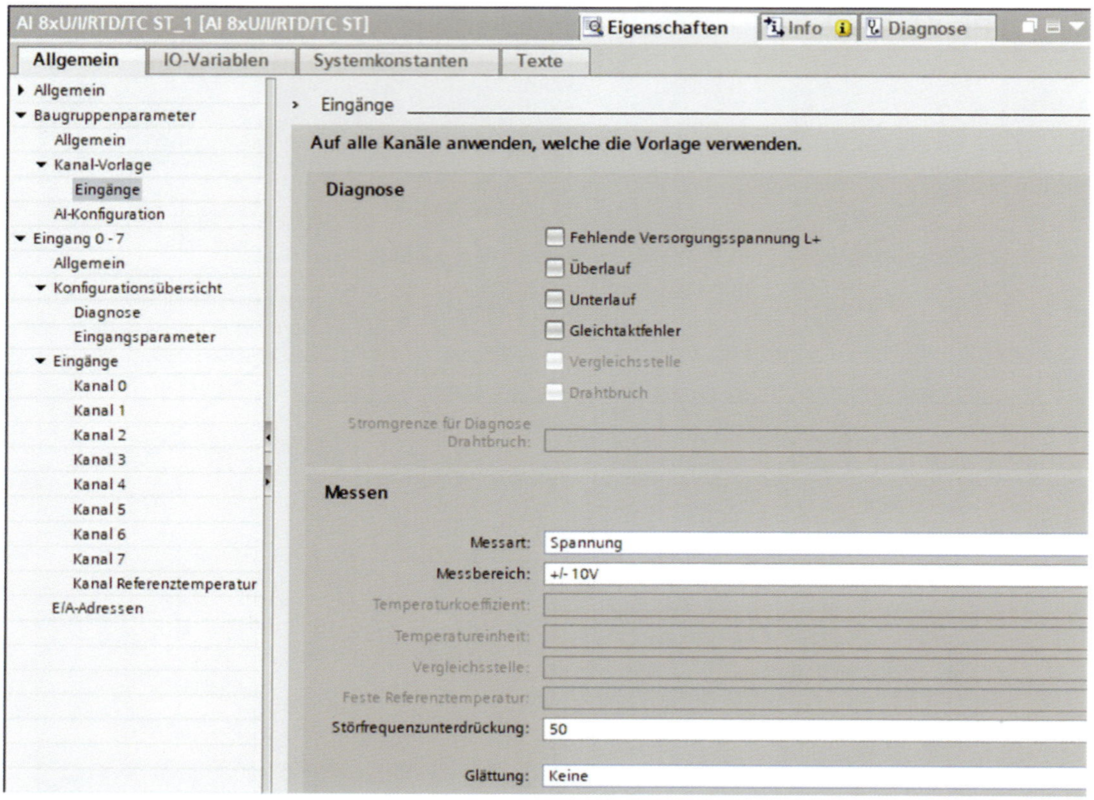

Unter **Kanal-Vorlage** können die Standard-Werte eingestellt werden.
Unter **Eingang 0 – 7** können die Werte für jeden Kanal einzeln festgelegt werden.
Unter **E/A-Adressen** können die (Hardware-) Adressen der Eingänge verändert werden.

- **Kanal-Vorlage**
  Es sollen hier nur 2 der 8 Eingänge genutzt werden. Daher ist es sinnvoll, die **Messart: Deaktiviert** zu wählen. Dadurch werden alle Eingänge abgeschaltet. Das macht Sinn, weil mit jedem eingeschalteten Kanal die Bearbeitungszeit steigt. Je weniger Kanäle aktiv sind, umso schneller stehen die Messwerte im Programm zur Verfügung. Die benutzen Kanäle (0 und 1) werden parametriert:

- **Eingang 0 – 7 / Eingänge / Kanal 0 und 1**
  Parametereinstellungen: Manuell

Messart:	Spannung	bei <u>Strom</u> gibt es 2 oder 4-Draht-Messumformer 2-Draht: Die Baugruppe liefert den Strom und arbeitet als "Mess-Umformer-Speisegerät" 4-Draht: Die Baugruppe misst nur den Strom, den der Sensor liefert. Der Sensor wird mit zwei weiteren "Drähten" mit Energie versorgt. bei <u>(Thermo-) Widerstand</u> gibt es 2, 3 oder 4 Leiteranschluss. Damit kann der Einfluss der Leitungswiderstände reduziert werden.
Messbereich:	+/- 10V	
Störfrequenzunterdrückung:	50 (Hz)	damit wird die Integrationszeit bei der Analog-Digital-Wandlung festgelegt. 50Hz = 20ms / 400Hz = 2,5ms
Glättung:	keine	Es gibt 3 Stufen der Glättung, durch die das Signal deutlich langsamer reagiert. Es ist bei langsamen, sehr präzisen Messungen sinnvoll.

- **E/A-Adressen**

Anfangsadresse:	4	kann verändert werden.
Endadresse:	19	wird berechnet: (jeder Eingang hat 2 Byte) Anfangsadresse + 2x Anzahl der Eingänge - 1 (incl.) 4 + 2x 8 - 1= 19
Organisationsbaustein:		hier kann der OB festgelegt werden, der für die Aktualisierung zuständig ist (oder keiner, dann auch kein Prozessabbild!)
Prozessabbild:	hängt vom OB ab.	

Jede PLC hat einen bestimmten Bereich der I/O-Adressen, die zyklisch (meist vom OB1) aktualisiert werden ➔ Prozessabbild

Bei den meisten PLCs ist das der Adressbereich von 0 bis 255 (in der CPU einstellbar). Größere Adressen liegen dann im Peripherie-Bereich und müssen im Programm direkt gelesen / geschrieben werden.

*Das geschieht durch den Zusatz von **:P** an dem Symbol (Bsp.: **%Eingang :P**) und geht nur für Byte, WORD oder DWORD-Adressen. Ein Bit-weiser Zugriff ist im Peripherie-Bereich nicht möglich!*

- IO-Variablen (Reiter)

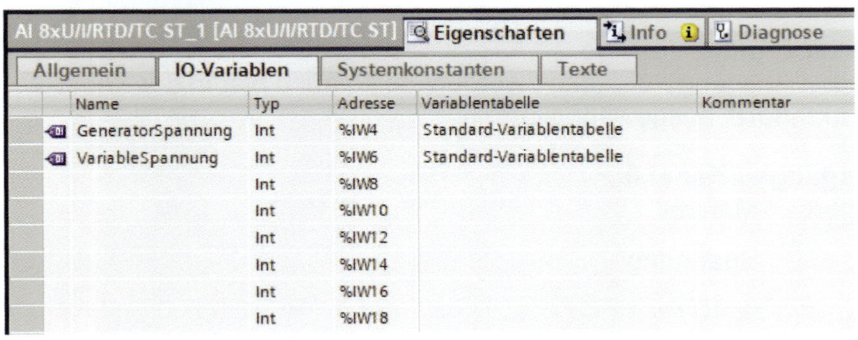

Name	Typ	Adresse	Variablentabelle	Kommentar
GeneratorSpannung	Int	%IW4	Standard-Variablentabelle	
VariableSpannung	Int	%IW6	Standard-Variablentabelle	
	Int	%IW8		
	Int	%IW10		
	Int	%IW12		
	Int	%IW14		
	Int	%IW16		
	Int	%IW18		

Hier können die Variablen-Namen für die Eingänge festgelegt werden.

In der A-D-Baugruppe wird das analoge Signal mit Hilfe eines A-D-Wandlers (ADC) in eine Festpunktzahl umgewandelt:

Eingangsspannung:	0 _________ 10V	
	0 _________ 20mA	
	4mA _______ 20mA	
Zahlenwert:	**0 _________ 27648**	

Bei bipolaren Messbereichen ist auch der Zahlenwert bipolar:

Eingangsspannung:	-10V _______ 10V
Zahlenwert:	**-27648 ______ 27648**

Dieser **maximale Zahlenwert** (10V entspricht **27648**) ist für alle Baugruppen gleich, egal welche Auflösung der A-D-Wandler hat.

Die Eigenschalten der analogen Ausgangsbaugruppe

- Allgemein (Reiter)

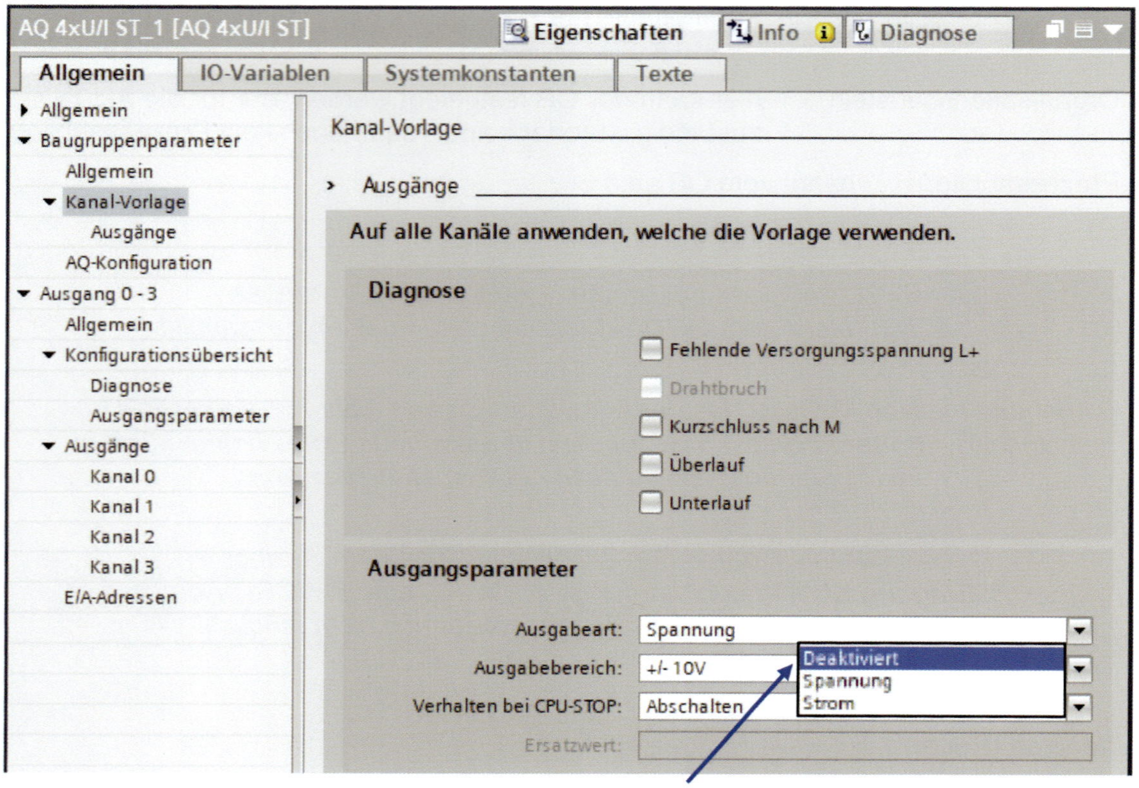

- **Baugruppenparameter / Kanal-Vorlage**
  Da wir nur einen der drei Ausgänge benutzen werden, sollte auch hier in der Kanal-Vorlage die **Ausgabeart "Deaktiviert"** ausgewählt werden.

- **Ausgang 0 – 3 / Ausgänge / Kanal 0**
  Parametereinstellungen: Manuell

  Ausgabeart: Spannung

  Ausgabebereich 0..10V

  Verhalten bei CPU-STOP: Abschalten — Hier kann auch "letzter Wert halten" oder ein "Ersatzwert ausgeben" gewählt werden.

- IO-Variablen (Reiter)

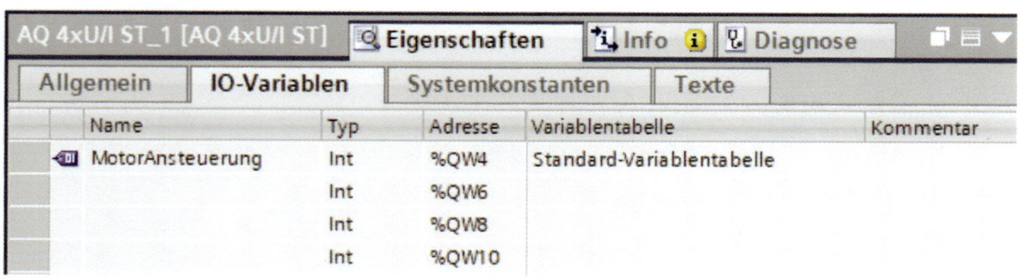

Der Variablen-Name für den Ausgang kann bereits hier festgelegt werden. Er wird dann in der PLC-Variablentabelle eingetragen.

Beobachten und Steuern der analogen Signale

Die analogen Ein- und Ausgänge können beobachtet und unter bestimmten Bedingungen auch gesteuert werden.

Dazu am besten die Generator-Spannung an den analogen Eingang "GeneratorSpannung" anschließen. Das weitere Vorgehen:

- Neue Beobachtungstabelle hinzufügen und öffnen
- Die Namen " GeneratorSpannung" und "MotorAnsteuerung" auswählen
- Wenn nun die Brille zum **Online-Beobachten** angewählt wird, dann kommt:

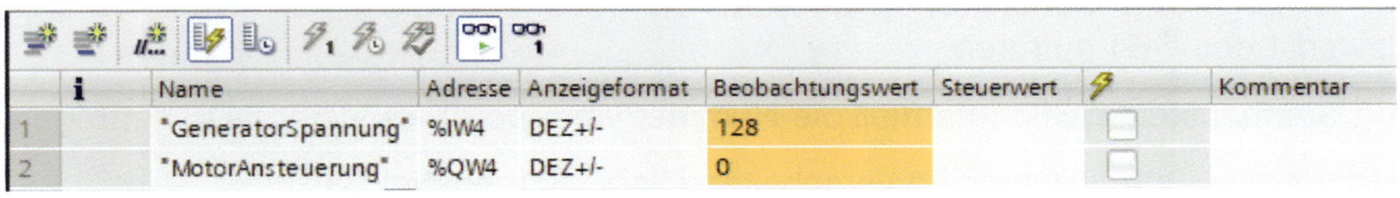

- Die Ein- und Ausgänge werden nun beobachtet.
- Wird ein "Steuerwert" eingetragen, so kann der Ausgang mit dem Button <u>einmalig</u> gesteuert werden. (**Wenn dieser nicht im Programm angesteuert wird!!**)

Hinweis Eingänge einer echten PLC lassen sich damit nicht steuern, sie werden über das Prozessabbild zyklisch aktualisiert. Bei der PLCSIM geht das!

- Um Ein- und Ausgänge permanent zu steuern muss mit dem Button der "erweiterte Modus" aktiviert werden:

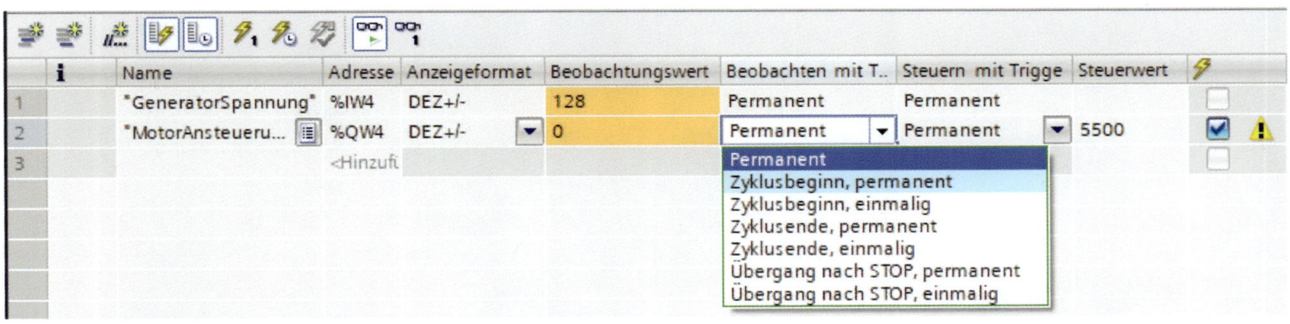

- Man kann verschiedene "Triggerpunkte" für das Beobachten und das Steuern festlegen.
- Aktiviert wird das "Steuern" dann mit dem Button:

  Damit ist es möglich, dem Programm zum Beispiel andere Signale "vorzugaukeln".
  Da dies ein Eingriff in das Programm bedeutet, erscheint daher auch die Warnmeldung:

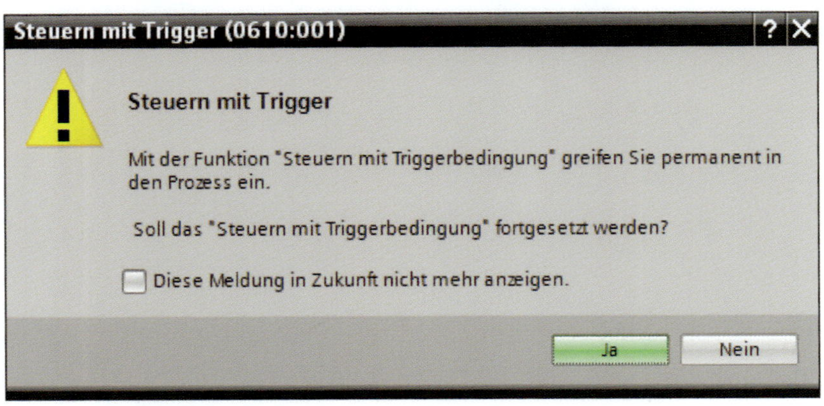

➔ Und nun erst einmal "spielen": Was kann man alles eingeben, was passiert?

Einbau der virtuellen Anlage

Wenn keine reale PLC (mit Anlage) zur Verfügung steht, dann ist es nun sinnvoll, die Anlage virtuell darzustellen und mit PLCSIM zu "betreiben". Auch bei PLCSIM lassen sich Ein- und Ausgänge beobachten und steuern.

Zum Betreiben muss wie in den vorhergehenden Kapiteln erst einmal ein Funktionsbaustein aus der Bibliothek eingebunden werden.

Übersicht über das Vorgehen:

- Die globale Bibliothek "Virtuelle Anlagen V15_1" öffnen. (evtl. andere Versionen)
- Den FB **"63_Motor-Generator" (FB63)** aus der geöffneten Bibliothek - Kopiervorlagen im Netzwerk1 des OB1 aufrufen.
- Den Datenbaustein **DB63** (manuell die Nummer vergeben!) als Instanz-DB eintragen.
- Die Input- und Output-Variablen verschalten (siehe Screenshot ↓).
- Bei "Aufgabe" muss eine INT-Zahl (zwischen 1 und 4) angegeben werden. Am Anfang bitte die "1" eintragen.

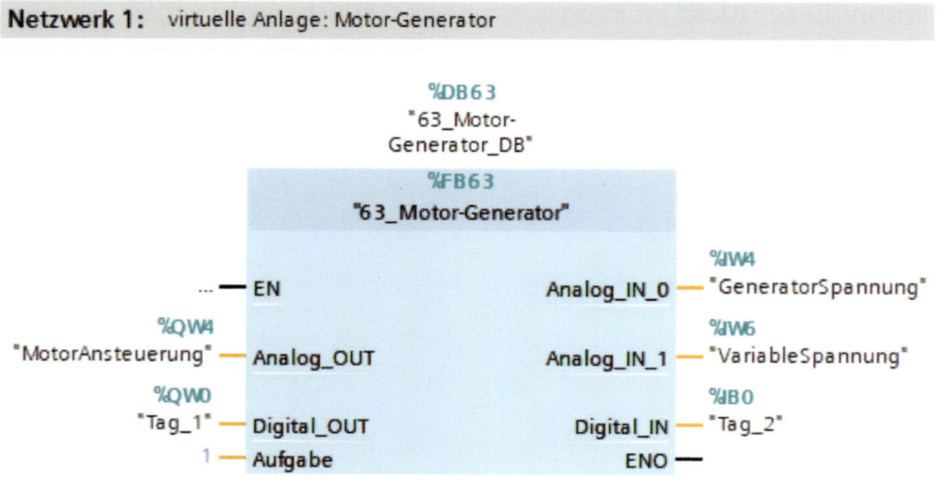

Hinweis Das genaue Vorgehen zum Downloaden und Einbinden der virtuellen Anlage ist im Kapitel "virtuelle Anlagen einbinden" beschrieben (vorletztes Kapitel im Buch)

Die Visualisierung hat folgendes Aussehen:

Mit dem Schieberegler "**Motor-Ansteuerung**" kann die Motordrehzahl von Hand gesteuert werden. So kann die Generatorspannung gemessen werden.

Mit dem Button "belasten" wird eine Last zugeschaltet, wodurch die Motordrehzahl und die Generator-Spannung beeinflusst werden.

Die 8 LEDs unter dem Generator werden im nächsten Kapitel für eine Bargraph-Anzeige genutzt.

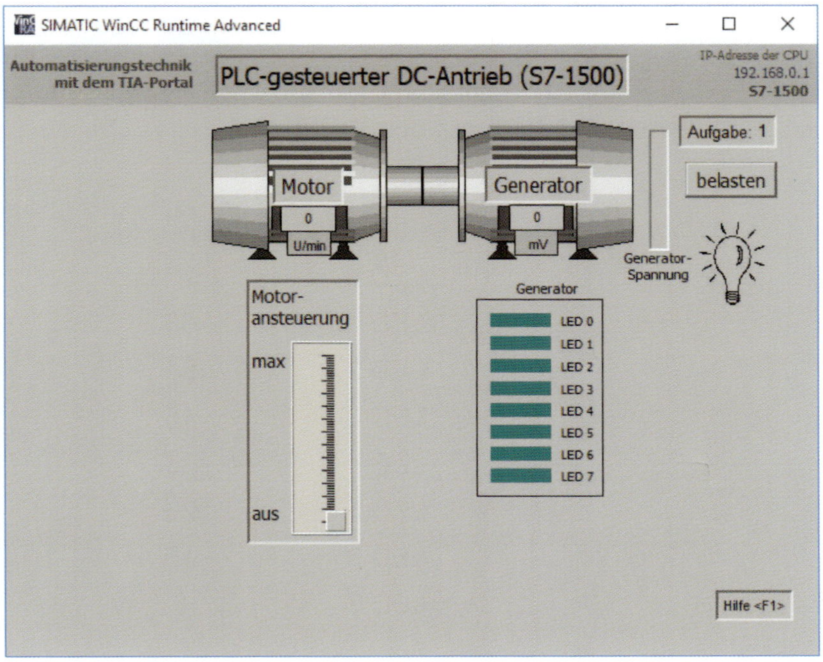

Das Programm kann in die PLC / PLCSIM geladen werden. Mit Hilfe der Beobachtungstabelle kann die Generatorspannung beobachtet werden. Die Ansteuerung des Motors hat hier keine Wirkung, das geschieht über den Schieberegler "Motoransteuerung".

⚠ **schon gespeichert??**

Darstellen des Messwertes mit Hilfe eines Bargraphen

Der Messwert soll als 8 Bit-Bargraph an einem digitalen Ausgangsmodul dargestellt werden. Als Anzeige dienen die LED's auf dem DQ-Modul.

Anzeige	ab % des Messwertes	auf "1" normiert
LED 0	75	0.75
LED 1	65	0.65
LED 2	55	0.55
LED 3	45	0.45
LED 4	35	0.35
LED 5	25	0.25
LED 6	15	0.15
LED 7	5	0.05

Der Baustein

Erzeugen Sie den Baustein **Bargraph** (FC1).
Da er vollständig parametriert werden soll, ist die folgende Schnittstelle notwendig:

Input:	min	Real	
	messwert	Real	
	max	Real	
Temp:	temp_norm_wert	Real	
Return:	Bargraph	Byte	(zum Ansteuern der LEDs)

Datentyp "Real"

Datentyp "Byte"

Damit der Baustein allgemein einsetzbar ist, wird der Messwert zuerst auf "1" normiert.
Im Ordner "Umwandler" gibt es die Anweisung **NORM_X**, die dafür bestens geeignet ist:

Netzwerk 1: Normieren

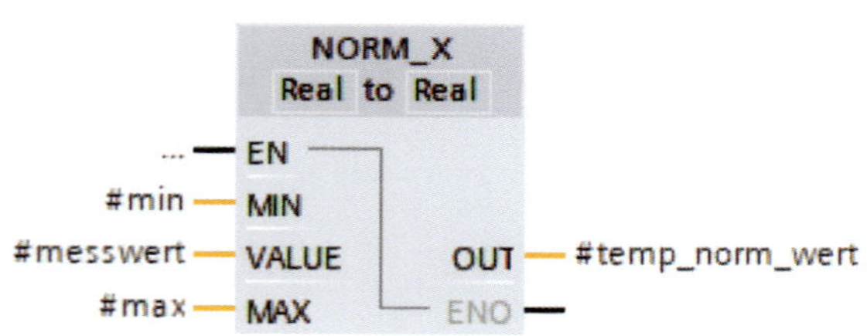

Der **#messwert** im Bereich von **#min** bis **#max** wird auf den Bereich von **0** bis **1** skaliert.

Das wird als **Normieren** bezeichnet.

In dem Programm werden mit Hilfe von **Vergleichern** die Ausgänge (LEDs) eingeschaltet. Dazu muss das Byte #Bargraph aber erst einmal auf Null gesetzt werden, um dann anschließend die einzelnen Bits wieder einzuschalten:

Netzwerk 2: alle Bits ausschalten

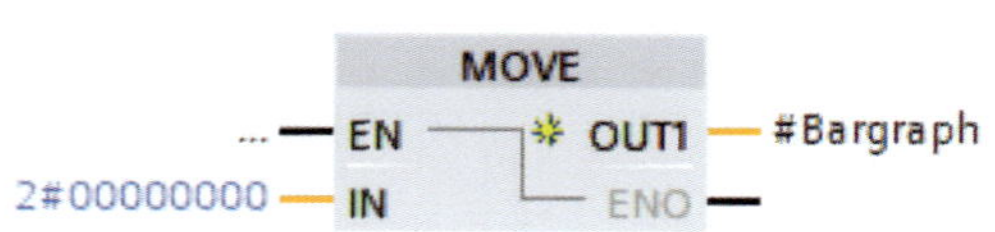

Der **Move**-Befehl schiebt nur das Bit-Muster am Eingang **IN** in die Variable am Ausgang **OUT1**.

Hinweis

Mit dem Format-Zeichen "2#" ist die binäre Darstellung ausgewählt, so dass die 8 Bit einzeln als Zeichen (0 oder 1) dargestellt werden können. "Bit7" ist das höchste Bit, steht also ganz links. Bei der Eingabe auf die Länge von 8 Zeichen achten! Das wird nicht geprüft!!

Das Bit 7 des **#Bargraph** muss eine "1" haben, wenn der **#temp_norm_wert** größer oder gleich 0.05 (5%) ist.

Die Abfrage geschieht mit Hilfe eines **Vergleichers**. Der Vergleichswert (0.05) muss mit einem Punkt statt eines Kommas geschrieben werden. (internationale Schreibweise)

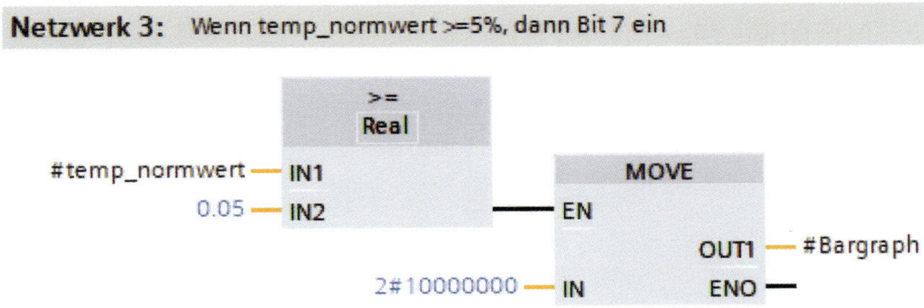

Die Bits 6 und 7 haben eine "1", wenn der **#temp_norm_wert** größer oder gleich 15% ist, usw.

Nach diesem Prinzip können alle Bits (LEDs) angesteuert werden.

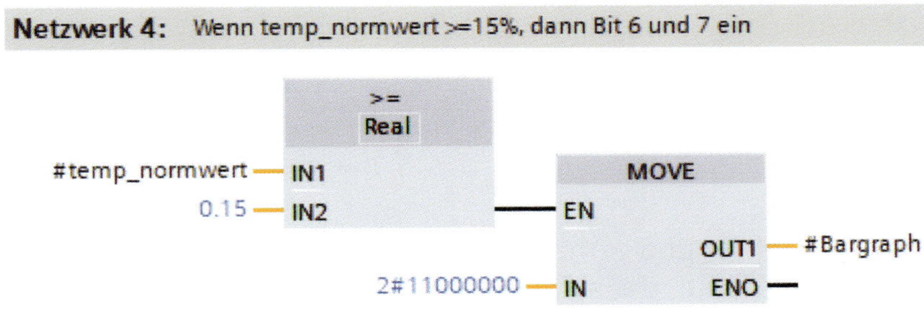

Tipp Komplette Netzwerke können kopiert, eingefügt und dann angepasst werden!

Alternativ zu dem hier beschriebenen Weg lassen sich bei der 1500er auch die einzelnen Bits direkt zuweisen. Die Variable **#Bargraph.%X7** wird nicht angeboten, das muss man wissen!

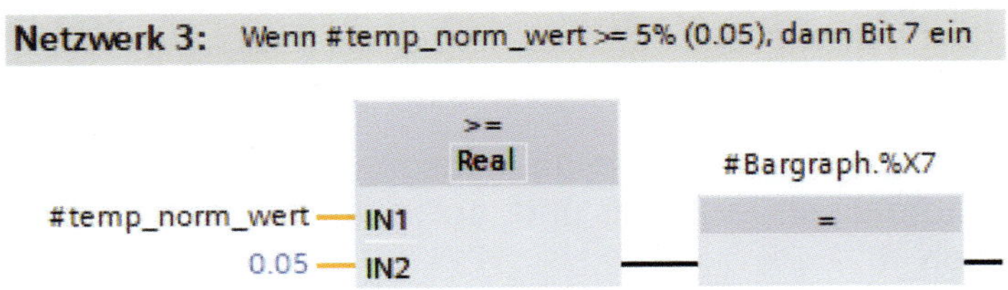

Es gibt noch weitere Möglichkeiten, hier ein paar Anregungen 😊:

- Mit dem **Rotation-Befehl ROR** (unter "Schieben und Rotieren"):
  - Es wird eine temp-Variable mit dem Datentyp **Word** benötigt.
  - Diese 16-Bit-Variable bekommt den Wert **16#FF00** entsprechend **2#1111 1111 0000 0000** zugewiesen.
  - Mit jedem Vergleicher wird das Bitmuster mit "ROR" eine Stelle nach rechts rotiert, bei mehr als 75% sind das 8x.
    Das Ergebnis ist dann: **2#0000 0000 1111 1111**
  - Mit einem Move-Befehl wird die temporäre 16-Bit-Variable in die 8-Bit-Variable #Bargraph geschoben. Dabei gehen die oberen 8 Bit verloren.
- Mit Hilfe der **Wortverküpfung OR**
  - Dafür wird eine temp-Variable mit dem Datentyp **Byte** benötigt, die im 2ten Netzwerk auf 0 gesetzt wird.
  - Nun wird mit jedem Vergleicher genau das entsprechende Bit eingeschaltet:

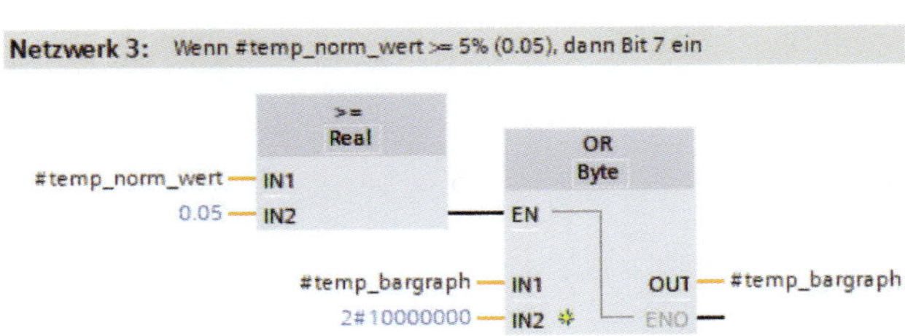

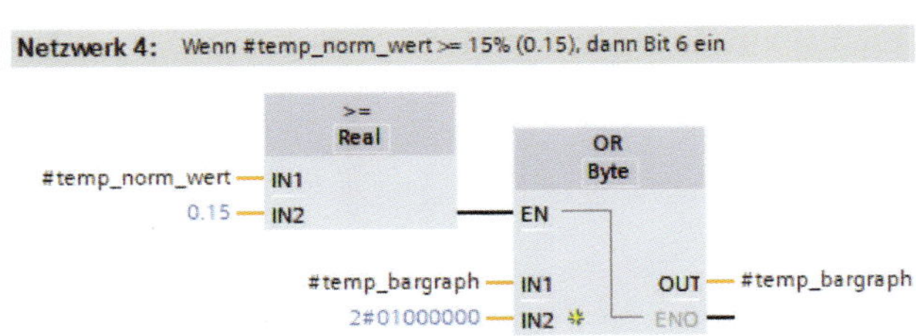

  - Zum Schluss wird mit einem Move-Befehl die temporäre Variable in die 8-Bit-Variable #Bargraph geschoben.

Aufruf im Main (OB1)

Um die Generatorspannung mit einem Bargraph anzuzeigen, muss der Baustein (FC) im Main (OB1) aufgerufen und parametriert werden.

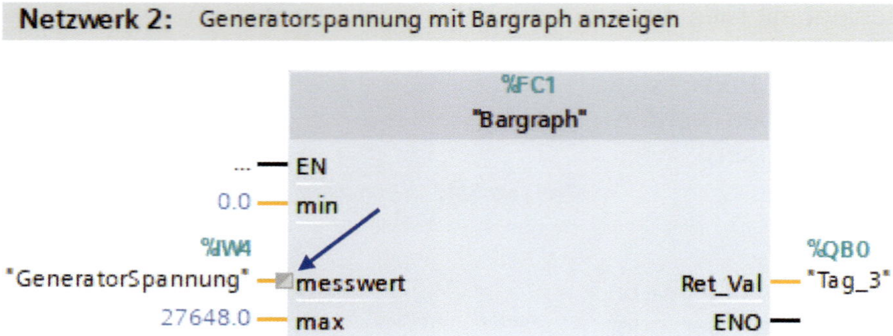

Als "min" und "max" werden die Grenzen des Signals eingetragen: 0 bzw. 27648. Dabei fällt auf, dass das System automatisch 0.0 bzw. 27648.0 daraus macht.

Grund: Die Eingangs-Variablen sind als Real deklariert. Da wird eine Zahleneingabe gleich in das erforderliche Format geändert.

Bei der "GeneratorSpannung" ist ein kleines Rechteck am Anschluss zu erkennen. Das weist auf eine **"Implizite Konvertierung"** hin, in diesem Fall **"von Int nach Real"**. Dieser Hinweis erscheint als Mouse-over: Implizite Konvertierung von Int nach Real.

Im Ausgang (Ret_Val) wird das Ausgangsbyte %QB0 eingetragen. Der Variablen-Name "Tag_3" wird automatisch erzeugt und sollte in einen verständlichen Namen geändert werden, z.B. "Bargraph_1".
Das kann hier direkt gemacht werden: rechte Maustaste – Variable umbenennen… .

Und nun testen!

Mit der virtuellen Anlage sollte folgendes zu sehen sein:

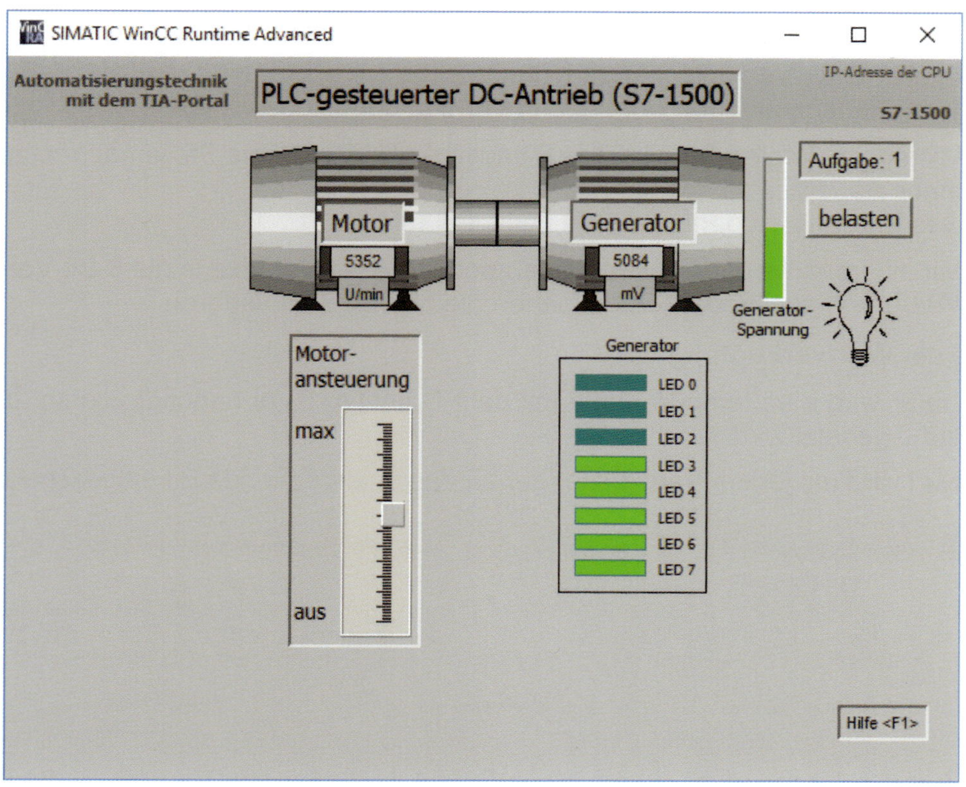

Skalieren des analogen Wertes

Warum skalieren?

Der Messwert ist eine Integer-Zahl im Bereich 0...27648 und eignet sich nur mäßig zur Weiterverarbeitung im Programm, weil:

- beim Rechnen mit Ganzzahlen Rundungsfehler entstehen (Divisionen)
- es eine Zahl ohne physikalischen Prozessbezug ist

Daher wird der Wert für einen prozessbezogenen Bereich "skaliert". Dieser Bereich kann sein:

- ein Prozentwert: 0.0 ... 100.0%
- ein normierter Wert 0.0 ... 1.0 oder
- der physikalische Bereich der Messgröße, z. B.: 0 ... 1000 mm

Um Rundungsfehler zu vermeiden, wird deshalb das **Integer**-Format (Festpunktzahl, 16 Bit) in das **Real**-Format (Gleitpunktzahl, 32 Bit) umgewandelt.

Der Baustein

Im einfachen Fall wird die Skalierung in einem Bereich von 0.0 (Real-Zahlen werden als Kommazahlen mit Punkt angegeben) bis zu einem Maximal-Wert vorgenommen. Der Anfangswert (0.0) ist konstant, der Maximal-Wert soll parametrierbar sein.

Die Skalierung soll in einem Baustein (**Skalieren** (FC2)) programmiert werden. Der Baustein muss (natürlich) vollständig parametriert werden, damit er später in eine Bibliothek eingebunden werden kann (Bibliothekfähigkeit nach IEC 61131-3).

Die notwendigen Eingangsinformationen für den Baustein sind:

- Messwert (im INT-Format)
- maximaler, skalierter Wert (im REAL-Format)

Als Ausgangsinformation liefert der Baustein den

- skalierten Wert (im REAL-Format)

Weiterhin sind noch temporäre Variablen notwendig, um die berechneten und umgewandelten Werte zwischen zu speichern.

*1. Format umwandeln (*CONVERT*)*

Im Baustein muss der Messwert aus dem INT-Format in das REAL-Format umgewandelt werden (um Rundungsfehler zu vermeiden), die "implizite Konvertierung" soll nicht genutzt werden!

Netzwerk 1: Format umwandeln

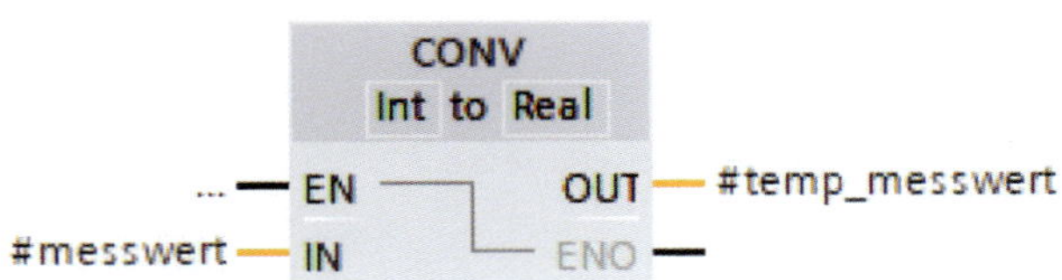

Um den Wert zuweisen zu können, ist eine Temp-Variable vom Typ Real notwendig.

(Bei der S7-300 sind zwei Schritte notwendig: Int ➔ Dint ➔ Real, die beiden CONV-Funktionen können in einem Netzwerk programmiert werden. Die beiden CONV-Funktionen müssen dazu über ENO – EN verbunden werden.)

2. Normieren

Diese Funktion haben wir schon beim Bargraph genutzt. Hier werden jetzt feste Werte für MIN und MAX verwendet:

Um das Ergebnis zuweisen zu können, wird eine weitere temporäre Variable benötigt:
temp_norm, Real

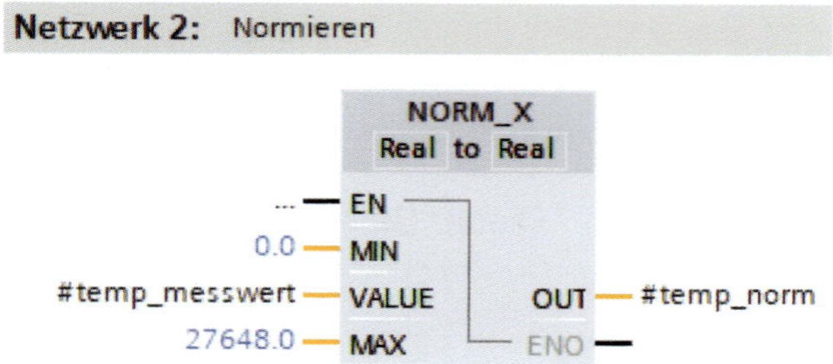

3. Skalieren und Zuweisen

Das kann in demselben Netzwerk programmiert werden. Das Ergebnis dieser SCALE_X -Funktion wird dem Return-Wert der Funktion zugewiesen:

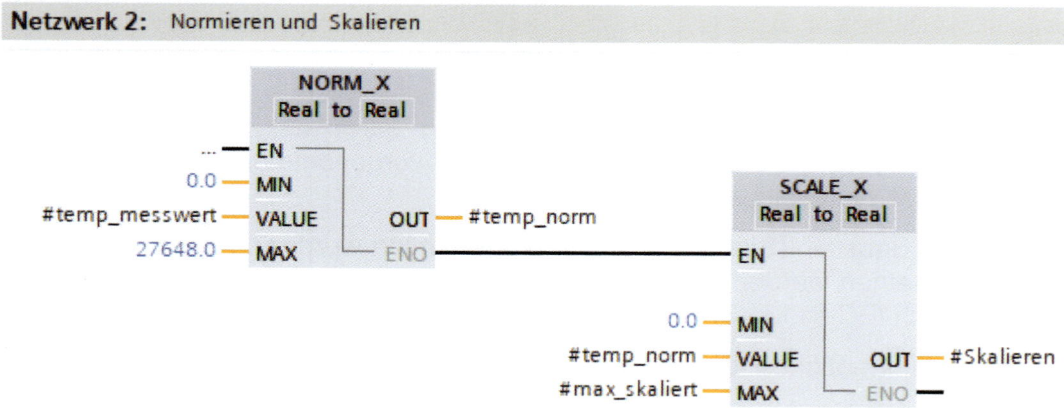

Hinweis

- Die notwendigen Funktionen sind alle zu finden unter: Anweisungen – Einfache Anweisungen – Umwandler
- Zu allen Funktionen gibt es eine Hilfe → markieren und dann <F1>
- Der skalierte Wert wird über die **Return-Variable** "Skalieren" zurück gegeben. Daher muss dort der Datentyp "Real" eingetragen werden.

Der Baustein kann nun im Main (OB1) aufgerufen und getestet werden:

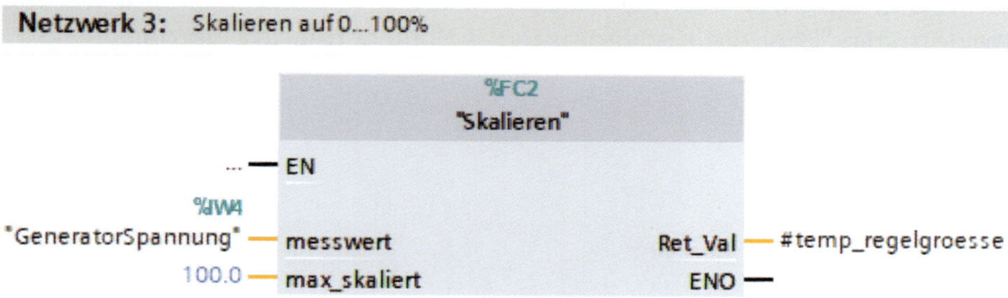

Hier wird die "GeneratorSpannung" auf 0...100% skaliert und der (neu in der Deklarationsliste des OB1 zu erstellenden) Temp-Variablen #temp_regelgroesse (Real) zugewiesen.

Deskalieren des analogen Wertes

Warum deskalieren?

Im Programm werden für die Signale Variablen mit einer sinnvollen Skalierung benutzt, damit diese sofort erfasst werden können.

Zum Ausgeben auf eine analoge Ausgabebaugruppe muss das Signal wieder auf den Bereich 0...27648 skaliert und in das **Integer**-Format umgewandelt werden. Das wird als **Deskalieren** bezeichnet.

Das Deskalieren beinhaltet mehrere Funktionen:

1. den (Stell-)Wert deskalieren. Die Formel dafür lautet:

$$\text{deskalieren} = \frac{27468}{\text{max \_skaliert}} * \text{stellwert}$$

2. Prüfen, ob der deskalierte Wert sich innerhalb des zulässigen Bereiches befindet. Er muss vor dem Umwandeln in das Int-Format auf diesen Bereich begrenzt werden. Sonst können ganz merkwürdige Dinge passieren.

   Bsp.: Bei einer Variablen vom Datentyp **Int** ist das höchste Bit (Bit 15) das "Vorzeichenbit". Daher ergibt sich bei einer Addition von:

   Int: **32767 + 1 ➔ -32768** Binär: **0111 1111 1111 1111 + 1 = 1000 0000 0000 0000**

   ➔ gar nicht gut....

Der Baustein

Das Deskalieren soll in einem neuen Baustein (**Deskalieren**, FC3) programmiert werden.

Die notwendigen Eingangsinformationen für den Baustein sind:

- Stellwert (im Real-Format)
- maximaler, skalierter Wert (im Real-Format)

Als Ausgangsinformation liefert der Baustein den

- deskalierten Wert (im Int-Format)

Weiterhin sind noch temporäre Variablen notwendig, um die berechneten und umgewandelten Werte zwischen zu speichern.

1. Deskalieren

Hier soll die Funktion "CALCULATE" benutzt werden (Mathematische Funktionen). Damit kann die Formel direkt umgesetzt werden:

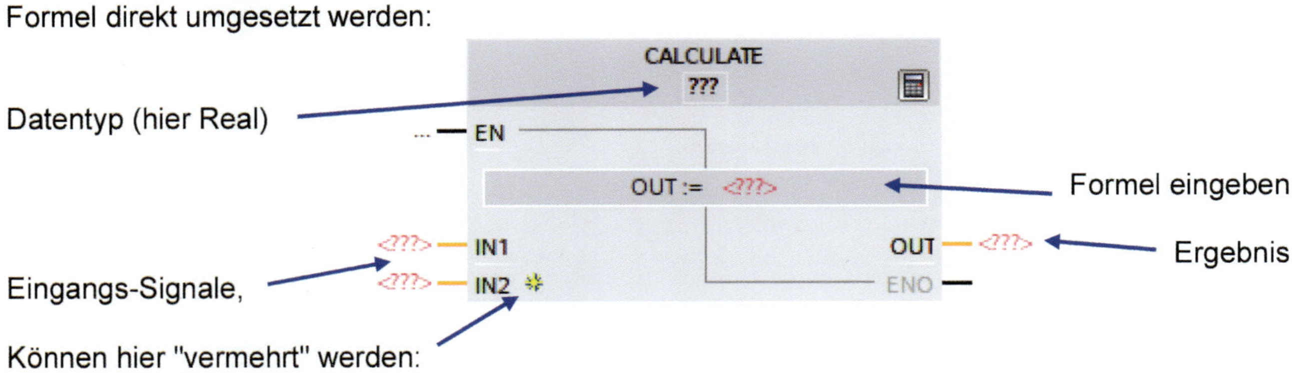

Fertig sieht er dann so aus:

Netzwerk 1: 27648 / max_skaliert * stellwert = deskaliert

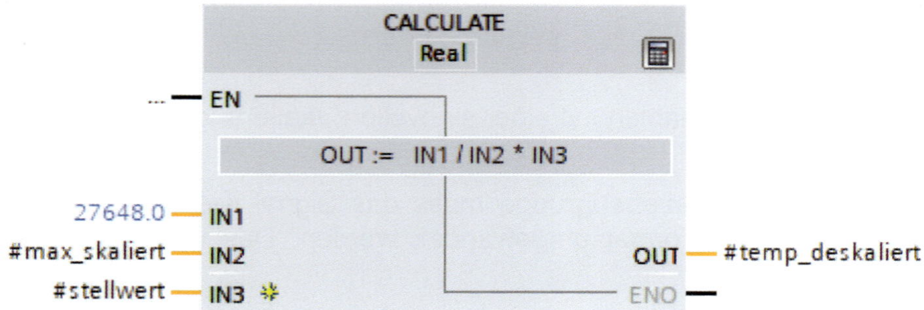

2. Begrenzen

Die Variable #temp_deskaliert wird als Zwischenspeicher benötigt, da nun der Bereich kontrolliert werden muss (0.0 … 27648.0). Das kann mit zwei Vergleichern (**CMP**) gemacht werden. Wenn der Wert kleiner als 0 ist, dann wird ihm 0 zugewiesen. Ist er größer als 27648, dann wird ihm 27648 zugewiesen:

Netzwerk 2: Begrenzen auf 0

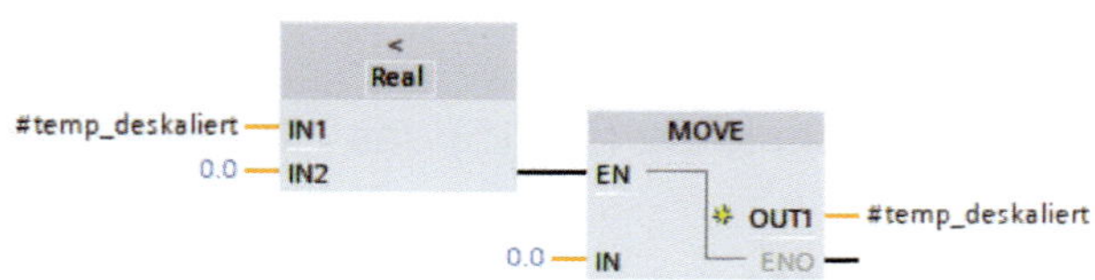

Netzwerk 3: Begrenzen auf 27648

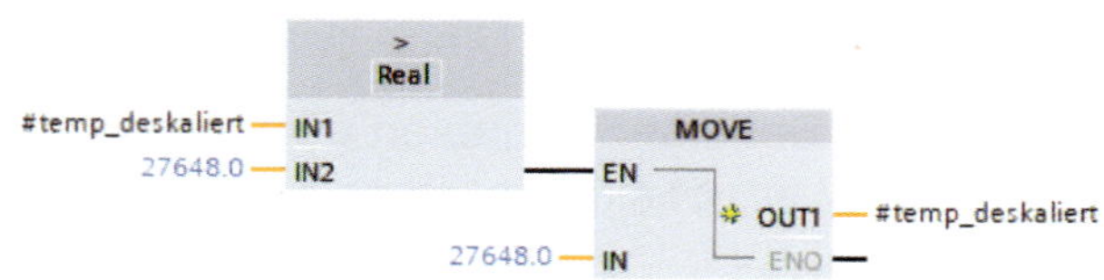

3. Umwandeln und Zuweisen

Zum Schluss muss die Temp-Variablen noch in den Datentyp **Int** umgewandelt und dem Return-Wert zugewiesen werden:

Netzwerk 4: Umwandeln Real => Int und Zuweisen auf Return-Wert

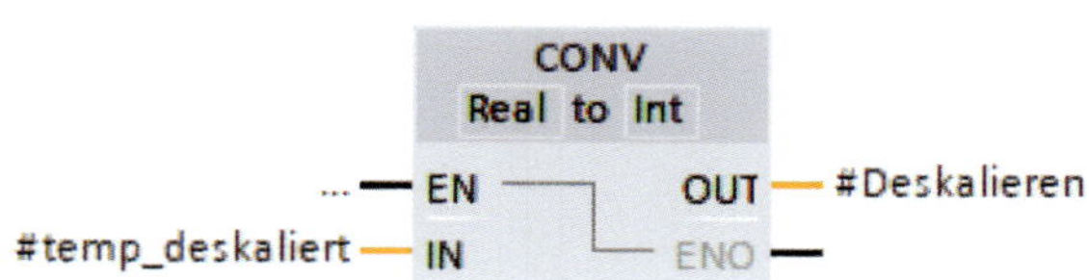

Bei der S7-300 muss über den Befehl TRUNC eine Ganzzahl erzeugt werden. Ein direktes Umwandeln von **Real** nach **Int** geht dort nicht.

4. Alternative

Alternativ kann das Begrenzen mit Umwandeln und Zuweisen auch über die Funktion "LIMIT" (unter "Mathematische Funktionen") mit anschließender impliziter Konvertierung gemacht werden:

Netzwerk 2: Begrenzen und implizit konvertieren

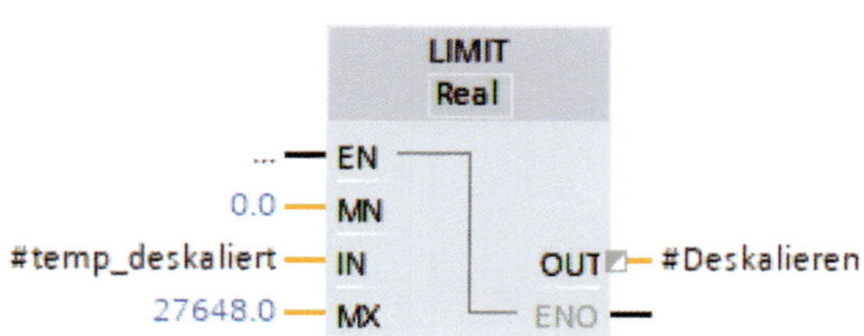

Deskalieren (FC3) im Main (OB1) einbinden und testen

Um den neuen Baustein "Deskalieren" zu testen, soll mit Hilfe der variablen Spannungsquelle, die am Kanal 1 (%IW6) der analogen Eingangsbaugruppe angeschlossen wird, der Motor gesteuert werden.

Dazu muss der Main (OB1) ergänzt werden (Netzwerke 4 und 5):

- Skalieren ein zweites Mal aufrufen, um den Kanal 1 (Variable-Spannung) auf 0... 100% zu skalieren. ➔ #temp_fuehrungsgroesse (neu zu erstellende Temp-Variable in der Deklarationsliste des OB1)
- Deskalieren aufrufen, um mit #temp_fuehrungsgroesse den Motor anzusteuern.

Die gesamte Programmstruktur sieht dann so aus:

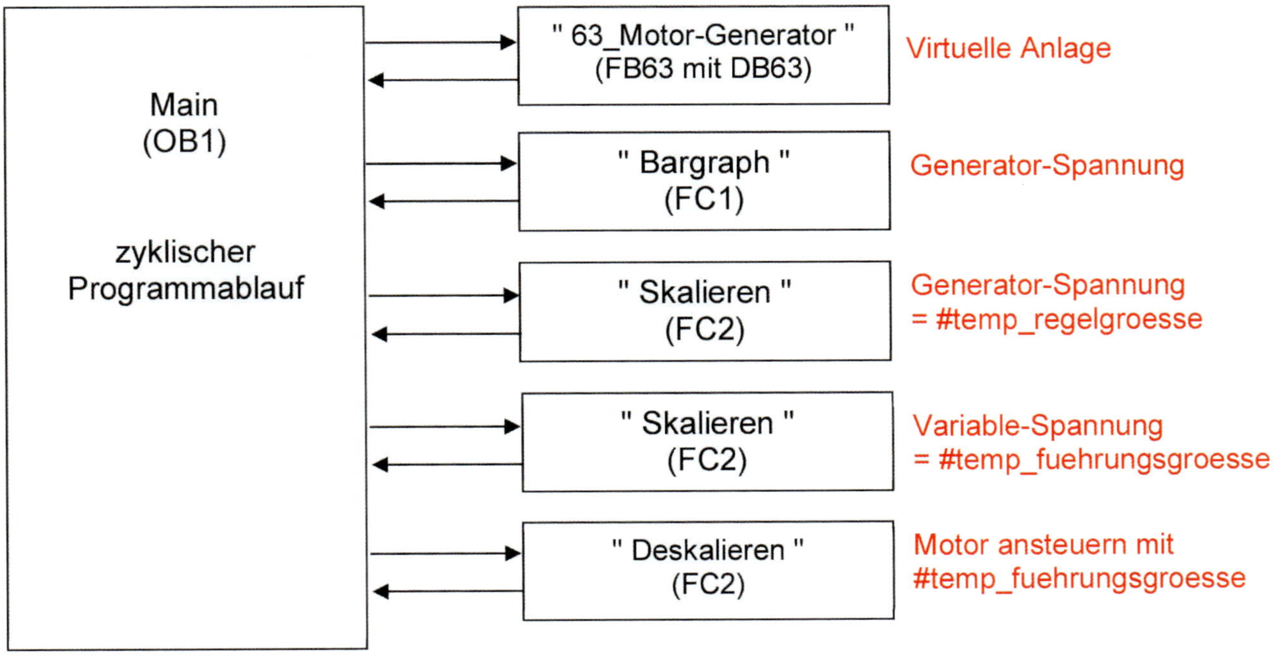

Bei der **virtuellen Anlage** (Netzwerk 1) muss die **Aufgabe** nun in **"2"** geändert werden!

Die Darstellung sieht dann so aus:

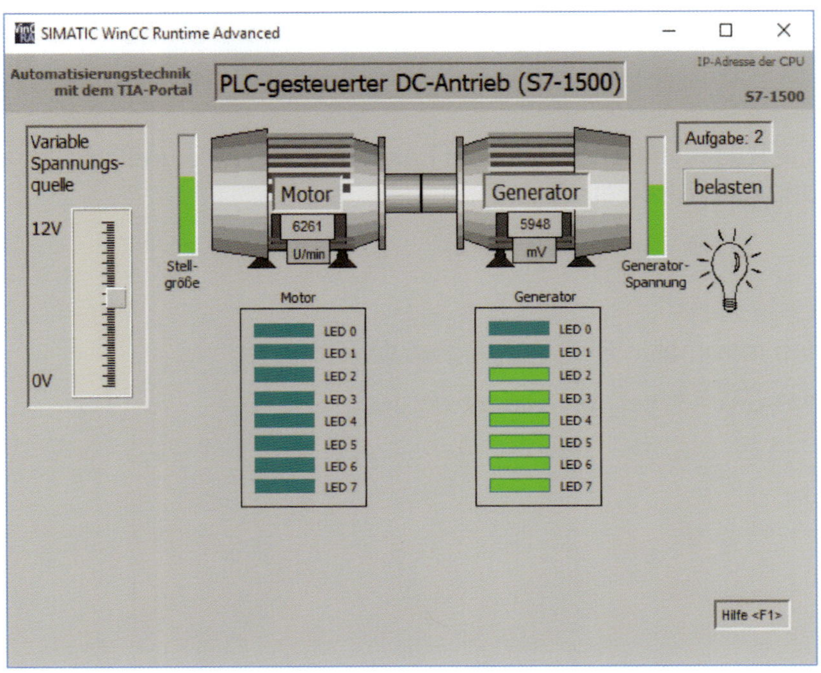

Wer möchte, kann auch den Kanal 1 (die variable Spannungsquelle) als Bargraph darstellen.

Als Bargraph wird das %QB1 verwendet.

P-Regler

Wie die Namen der Temp-Variablen im Main (OB1) nahelegen, soll nun ein Regelkreis aufgebaut werden. Dazu fehlt nur noch der Regler. Es soll hier der einfachste Regler-Typ, der **P-Regler**, programmiert werden.

Hinweis In diesem Buch werden keine Grundlagen zur Regelungstechnik vermittelt, darüber gibt es umfangreiche Literatur.

Regelkreis

Im Folgenden wird der vereinfachte Regelkreis benutzt:

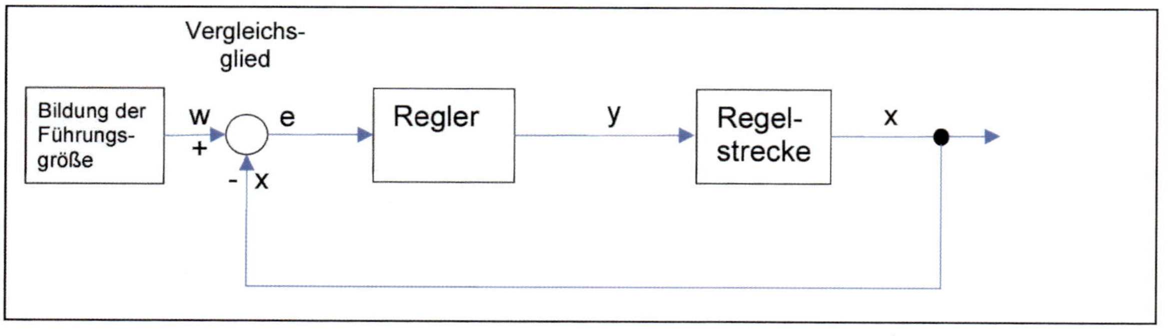

Dabei werden diese regelungstechnischen Formelzeichen verwendet. In Klammern stehen die alten Bezeichnungen:

x = Regelgröße (Istwert)

w = Führungsgröße (Sollwert)

e = Regeldifferenz **w – x**

y = Stellgröße (Stellwert)

$\mathbf{k_{PR}}$ = Proportionalbeiwert (Parameter des Reglers)

Entwerfen des P-Reglers

Der P-Regler ist ein Verstärker, der die Regeldifferenz **e** mit dem Faktor $\mathbf{k_{PR}}$ verstärkt und als Signal (Stellgröße **y**) ausgibt. Die Berechnung des P-Reglers lautet:

$$y = k_{PR} * e \quad \text{mit: } e = w - x \quad \rightarrow y = k_{PR} * (w - x)$$

Die Stellgröße **y** muss (sollte) auf den maximalen Stellwert begrenzt werden.

Als zulässiger Bereich soll hier 0...max (Parameter) verwendet werden.

Der Baustein

Der P-Regler soll in einem neuen Baustein (**P-Regler**, FC4) programmiert werden. Da nichts gespeichert werden muss, reicht wieder eine Funktion (FC).

Als **Programmiersprache** soll dieses Mal **SCL** verwendet werden!

⇨ Den FC4 (P-Regler) mit der Programmiersprache SCL erstellen!

Die notwendigen Eingangsinformationen (Input) für den Baustein sind (alle Datentyp **Real**):

Regelgröße	x
Führungsgröße	w
Proportionalbeiwert (des Reglers)	kpr
Maximale Stellgröße	max

als Ausgangsinformation (Output, Datentyp **Real**):

Stellgröße	y

Als Variablennamen werden im Folgenden die Formelzeichen benutzt:

P-Regler

	Name	Datentyp	Defau...	Kommentar
1	▼ Input			
2	x	Real		Regelgröße
3	w	Real		Führungsgröße
4	kpr	Real		Proportionalbeiwert
5	max	Real		maximale Stellgröße
6	▼ Output			
7	y	Real		Stellgröße

Die Programmieroberfläche ist nicht mehr graphisch, sondern textorientiert:

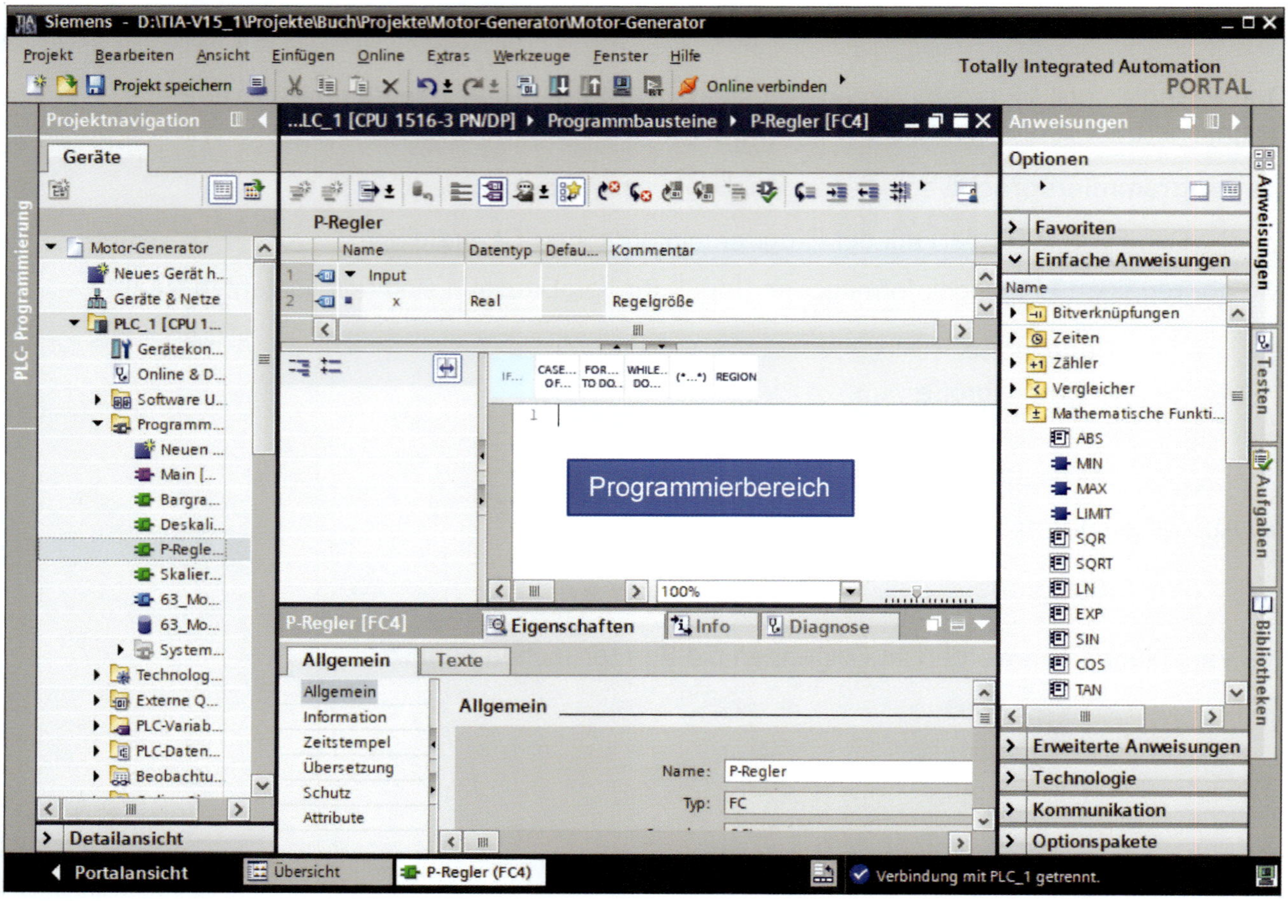

SCL-Programmierung

Formeln können so, wie man sie schreibt programmiert werden:

```
#y := #kpr * (#w - #x); // Kommentar

```

- Eine Zuweisung wird durch ":=" dargestellt
- Wichtig ist, dass jede Programmzeile mit einem Semikolon abgeschlossen wird
- Leerzeichen sind zulässig (Übersichtlichkeit)
- Kommentare beginnen mit einem Doppel-Slash

Für das Begrenzen wird eine **IF-Anweisung** benötigt.

Unter "Einfache Anweisungen – Programmsteuerung" sind vorgefertigte Funktionen abgelegt.

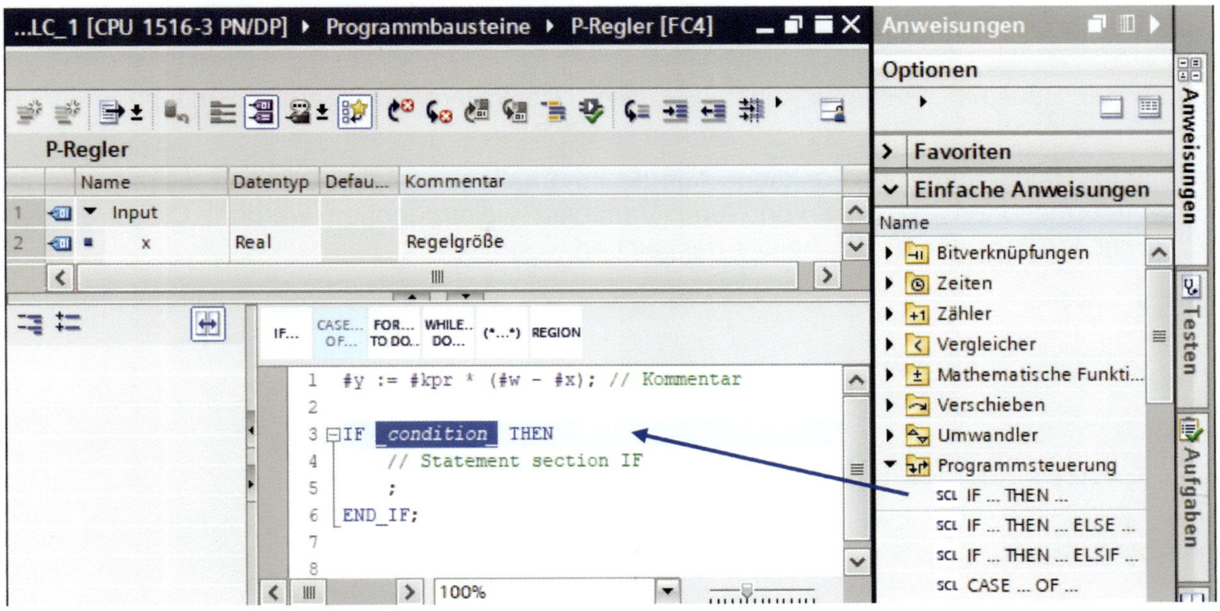

- **_condition_** wird ersetzt durch die logische Abfrage "**y < 0.0**"
- In der Zeile vor dem **END_IF** wird die Aktion "**y := 0.0;**" programmiert.

```
#y := #kpr * (#w - #x); // Kommentar

IF #y < 0.0 THEN
    // Begrenzen auf 0
    #y := 0.0;
END_IF;

```

Das Begrenzen nach oben ist sinngemäß zu programmieren.

P-Regler im Main (OB1) einbinden und testen

Jetzt muss der Baustein "P-Regler" noch vor dem "Deskalieren" aufgerufen und parametriert werden.

Hinweis Die Reihenfolge der Funktions-Aufrufe innerhalb des Main (OB1) ist wichtig, da die Informationen mit Hilfe von Temp-Variablen weitergegeben werden! Diese werden NICHT über den Zyklus hinaus gespeichert.

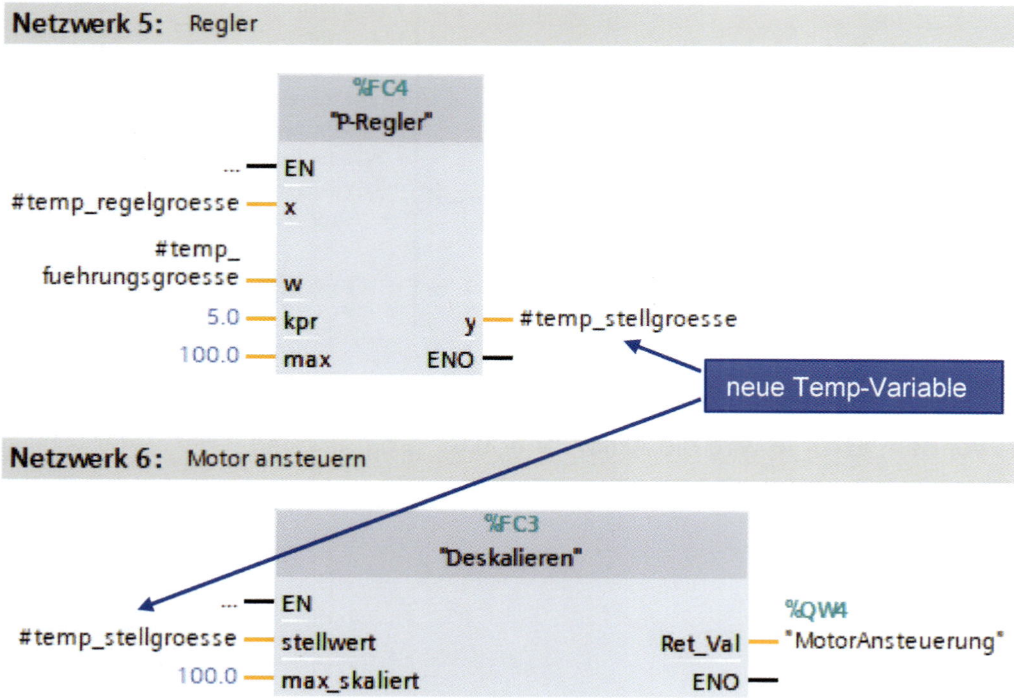

Ändern Sie nun noch im Netzwerk 1 die **Aufgabe** auf die Nummer **3**!

Und nun: speichern und testen!!

- Testen Sie verschiedene Werte für den **k_{PR}**
- Drücken Sie den Button "belasten"
- Drücken Sie den Button "Grafik"
- ...

PID-Regler (CONT_C)

Wenn ein Baustein geöffnet ist, dann sind im TIA-Portal unter den **Anweisungen**, und dort im Bereich **Technologie** fertige PID-Regler zu finden:

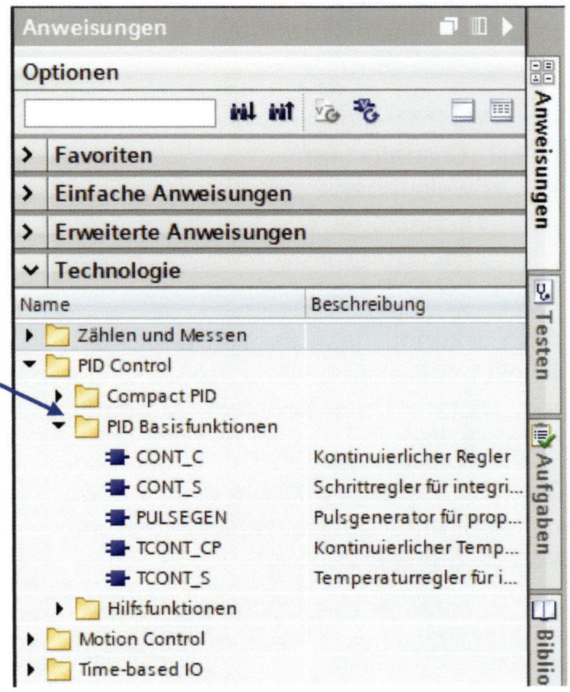

Aus dem Bereich **PID Basisfunktionen** soll hier der kontinuierliche Regler CONT_C vorgestellt werden.

Hinweis Der Regler CONT_C steht auch bei einer S7-300 zur Verfügung!

Wichtig!

In Reglerbausteinen werden zeitabhängige Berechnungen durchgeführt. Daher **<u>müssen</u>** diese Technologie-Objekte in einem bestimmten Zeitraster aufgerufen werden.

In der PLC stehen dafür bestimmte Organisationsbausteine zur Verfügung: **Cyclic interrupt**, auch Weckalarm-OBs genannt. Diese werden zeitgesteuert aufgerufen, so dass sie immer in definierten periodischen Zeitabständen ausgeführt werden.

Neuen Baustein hinzufügen: Cyclic interrupt (OB30)

Unter Programmbausteine einen neuen Baustein hinzufügen:

- Organisationsbaustein
- Cyclic interrupt
- Sprache: FUP
- Der Zeittakt ist auf 100.000µs = 100ms eingestellt.

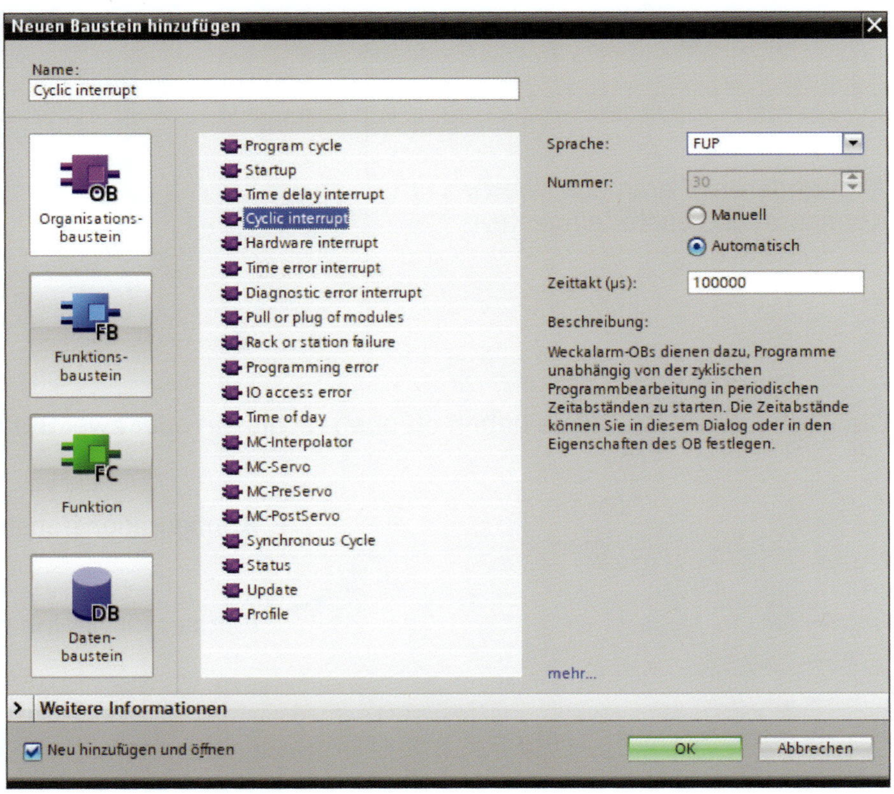

Der Zeittakt kann im Bereich von 250µs = 0,25ms bis 60.000.000µs = 60s eingestellt werden. Je schneller der Prozess, desto kleiner sollte die Zeit sein. Die kleinste Zeit hängt von der PLC und der Programmgröße ab. Wird sie zu klein gewählt, geht die PLC in Störung. Bei PLCSIM sind weniger als 20ms nicht sinnvoll.

Hinweis In den 300er PLCs stehen je nach CPU verschiedene Cyclic-OBs zur Verfügung. Der **OB30** hat voreingestellt den 100ms-Takt. In den Eigenschaften kann dies verändert werden.

Das Programm im OB30

Das ganze Programm wird vom **Main** (OB1) in den **Cyclic interrupt** (OB30) verlegt. Dazu werden alle Netzwerke im **Main** (OB1) markiert, ausgeschnitten und in dem **Cyclic interrupt** (OB30) eingefügt. Der **Main** (OB1) ist anschließend leer!!

Die Temp-Variablen können ebenfalls ausgeschnitten und eingefügt werden.

Statt des P-Reglers (FC4) wird nun der CONT_C aufgerufen:
- Anweisungen
  - Technologie
    - PID Control
      - PID Basisfunktionen

Man erkennt, dass es sich um einen Funktionsbaustein (FB) handelt, da ein Instanz-Datenbaustein angelegt wird. ➔ OK

Die Größe der Schnittstelle irritiert vielleicht anfangs. Es werden aber nur wenige Signale benötigt:

- Zeitraster des **Cyclic interrupt** (OB30) (als "Constant" definiert)
- Führungsgröße
- Regelgröße
- Stellgröße

Alle anderen Parameter werden im Konfigurationsfenster eingestellt.

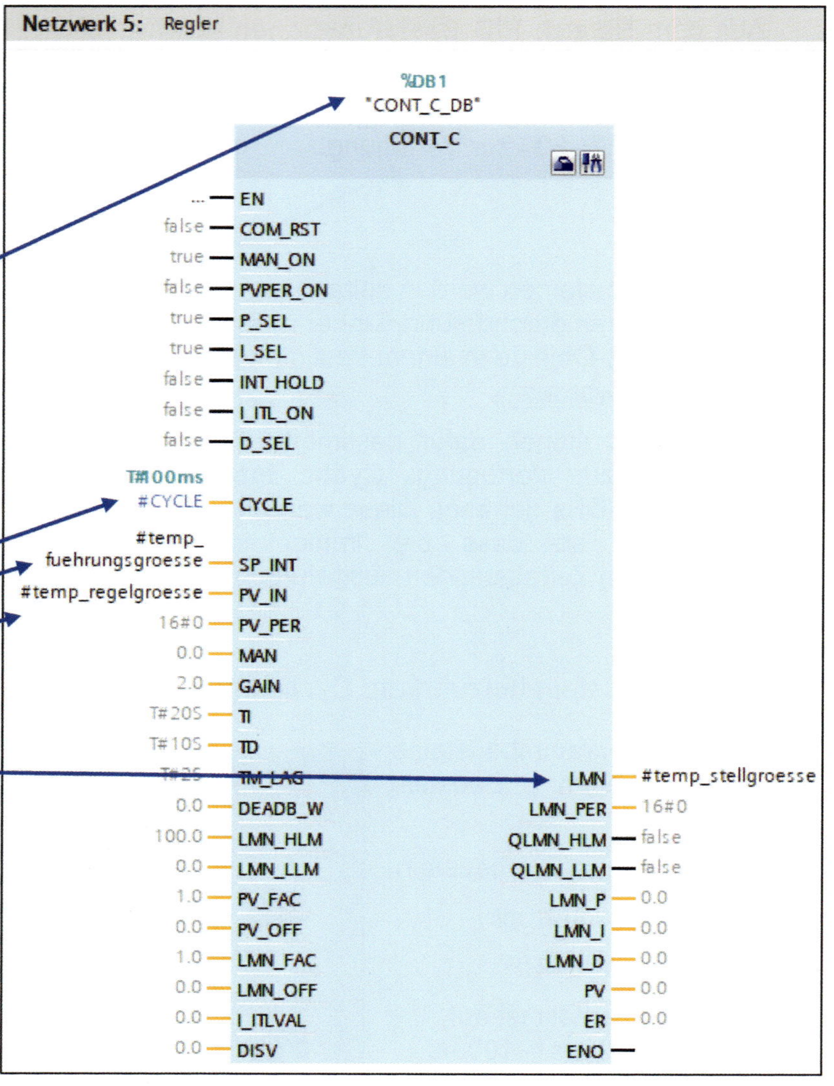

Die Technologie-Bausteine haben oft oben rechts ein oder zwei Button:

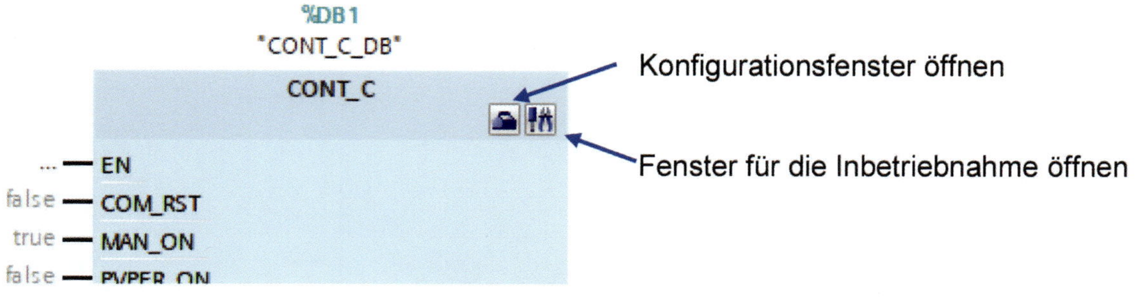

Konfigurieren des Reglers CONT_C

Durch Anklicken des Buttons [Button] wird das Konfigurationsfenster geöffnet.

Dort hat man die Wahl zwischen der **Funktionssicht** und der **Parametersicht**:

In der **Funktionssicht** können die notwenigen Reglerparameter schnell eingestellt werden.

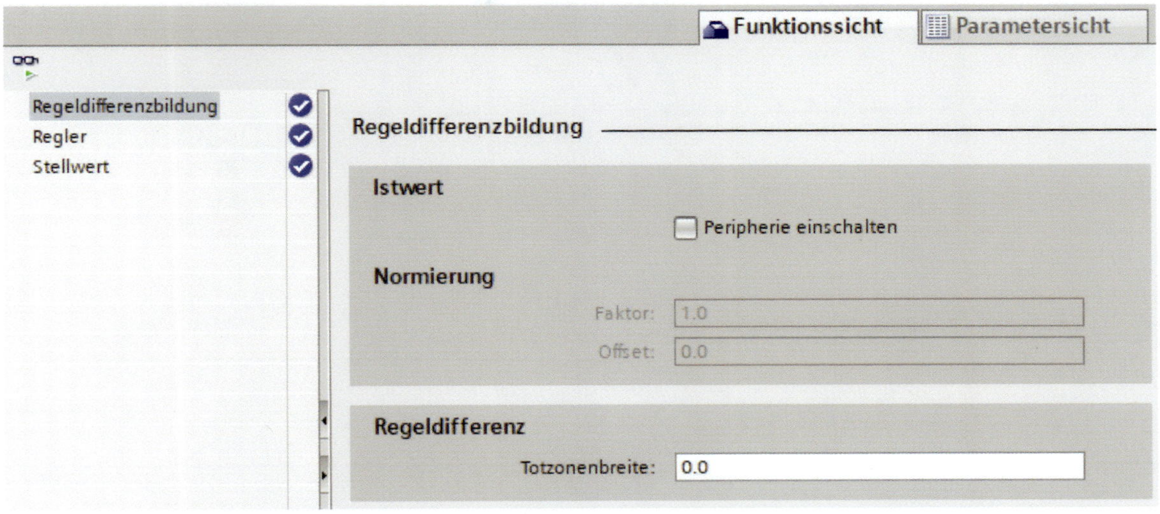

- Reglerdifferenzbildung: keine Peripherie einschalten, Totzonenbreite 0.0 (Standard)
- Regler: Struktur: P, PI oder PID festlegen, alles andere kann bei der Inbetriebnahme eingestellt werden.
- Stellwert: Standard-Einstellungen beibehalten.

Hinweis

Es ist zu beachten, dass im **Online-Betrieb** und **eingeschaltetem Beobachten** die Werte nur in der PLC geändert werden!
Im **Offline-Betrieb** werden die Start-Werte im Projekt dauerhaft geändert und müssen erst übertragen werden, bevor sie wirksam werden.

In der **Parametersicht** hat man auf alle Werte in dem Instanz-Datenbaustein Zugriff und kann bei eingeschaltetem Beobachten auch die Online- und Offline-Daten vergleichen und anpassen.

Name in Funktionssicht	Name im DB	Startwe..	Startwer..	Beobacht...	Steuerw..	Minimalwert	Maximalwert	Kommentar
Peripherie einschalten	PVPER_ON	FALSE	FALSE	FALSE				Aktiviert den Istwert Peripherie (PVPER_ON).
Istwert Faktor	PV_FAC	1.0	1.0	1.0				Eingabe des Faktors (PV_FAC).
Istwert Offset	PV_OFF	0.0	0.0	0.0				Eingabe des Offset (PV_OFF).
Totzonenbreite	DEADB_W	0.0	0.0	0.0		0.0		Eingabe der Totzonenbreite (DEADB_W).
Reglerstruktur		PI	PI	PI				Legt die Reglerstruktur fest (P_SEL, I_SEL, D_SEL).
	P_SEL	TRUE	TRUE	TRUE				proportional action on
	I_SEL	TRUE	TRUE	TRUE				integral action on
	D_SEL	FALSE	FALSE	FALSE				derivative action on
Proportionalbeiwert	GAIN	10.0	10.0	10.0				Eingabe des Proportionalbeiwerts (GAIN).
Integrationszeit	TI	20.000 s	20.000 s	20.000 s	s	0.000 s		Eingabe der Integrationszeit (TI).
Initialisierungswert	I_ITLVAL	0.0 %	0.0 %	0.0 %	%	0.0 %	100.0 %	Eingabe des Initialisierungswertes (I_ITLVAL).
I-Anteil initialisieren	I_ITL_ON	FALSE	FALSE	TRUE				Aktiviert die Initalisierung des I-Anteils (I_ITL_ON).
I-Anteil anhalten	INT_HOLD	FALSE	FALSE	TRUE				Aktiviert das Einfrieren des I-Anteils (INT_HOLD).
Differenzierzeit	TD	10.000 s	10.000 s	10.000 s	s	0.000 s		Eingabe der Differenzierzeit (TD).
Koeffizient DT1		5.0	5.0	5.0				Zeigt den Koeffizienten DT1.
Verzögerungszeit	TM_LAG	2.000 s	2.000 s	2.000 s	s	0.000 s		Eingabe der Verzögerungszeit (TM_LAG).
Handbetrieb aktivieren	MAN_ON	TRUE	TRUE	TRUE				Aktiviert die Eingabe eines Handstellwerts (MAN_ON).
Obere Grenze	LMN_HLM	100.0 %	100.0 %	100.0 %	%	>0.0 %		Eingabe der oberen Stellwertgrenze (LMN_HLM).
Untere Grenze	LMN_LLM	0.0 %	0.0 %	0.0 %	%		<100.0 %	Eingabe der unteren Stellwertgrenze (LMN_LLM).
Stellwert Faktor	LMN_FAC	1.0	1.0	1.0				Eingabe des Faktors (LMN_FAC).
Stellwert Offset	LMN_OFF	0.0	0.0	0.0				Eingabe des Offset (LMN_OFF).
	SP_INT	0.0	0.0	0.0				internal setpoint
	PV	0.0	0.0	0.0				process variable
	DISV	0.0	0.0	0.0				disturbance variable
	LMN	0.0	0.0	0.0				manipulated value
	LMN_PER	16#0000	16#0000	16#0000				manipulated value peripherie
	MAN	0.0	0.0	0.0				manual value
	COM_RST	FALSE	FALSE	FALSE				complete restart
Abtastzeit PID-Algorith...	CYCLE	1.000	1.000	0.100		0.001		sample time
	PV_IN	0.0	0.0	0.0				process variable in

Inbetriebnahme des Reglers CONT_C

Durch Anklicken des Buttons  wird das Fenster für die Inbetriebnahme geöffnet. Mit dem üblichen "Beobachten"-Button kann der Online-Modus gestartet werden.

Die Signale können mit (Start / Stop) aufgezeichnet werden.

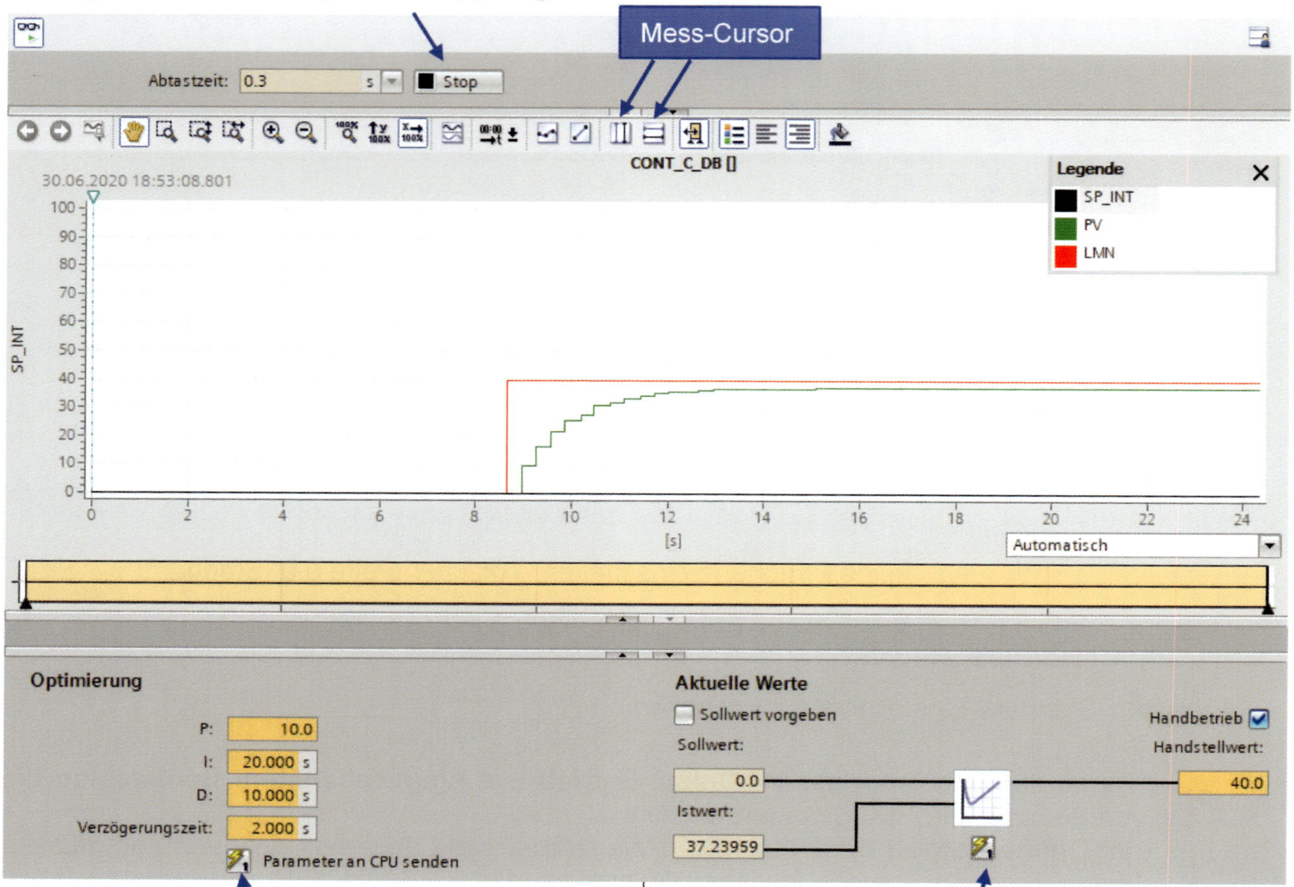

Die Struktur des Reglers (P, PI, ...) kann hier nicht geändert werden, aber es können die Parameter geändert werden.

Nach einer Änderung muss jedes Mal der Button "Parameter an CPU senden" gedrückt werden.

Hier wird die Betriebsart des Reglers geändert (Handbetrieb / Reglerbetrieb) und es kann der Handstellwert vorgegeben werden.

Nach einer Änderung muss jedes Mal der Button "Parameter an CPU senden" gedrückt werden.

Die Vorgabe eines "Sollwertes" ist nur möglich, wenn der Eingang SP_INT **nicht** verschaltet ist

Ein paar **Hinweise** zur Bedienung des Kurvenschreibers:

- Durch Betätigen des "Start"-Button wird der Schreiber gestartet. Nach einem Stopp werden bei erneutem Starten die bisherigen Aufzeichnungen / Kurven gelöscht.
- Der Schreiber nimmt bei einer Abtastzeit von 0,3s etwa 11min auf.
- Der Schreiber hat zwei horizontale und zwei vertikale Mess-Cursor. Damit kann man Amplituden und Zeiten messen.
- Mit einem Rechtsklick auf die Schreiberfläche kann diese in die Zwischenablage oder in eine Bild-Datei kopiert werden (Screenshot)

Kurvenschreiber: Traces (nur S7-1500 und S7-1200)

Das TIA-Portal bietet die Möglichkeit Messungen (Traces) mit sehr hoher Abtastrate durchzuführen.

Mit der Trace-Funktion werden Variablen in der PLC aufgezeichnet. Die Aufzeichnungen werden in der PLC gespeichert und können bei Bedarf mit dem TIA-Portal ausgelesen und gespeichert werden. Somit eignet sich die Trace-Funktion zum Beobachten hochdynamischer Vorgänge. Die aufgezeichneten Werte werden bei erneuter Aktivierung der Aufzeichnung überschrieben.

Das folgende Bild zeigt die Funktionsweise von "Traces":

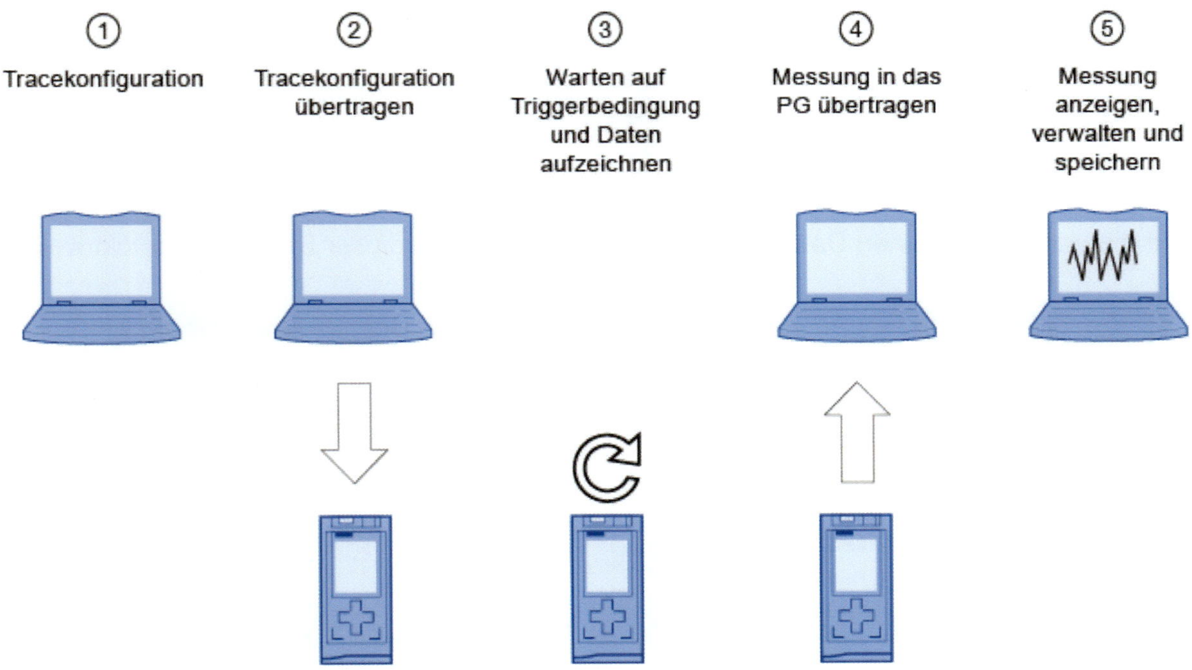

(Quelle: TIA-Informationssystem)

Tracekonfiguration

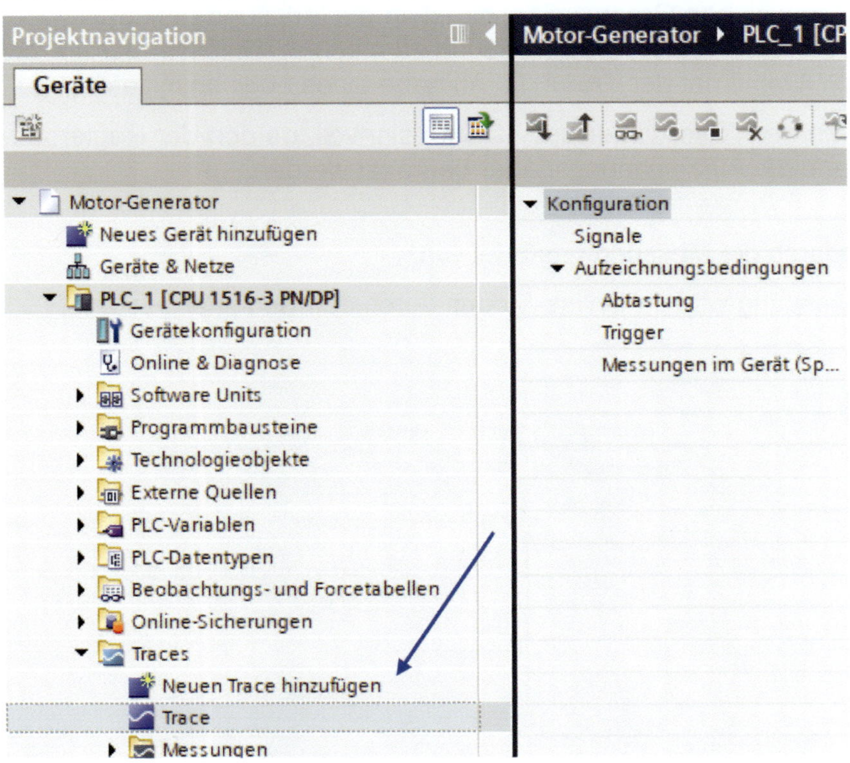

In der Projektnavigation unter

- Traces
  - Neuen Trace hinzufügen

wird ein neuer **Trace** angelegt.

Der aktuelle Name "Trace" kann geändert werden:

- rechte Maustaste
  - umbenennen

Sinnvoll ist hier z. B. der Name "Regelgrößen"

Konfiguration – Signale

Durch Anklicken dieses Buttons wird die Liste der möglichen Signale geöffnet:

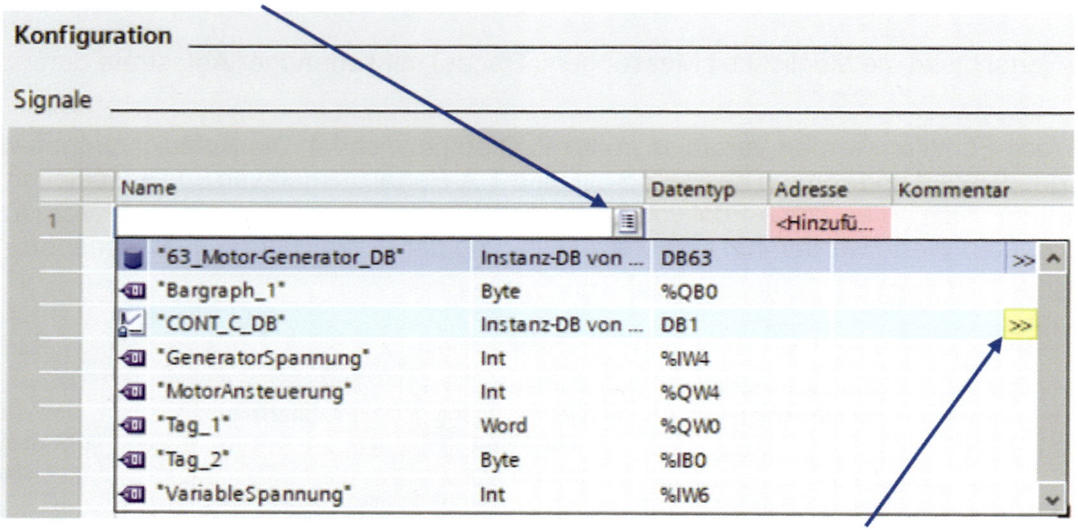

Um auf die Variablen in einen Datenbaustein zuzugreifen, muss dieser Button angeklickt werden:

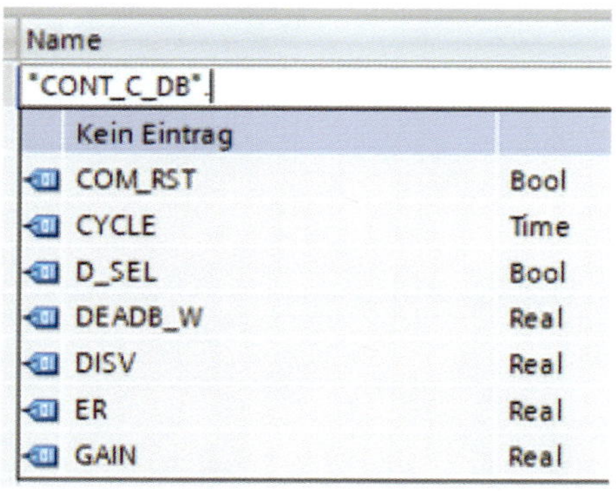

Es werden hier diese Signale eingetragen:

- Führungsgröße SP_INT
- Regelgröße PV
- Stellgröße LMN

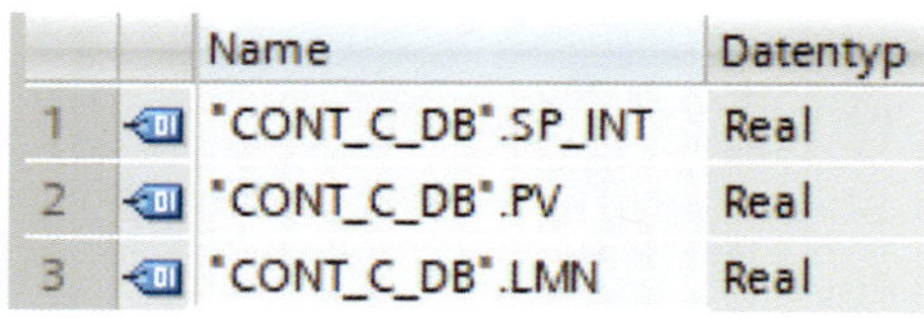

Konfiguration – Aufzeichnungsbedingungen

Unter "Abtastung" wird festgelegt, an welchen Organisationsbaustein die Messung gekoppelt wird. Es ist möglich, mit jedem Zyklus des "Main" (OB1) eine Messung zu machen. Dies ist aber nur bei binären (digitalen) Signalen sinnvoll. Damit hat der **Trace** die Aufgabe eines Logikanalysators.

In diesem Fall ist eine Anbindung an den "Cyclic interrupt" (OB30) sinnvoll, da dort der Reglerbaustein aufgerufen wird. Weiterhin kann die Aufzeichnungsdauer begrenzt werden.

Unter "Trigger" wird festgelegt, wodurch die Messung gestartet wird.

- "Sofort aufzeichnen" Die Messung wird im Online-Modus durch den Bediener gestartet
- "Trigger auf Variable" siehe Beispiel:

  1s bevor SP_INT den Wert von 50.0 überschreitet wird die Messung gestartet. (Pretrigger = 1s)

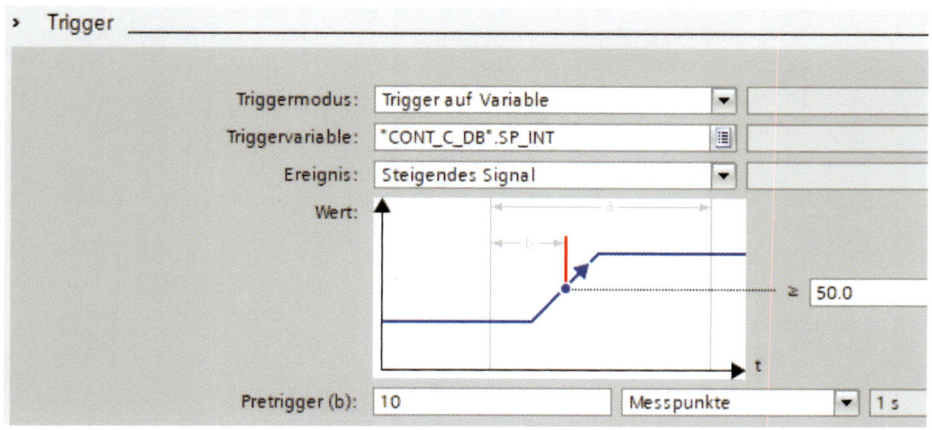

Im Weiteren wird "**Sofort aufzeichnen**" verwendet!!

Diagramm – Laden und Aufzeichnen

Die Kartei-Karte "Diagramm" beinhaltet:

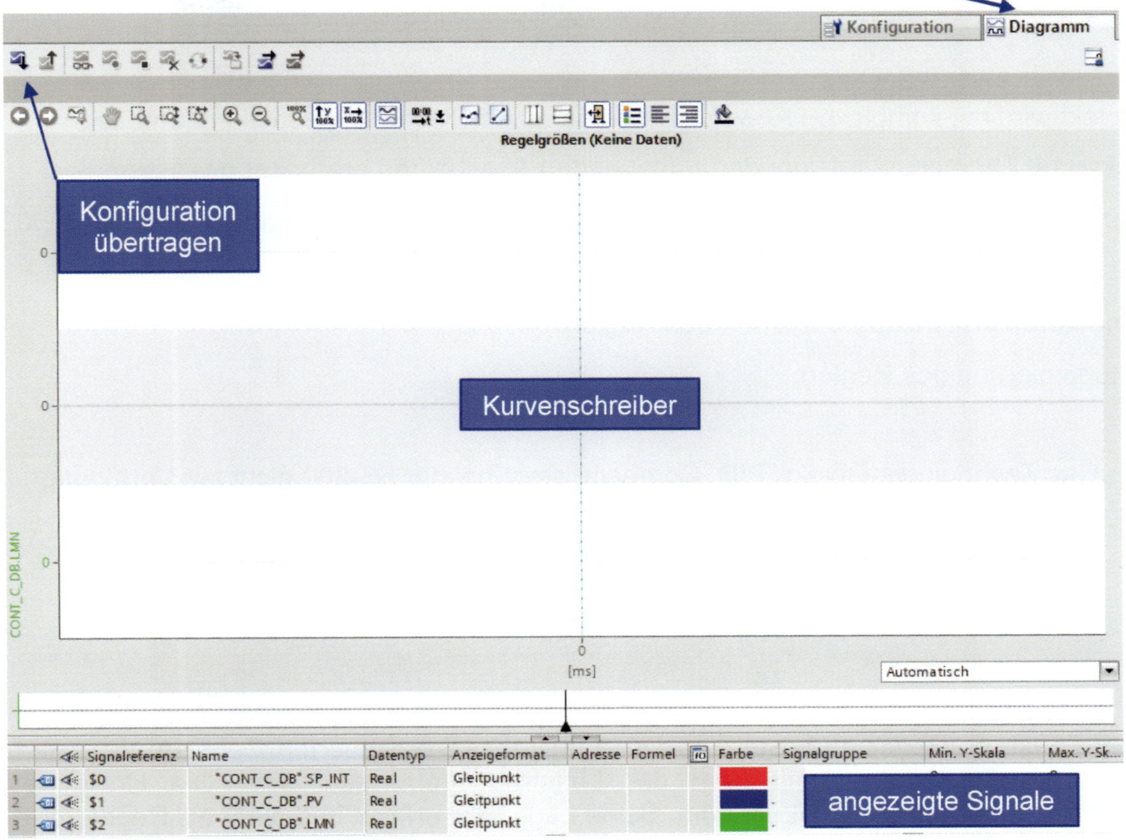

Vorgehen:

1. Konfiguration übertragen — Onlineverbindung wird hergestellt
2. Starten der Aufzeichnung — Aufzeichnung wird gestartet
3. Beenden der Aufzeichnungen — Aufzeichnung wird gestoppt

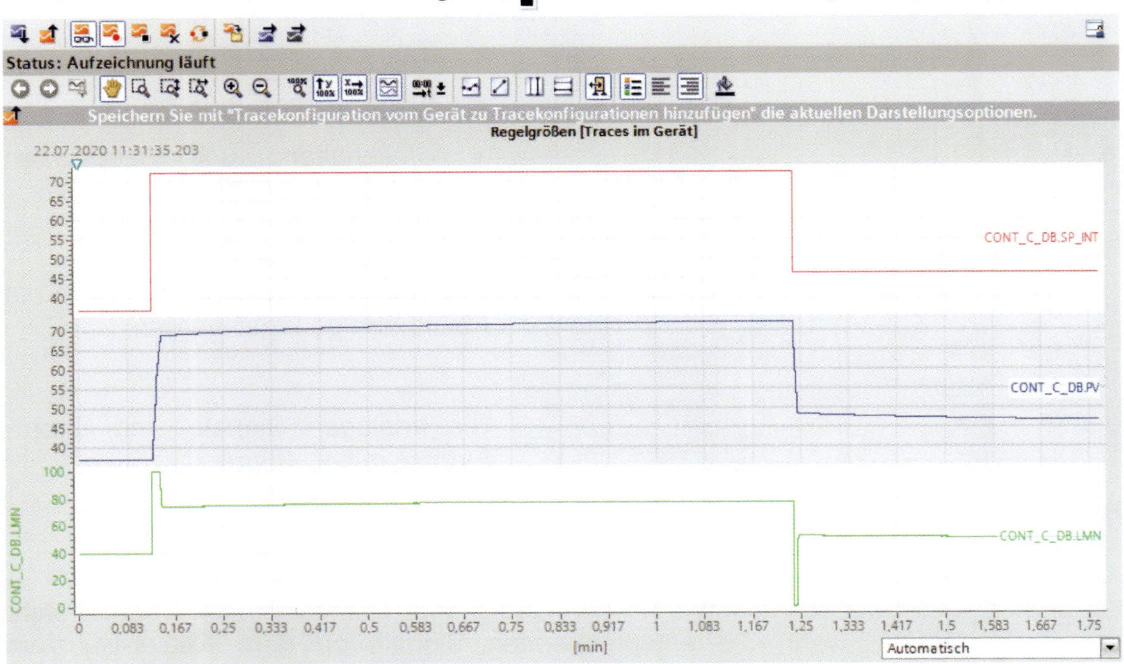

Mit den aufgenommenen Kurven kann man noch sehr viel machen. Testen Sie alle Buttons über dem Kurvenschreiber. Viel Erfolg!

Projekt Luftstrom-Regelung

Einleitung

In diesem Projekt wird mit komplexen Anweisungen und einem Technologieobjekt gearbeitet.

Es werden folgende Themen in aufeinander aufbauenden Abschnitten erarbeitet:

- Skalieren und Deskalieren von Zahlenwerten mit den Anweisungen **Scale_X** und **Norm_X**
- Einsatz des fertigen Technologie-Objektes **PID_Compact**
- Parametrieren und Inbetriebnehmen des Reglers
- Selbstoptimierung des Reglers

Hinweis

- Das Technologie-Objekt "PID_Compact" steht bei der S7-300 nicht zur Verfügung!
- Die hier beschriebene Vorgehensweise gilt für den PID_Compact V2 (für die S7-1500 und S7-1200 ab V4.0)

Die Anlagenbeschreibung der Luftstrom-Regelung

Die Anlage zur Luftstrom-Regelung besteht aus einem Drehzahl-gesteuerten Gebläse und einem Schwebekörper-Durchflussmesser, mit dem der Luftstrom gemessen wird. Die Höhe des Schwebekörpers ist proportional zum Luftstrom. Seine Lage wird erfasst und dient als Regelgröße. Es handelt sich bei der Anlage um eine relativ träge PTn-Regelstrecke (mit Ausgleich).

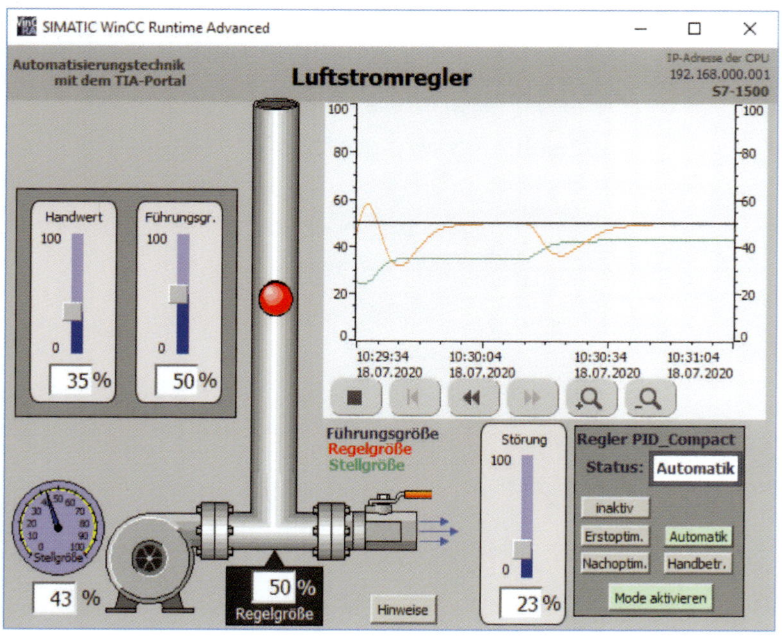

(Die Anlage steht Ihnen als virtuelle Anlage zur Verfügung)

Zum Steuern und Bedienen der Anlage stehen zwei Schieberegler und ein Bedien- und Beobachtungsfeld für den Regler zur Verfügung:

- Eingabe des Handwertes
- Eingabe der Führungsgröße
- Umschaltung und Beobachten des Regler-Modus

Um Störungen zu erzeugen kann ein Abluftthahn geöffnet werden.

Die analogen Signale sind Strom-Signale mit 4...20mA.

Hinweis

Das Bedien- und Beobachtungsfeld für den Regler PID_Compact (unten rechts) steht nur zur Verfügung, wenn die entsprechenden Signale zu dem Regler-Baustein verschaltet sind.

Ein neues Projekt erstellen und Baugruppen parametrieren

Über das gestartete **TIA-Portal** kann ein **neues Projekt** angelegt werden:
Projektname ("Luftstrom-Regelung") und **Pfad** festlegen, dann **Erstellen** anklicken und das Projekt wird angelegt.

Fügen Sie die Geräte (PLC, I/O..) wie im Motor-Generator-Projekt ein (= Kühlhaus-Projekt):

- PM 190W 120/230VAC
- CPU 1516-3 PN/DP
- DI 32x24VDC HF
- DQ 32x24VDC/0.5A HF
- AI 8xU/I/RTD/TC ST
- AQ 4xU/I ST

Die digitalen und analogen Ein- und Ausgänge wie folgt benennen und parametrieren:

Standard-Variablentabelle

	Name	Datentyp	Adresse ▲	Kommentar
1	Handwert	Int	%IW4	Kanal 0: 4..20mA / 50Hz Störunterd.
2	Fuehrungsgroesse	Int	%IW6	Kanal 1: 4..20mA / 50Hz Störunterd.
3	Regelgroesse	Int	%IW8	Kanal 2: 4..20mA / 50Hz Störunterd.
4	Stellgroesse	Int	%QW4	Kanal 0: 4..20mA

Die anderen analogen Ein- und Ausgänge sollten deaktiviert werden.

Programm schreiben

Baustein **Cyclic interrupt** (OB30) anlegen und parametrieren

Der Regler-Baustein (Technologie-Objekt) verlangt eine konstante Zykluszeit. Daher muss hier, wie beim Motor-Generator-Projekt, das Programm im **Cyclic interrupt** (OB30) ablaufen. ➔ Anlegen

Die Zykluszeit des **Cyclic interrupt** (OB30) soll in diesem Fall kürzer gewählt werden: 20ms.
Das kann direkt am Anlegen des Bausteins eingestellt werden, oder bei geöffnetem Baustein unter:

- Eigenschaften – Allgemein – Weckalarm:

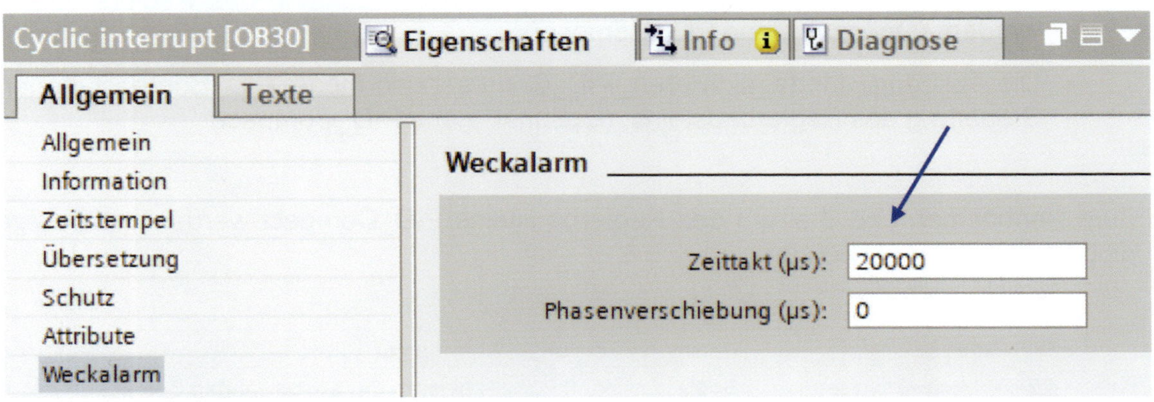

Virtuelle Anlage einbinden und parametrieren

Die virtuelle Anlage (aus der Bibliothek: "180_Luftstromregelung") muss im Netzwerk 1 des **Cyclic interrupt** (OB30) aufgerufen werden. Dabei ist es wieder **sehr wichtig**: Der Instanz-Datenbaustein **muss manuell** auf die **Nummer DB180** eingestellt werden!

Hinweis Das genaue Vorgehen zum Downloaden und Einbinden der virtuellen Anlage ist im Kapitel "virtuelle Anlagen einbinden" beschrieben (vorletztes Kapitel im Buch)

Netzwerk 1: virtuelle Anlage: Luftstromregelung

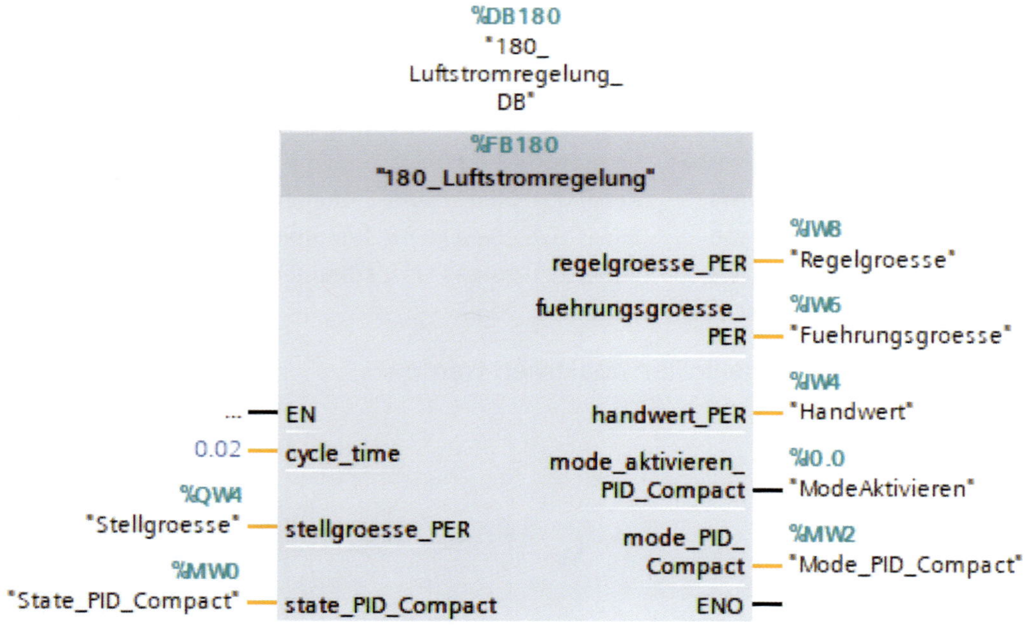

Hinweis

- Die Ein- und Ausgänge werden der Beschriftung entsprechend beschaltet.
- Bei dem Eingang **cycle_time** muss die Zeit in Sekunden angegeben werden: (**0.02** für **20ms**)
- Über den Eingang state_PID_Compact kann der Zustand des Reglers dargestellt werden. (Optional, siehe PID_Compact)
- Die Ausgänge mode_aktivieren_PID_Compact und mode_PID_Compact dienen zur Steuerung des Reglerbausteins. (Optional, siehe PID_Compact)

Zum Beobachten und Steuern des Reglerbausteins PID_Compact werden dabei folgende globale Variablen verwendet:

Variablentabelle Steuern PID_Compact

	Name	Datentyp	Adresse ▲	Kommentar
1	ModeAktivieren	Bool	%I0.0	Aktivieren der ausgewählten Betriebsart des PID_Compact
2	State_PID_Compact	Int	%MW0	Beobachten des PID_Compact (aktive Betriebsart)
3	Mode_PID_Compact	Int	%MW2	Vorwählen der Betriebsart des PID_Compact

Skalieren der Eingangssignale

Die analogen Eingangssignale **Handwert**, **Führungsgröße** und **Regelgröße** müssen auf den Bereich 0...100 (%) skaliert werden. Es soll hier die Variante mit **Norm_X** und **Scale_X** gezeigt werden. Sie sind zu finden unter:

- Anweisungen – einfache Anweisungen – Umwandler

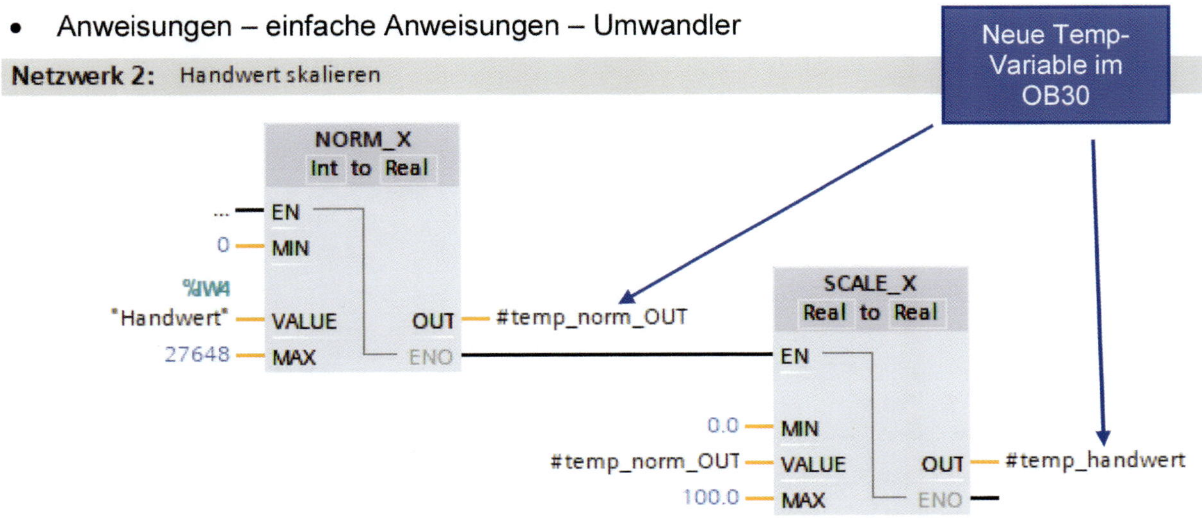

Diese Struktur kann dann noch 2x kopiert werden, um die beiden anderen Signale zu skalieren. Die Variable #temp_norm_OUT kann jedes Mal wiederverwendet werden, da sie nur die Information innerhalb des Netzwerkes weitergeben muss.

Aufrufen des Technologie-Objektes **PID_Compact** (Regler)

Der Regler **PID_Compact** ist zu finden unter:

- Anweisungen – Technologie – PID Control – Compact PID

Wenn er in das Netzwerk (5) gezogen wird, dann wird ein Instanz-Datenbaustein angelegt. Die Schnittstelle sieht erst einmal ganz übersichtlich aus und kann entsprechend verschaltet werden:

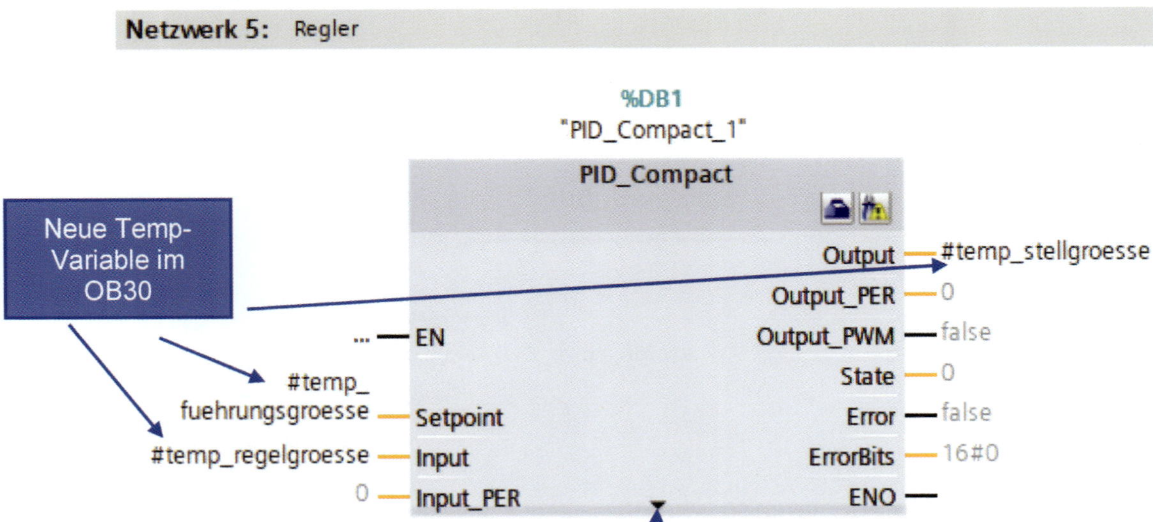

Bei genauerem Hinsehen, fehlen aber:

- der Handwert
- die Möglichkeit, die Betriebsart des Reglers umzuschalten

Durch Anklicken des Pfeils am unteren Rand wird die Schnittstelle etwas größer:

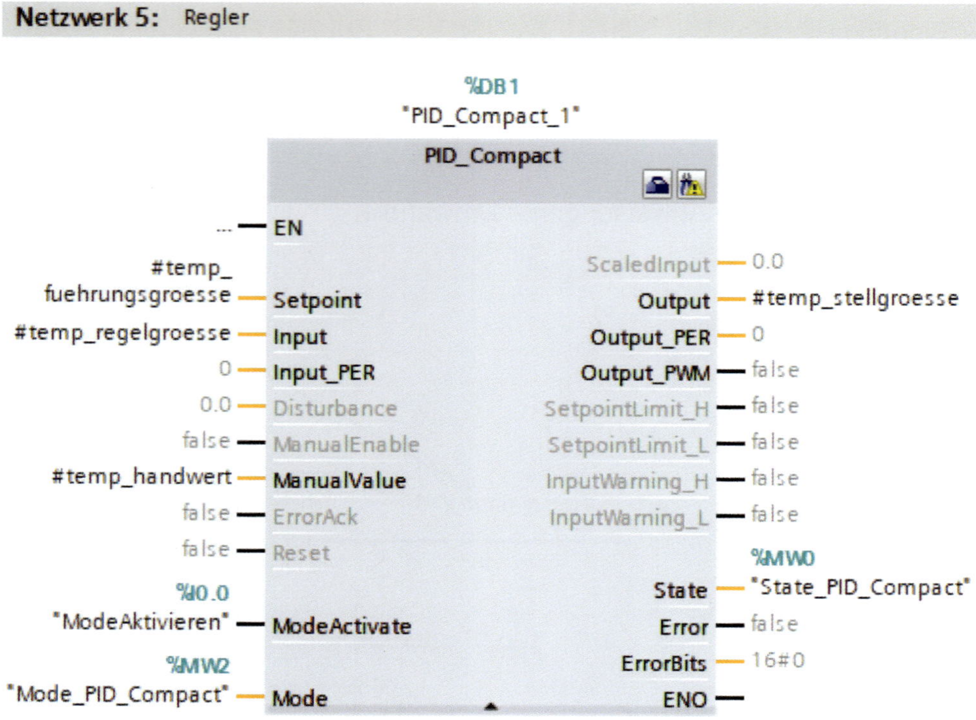

Nun können die fehlenden Signale auch verschaltet werden.

Skalieren des Ausgangssignal

Das Ausgangssignal **temp_stellgröße** muss von dem Bereich 0...100 (%) wieder auf den Bereich 0...27648 deskaliert werden. Auch das geht mit **Norm_X** und **Scale_X**:

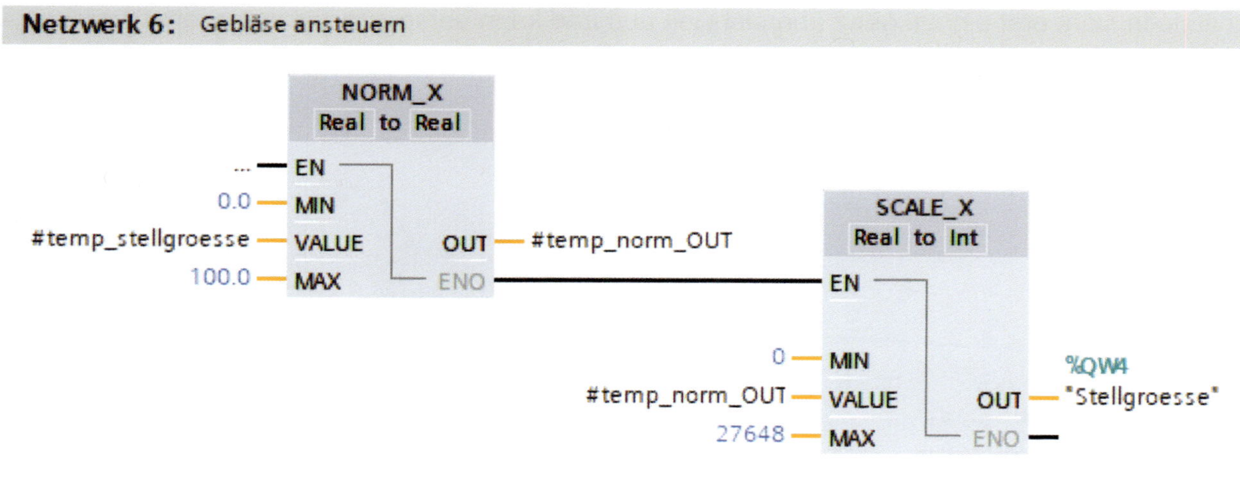

Nun kann die Anlage in Betrieb genommen werden!

Konfiguration des Technologieobjektes PID_compact (Regler)

Nach dem Laden des Projektes in die PLC oder PLCSIM muss das Technologieobjekt PID_Compact konfiguriert werden.

Dazu wird das Konfigurationstool mit dem Button gestartet:

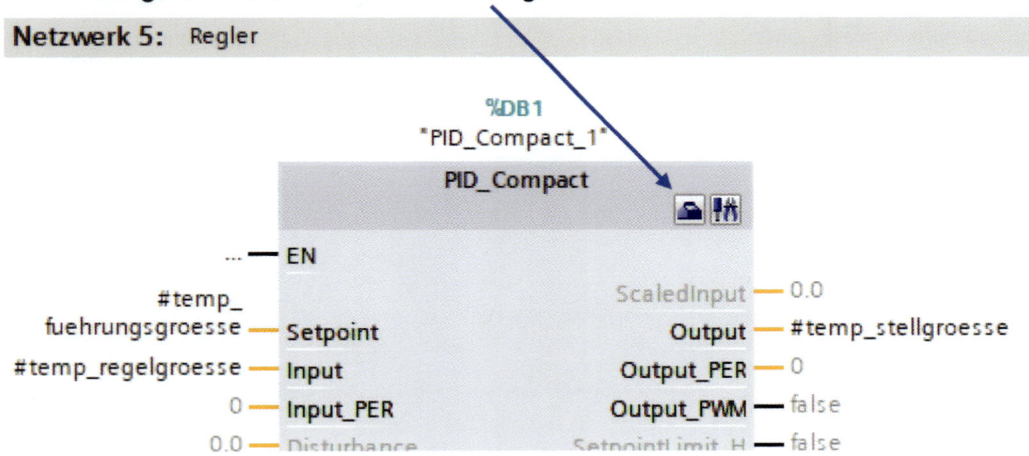

Eingangs- und Ausgangsparameter konfigurieren

In der Funktionssicht müssen in der Grundeinstellung ein paar Änderungen gemacht werden:

- Input: Input statt Input_PER (analog)
- Output: Output statt Output_PER (analog)

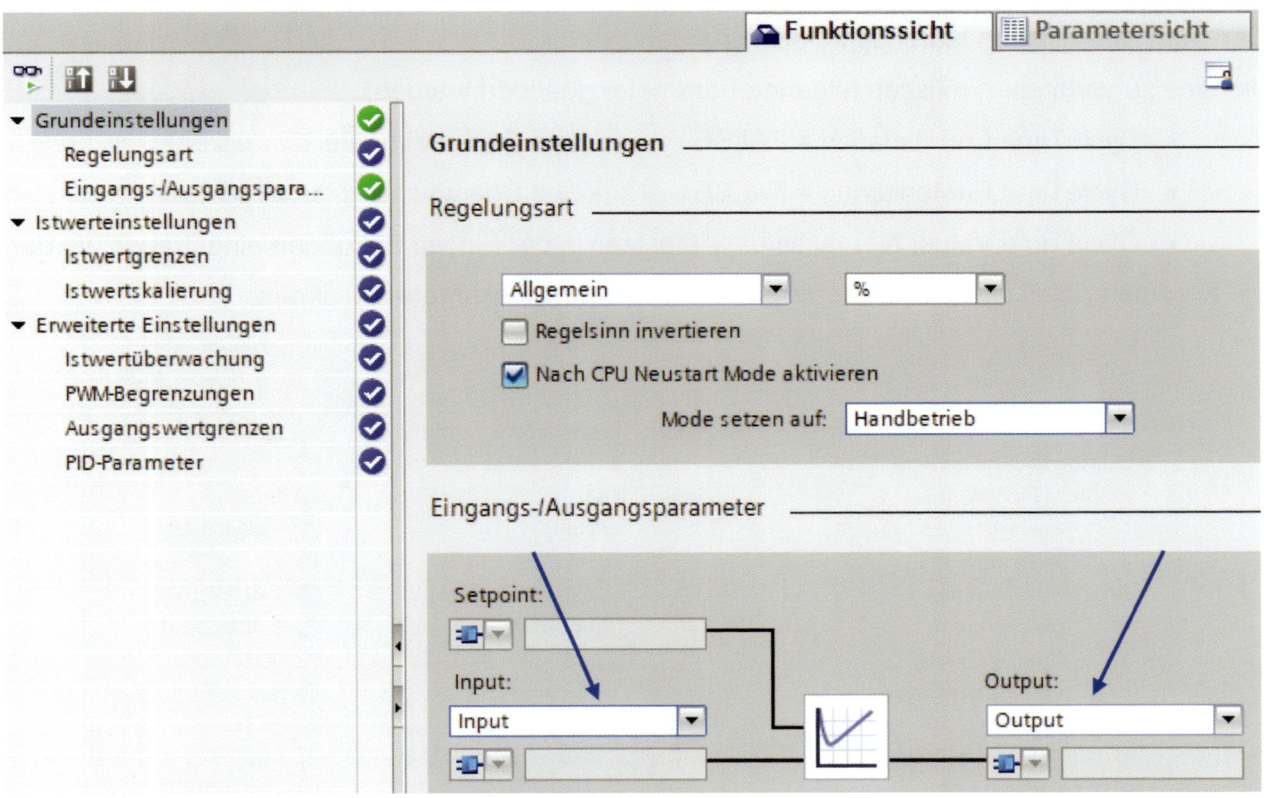

An **Input_PER** bzw. **Output_PER** können direkt die Ein- und Ausgänge der Hardware angeschlossen werden. Dann können aber keine prozessverständlichen Variablen im Programm beobachtet werden. Daher sind hier die Signale erst in einen Bereich 0...100% skaliert worden. Es wäre auch eine Skalierung in physikalische Größen (Länge, Durchfluss, Temperatur...) möglich.

Die **Istwertgrenzen** sollten noch eingestellt werden. Sie sind standardmäßig auf 0…120 eingestellt und sollten auf 0…100 geändert werden.

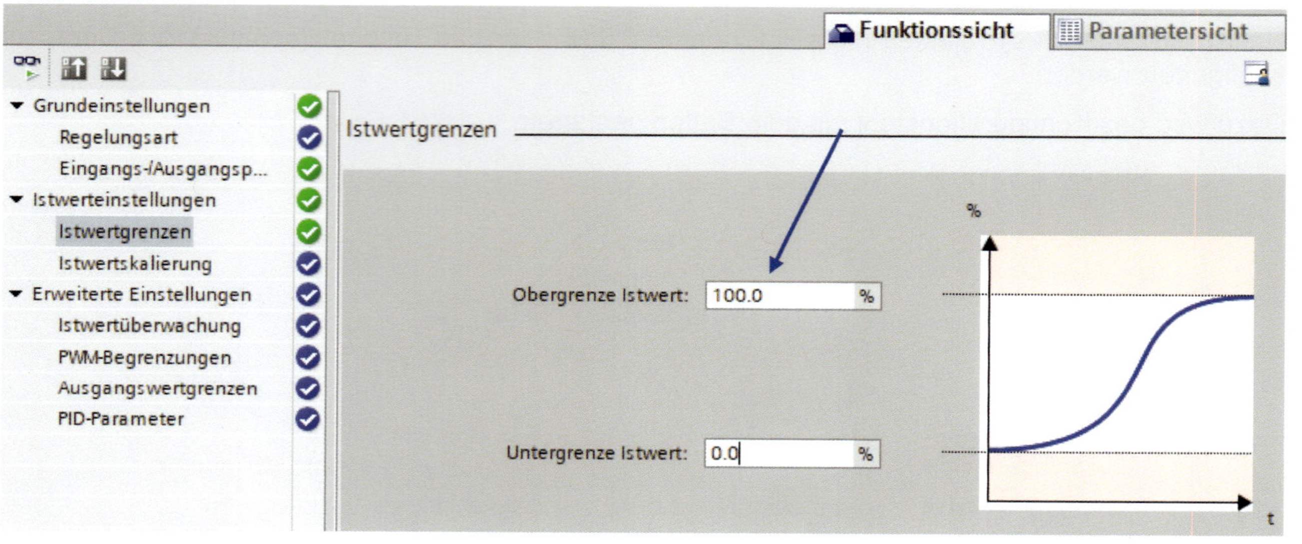

Einstellungen beim Benutzen von **PLCSIM**

Bei der Simulation mit PLCSIM ist das zeitliche Verhalten der simulierten PLC nicht exakt identisch zu einer "echten" PLC. Der tatsächliche Zeittakt eines Weckalarm-OB kann bei einer simulierten PLC größere Schwankungen aufweisen als bei "echten" PLCs.

In der Standardkonfiguration ermittelt PID_Compact die Zeit zwischen den Aufrufen automatisch und überwacht diese auf Schwankungen.

Beim Einsatz von PID_Compact mit PLCSIM kann deshalb ein Abtastzeitfehler erkannt werden. Dies führt zum Abbruch von laufenden Optimierungen.

Um dies zu verhindern müssen folgende Parameter geändert werden:

- CycleTime.EnEstimation = FALSE (keine Berechnung der Abtastzeit)
- CycleTime.EnMonitoring = FALSE (keine Überwachung der Abtastzeit)
- CycleTime.Value: hier muss die Abtastzeit in der Einheit Sekunden eingetragen werden.

Die Parameter sind in der **Parametersicht** unter **Andere Parameter** zu finden:

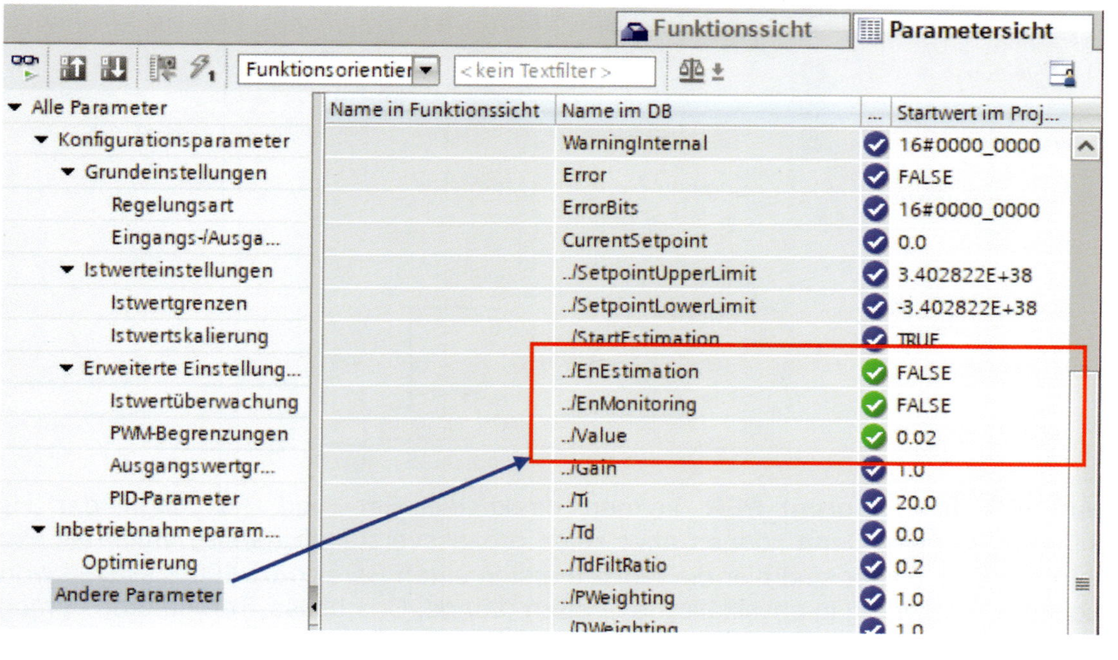

Konfiguration des PID_Compact in PLC laden und aktivieren

Nach dem Konfigurieren des Reglers müssen die geänderten Daten in die PLC geladen und dort aktiviert werden.

Den Unterschied zwischen der Online- und der Offline-Version wird sehr deutlich, wenn in der Parametersicht das **Beobachten** (Brille) aktiviert wird:

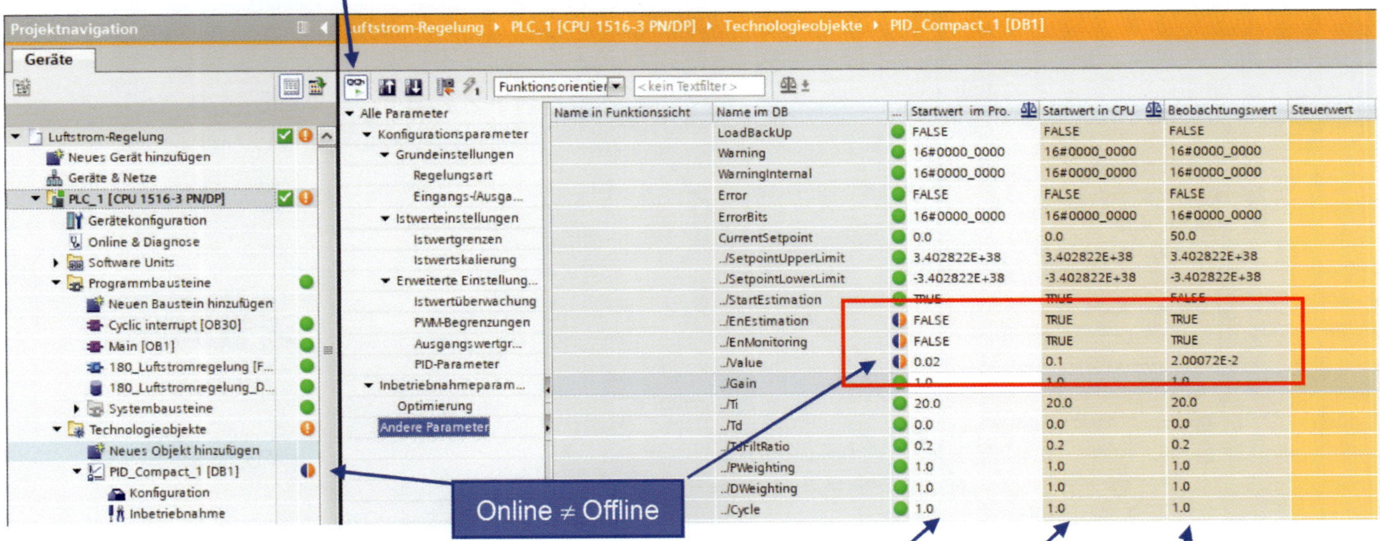

In den Spalten (rechts) stehen der

- Startwert im Programm (Offline)
- Startwert in CPU (Online)
- Beobachtungswert (aktueller Wert, Aktualwert)

Durch ein erneutes **Laden in Gerät** werden die Startwerte im Programm auf die Startwerte in der CPU geschrieben, aber <u>**nicht**</u> **als aktuelle Werte** (Beobachtungswert) übernommen:

Name im DB	...	Startwert im Pro.	Startwert in CPU	Beobachtungswert
../EnEstimation		FALSE	FALSE	TRUE
../EnMonitoring		FALSE	FALSE	TRUE
../Value		0.02	0.02	2.00072E-2

➔ **Die Beobachtungswerte (= aktuelle Werte) haben sich nicht geändert!**

Um die **Startwerte** in der CPU zu **aktivieren**, kann man:

1. Die CPU einmal auf STOP und dann wieder auf RUN schalten, oder
2. den Button **Einstellwerte initialisieren** anklicken,
3. oder den Datenbaustein **reinitialisieren**:
   - Datenbaustein in der Projektnavigation anklicken.
   - Im Kontext-Menü (rechte Maustaste) den Eintrag "**Startwerte als Aktualwerte laden**" auswählen.
   - Es folgen noch zwei Warnungen (mit OK bestätigen)

   ➔ Der Datenbaustein hat die neuen Startwerte als aktuelle Werte (Aktualwerte) übernommen.

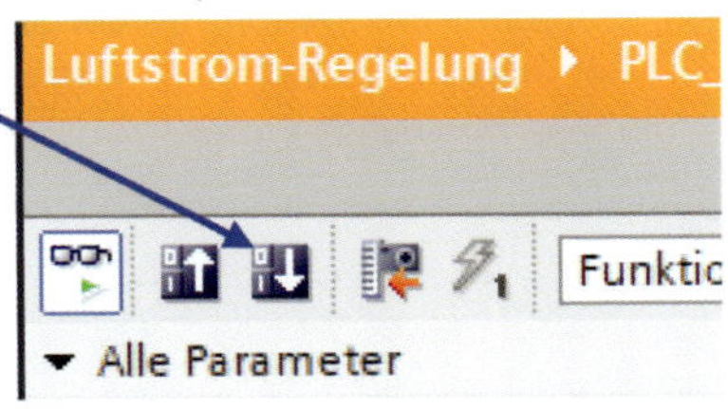

Inbetriebnahme des Technologieobjektes PID_compact (Regler)

Nach dem Laden des Programms in die PLC kann der Regler über ein Inbetriebnahme-Tool im TIA-Portal bedient und beobachtet werden.

Dazu unter **Technologieobjekte** – **PID_Compact_1** die **Inbetriebnahme** anklicken:

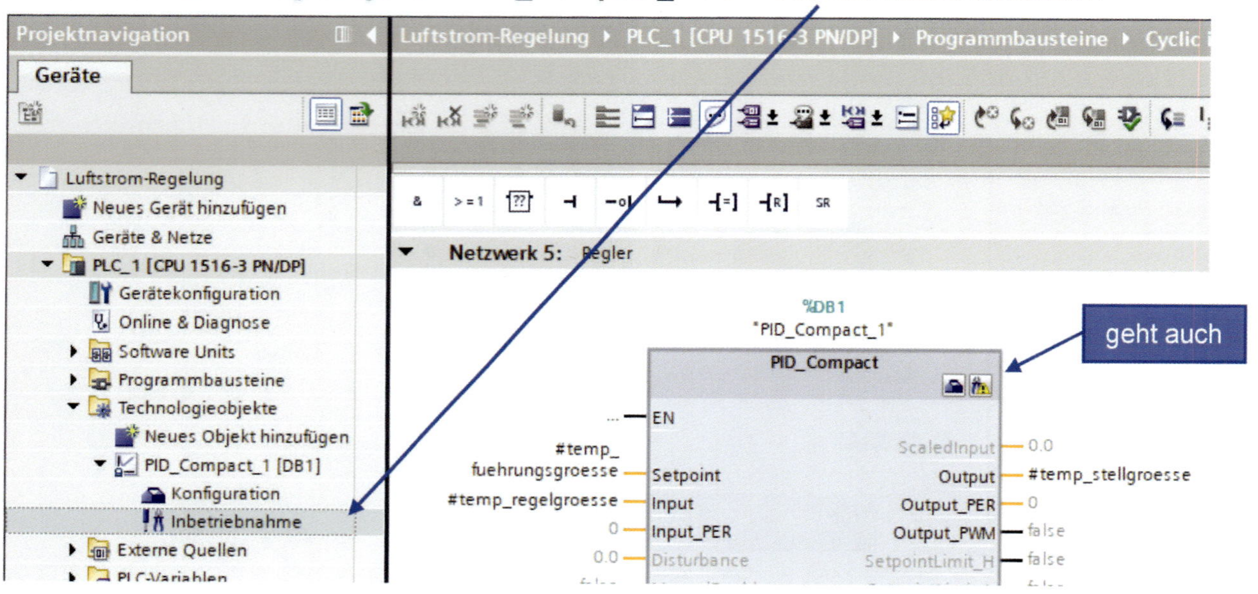

Das Inbetriebnahme-Fenster:

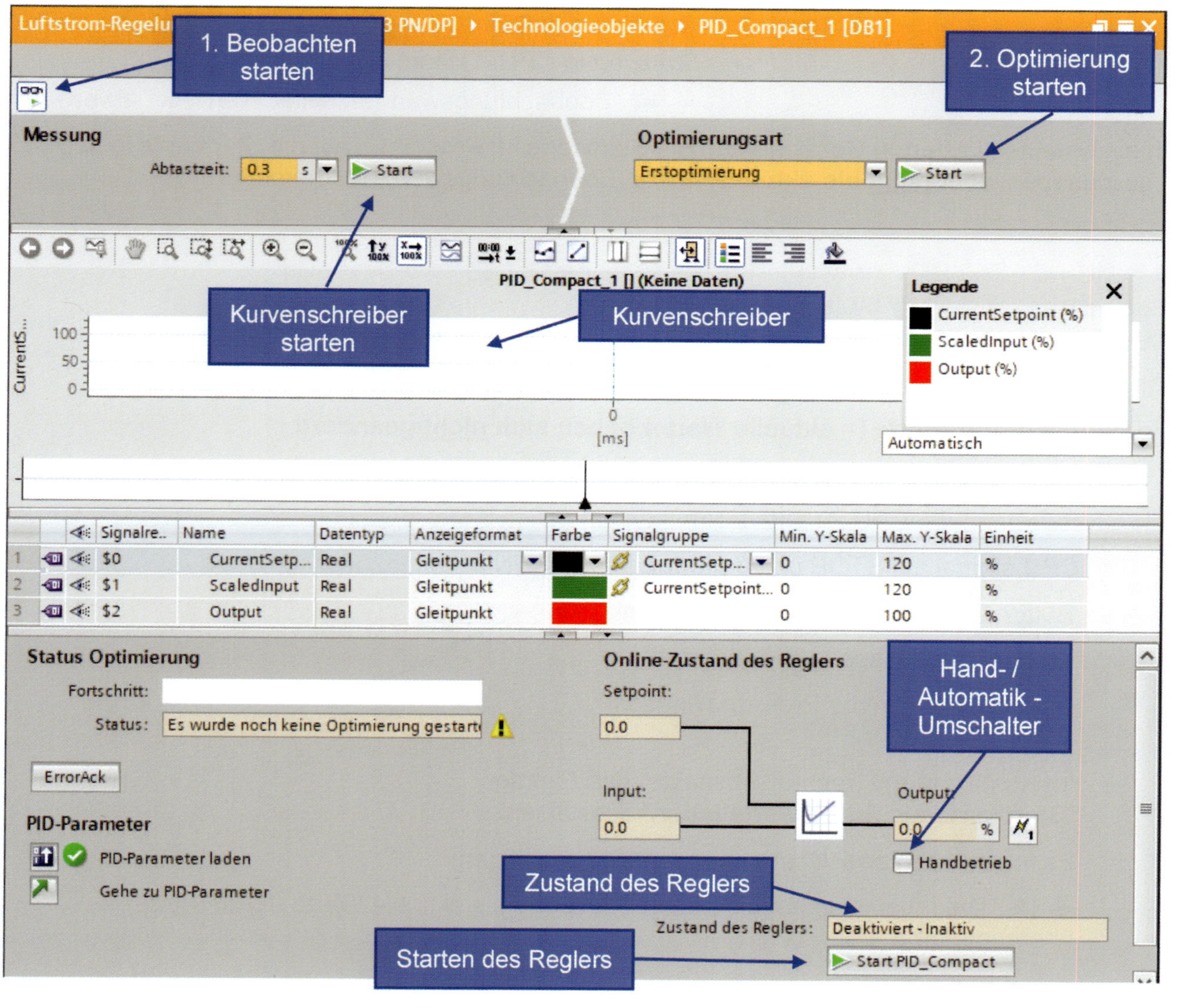

Beim ersten Start (nach dem Laden des Programms) ist der Regler im Zustand **inaktiv**. Da er auch noch keine angepassten Reglerparameter hat, ist es sinnvoll, eine erste Optimierung durchzuführen.

Folgende Voraussetzungen müssen gegeben sein:

- PID_Compact befindet sich in der Betriebsart „Handbetrieb", „Inaktiv" oder „Automatikbetrieb". (➔ bleiben sie bei "Inaktiv")
- Die Differenz zwischen Setpoint (Führungsgröße) und Input (Regelgröße) ist größer als 30% der Differenz zwischen Obergrenze Istwert (100) und Untergrenze Istwert (0).
- Der Abstand zwischen Setpoint (Führungsgröße) und Input (Regelgröße) ist > 50% des Sollwerts. Bei einer Führungsgröße von 50 (%) wären das 25 (%)

Es muss also nur die Führungsgröße (in der virtuellen Anlage) auf 50% gestellt werden, um die Erstoptimierung aus dem Zustand (Modus) **inaktiv** heraus starten zu können.

⇨ Starten sie zuerst die Messung (Kurvenschreiber), und dann die Erstoptimierung!

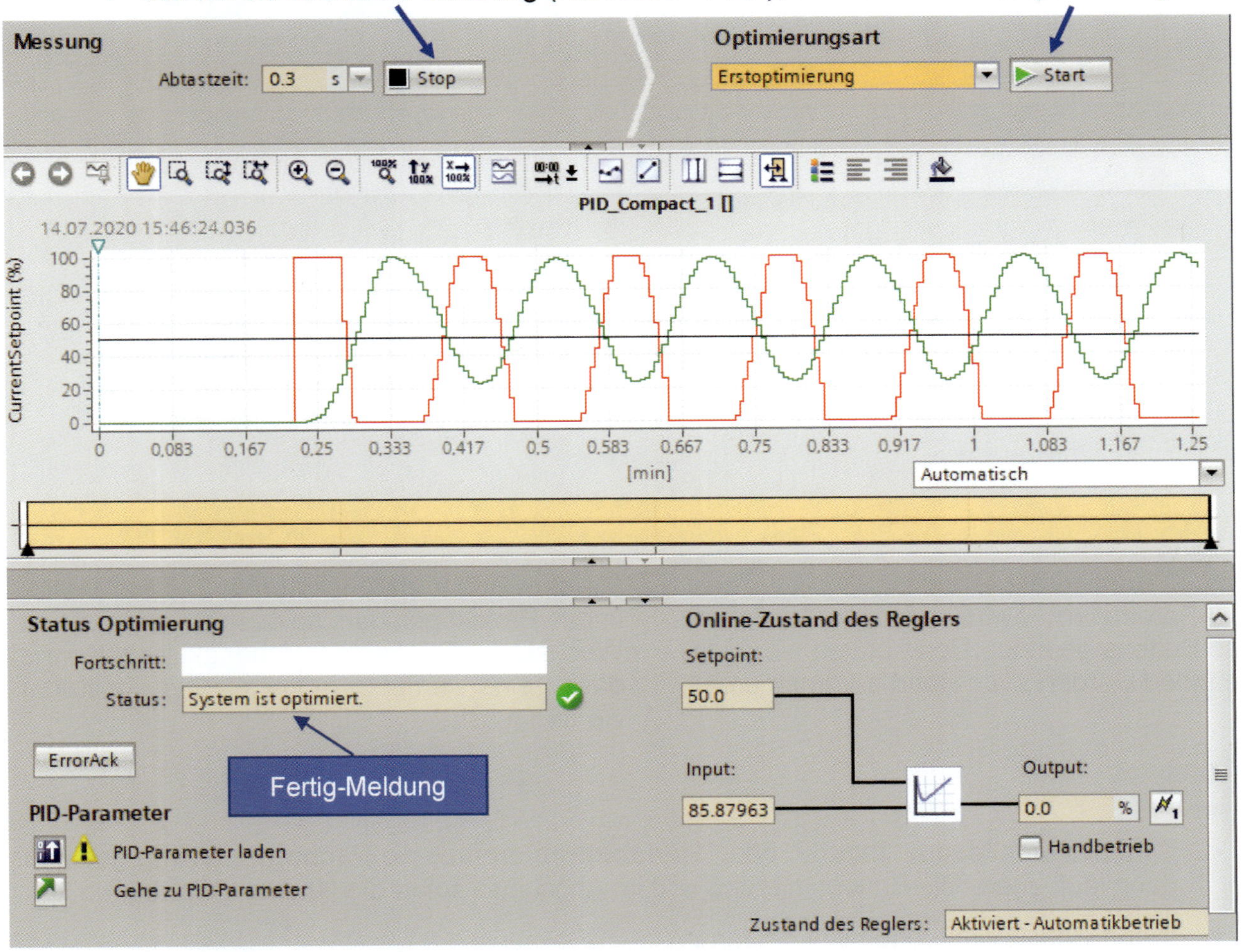

Nach ein paar Sekunden erfolgt ein Stellgrößen-Sprung (rot) an den oberen Grenzwert. Das System misst die maximale Steigung der Regelgröße (grün) und die Verzugszeit. Daraus werden die PID-Parameter berechnet. Der Regler PID_Compact schaltet anschließend in den **Automatikbetrieb** um. Leider ist das Ergebnis manchmal nur mäßig (s.o.).

Deshalb sollte auch die Nachoptimierung durchgeführt werden (bei aktivem **Automatikbetrieb**):

- Nachoptimierung auswählen (oben unter "Optimierungsart")
- Messung einmal auf Stopp und dann wieder auf Start (Löschen der letzten Kurve)
- Optimierung starten

Eigentlich will das System einen "eingeschwungenen Zustand" haben, bevor es die Nachoptimierung startet. Ein kontinuierlich schwingendes System wird offensichtlich auch akzeptiert.

Es kann mehrere Minuten dauern, bis der Status "System ist optimiert" erscheint:

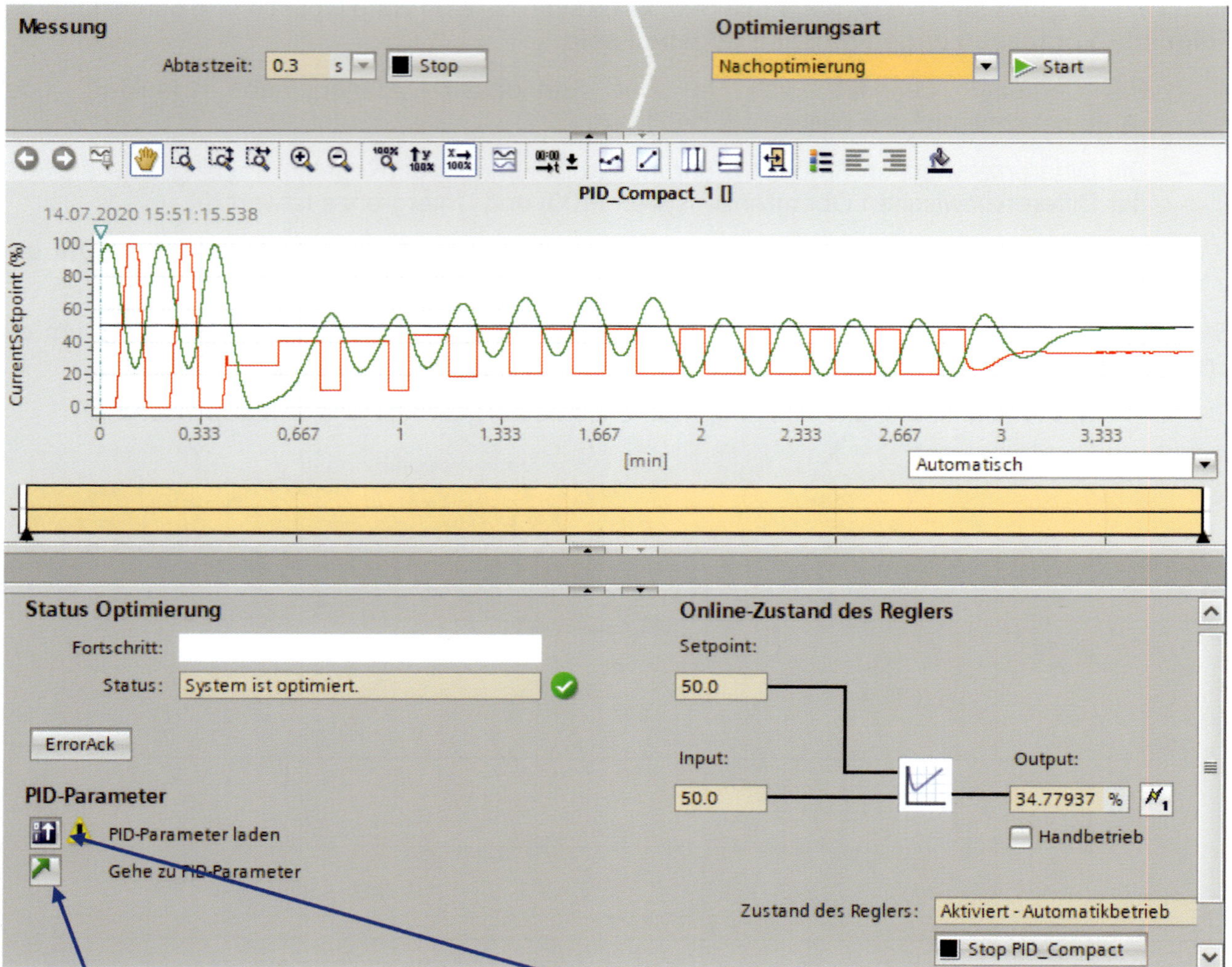

Das Konfigurationsfenster mit den PID-Parametern wird durch Anklicken des Buttons geöffnet. Dort können sie auch geändert werden. (von Hand parametrieren)

Mit dem Button darüber werden die Parameter in das Projekt geladen, so dass sie nach einem Wechsel der CPU sofort wieder aktiv sind, ohne dass eine erneute Optimierung gestartet werden muss.

Hinweise

- Wird aus dem Modus "**Inaktiv**" oder "**Handbetrieb**" heraus die **Nachoptimierung** gestartet, dann läuft zuerst die Erstoptimierung und im Anschluss sofort die Nachoptimierung ab.
- Wenn eine Optimierung nicht gestartet werden kann, weil z.B. irgendwelche Bedingungen nicht erfüllt sind, dann wird dieser Fehler im linken unteren Bereich (Status / Fehler) angezeigt. Der ganze Fehler-Text kann mit "mouse-over" sichtbar gemacht werden. Durch Betätigen von "ErrorAck" wird die Fehlermeldung gelöscht.

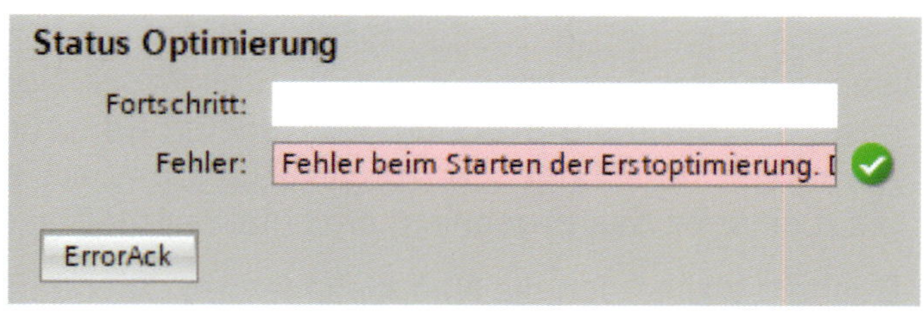

- Beim Kurvenschreiber des PID Compact lässt sich 0,3s als kürzeste Abtastzeit wählen. Beim Kurvenschreiber der HMI (WinCC-adv., virtuelle Anlage) ist eine Abtastzeit von 0,1s ausgewählt. Damit ist eine Zeitdauer von maximal 99,9s darstellbar. Sollen Kurvenverläufe hochdynamischer Prozesse analysiert werden, sind noch geringere Abtastzeiten erforderlich. Realisierbar wäre dies mit einem im Projekt erstellten "Trace", der zyklisch durch einen Organisationsbaustein getriggert wird. So wären OB1-synchrone Abtastzeiten von weniger als 1ms möglich.

Bedienen und Beobachten mit der HMI (WinCC-adv.)

Die virtuelle Anlage hat

- zwei Schieberegel / Eingabefelder für den Handwert und die Führungsgröße
- einen Schieberegel / Eingabefelder, um eine Störung (Nebenluft) zu erzeugen
- einen Schreiber, der Führungs-, Regel- und Stellgröße aufzeichnet
- ein Bedienen- und Beobachtenfeld für den Regler **PID_Compact** (nur sichtbar, wenn der Status angeschlossen ist)

Alle Schieberegler können wahlweise auch über die Eingabefelder bedient werden. Das ist sinnvoll, wenn man definierte Sprünge erzeugen will.

Der Kurvenschreiber hat eine Aufzeichnungsrate von 0,1s und speichert maximal 999 Messwerte. Es können also maximal 99,9s dargestellt werden. Die Bedienfelder zu dem Kurvenschreiber sind selbsterklärend.

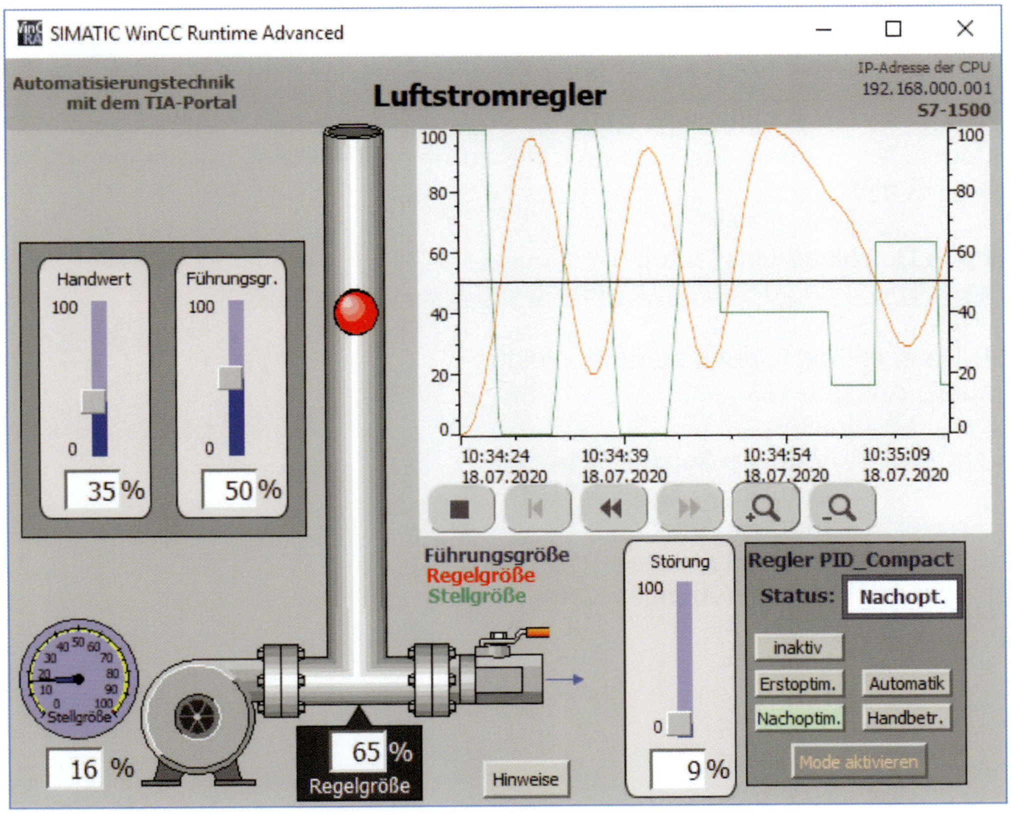

Die Bedienung des Reglers **PID_Compact** funktioniert nach folgendem Prinzip:

- zuerst wird der Modus ausgewählt (Taste drücken):

- inaktiv	0	Die Integer-Variable "Mode_PID_Compact" bekommt diesen Wert zugewiesen
- Erstoptimierung	1	
- Nachoptimierung	2	
- Automatikbetrieb	3	
- Handbetrieb	4	

- Durch Drücken der Taste "Mode aktivieren" wird dieser Modus (wenn möglich) eingeschaltet.
- Der Status wird im oberen Teil des Bedienfeldes angezeigt.

Über dieses Bedienfeld lassen sich auch alle Optimierungen starten. Allerdings wird nicht angezeigt, warum der angewählte Modus eventuell nicht aktiv wird. Dazu muss man das Inbetriebnahme-Fenster im TIA-Portal öffnen.

Virtuelle Anlagen einbinden

Funktion der "virtuellen Anlagen"

Die hier verwendeten "virtuellen Anlagen" bestehen aus einem Programmbaustein (FB), der die Simulation der Anlage übernimmt und einer Visualisierung zum Bedienen und Beobachten der Anlage.
Der Programmbaustein wird im Netzwerk 1 des Main (OB1) aufgerufen und bekommt als Eingangsinformation den Zustand der Hardware-Ausgänge. Der Programmbaustein liefert an seinen Ausgängen den simulierten Zustand der Hardware-Eingänge, indem er so das Prozessabbild der Eingänge überschreibt.
Über die Visualisierung (HMI) kann die Anlage beobachtet und bedient werden. Sie ist mit WinCC-Advanced erstellt und auch ohne Lizenz lauffähig. Es poppt nur ab und zu ein Fenster auf, das auf die fehlende Lizensierung aufmerksam macht. Dies kann problemlos bestätigt werden.

Download der Daten für die "virtuellen Anlagen"

Die Daten für die virtuellen Anlagen können von der Website des EPV-Verlages heruntergeladen werden. Sie sind dort alle zu einer ZIP-Datei zusammengefasst ("virtuelle-Anlagen-TIA.zip").

Der direkte Download-Link lautet:
http://www.epv-verlag.de/automatisierung/virtuelle-Anlagen-TIA.zip

Die ZIP-Datei enthält folgende Ordnerstruktur:

- Virtuelle Anlagen TIA
    - Bibliotheken
        - Virtuelle Anlagen V14
        - Virtuelle Anlagen V14_1
        - Virtuelle Anlagen V15
        - Virtuelle Anlagen V15_1
        - Virtuelle Anlagen V16
    - Visualisierung
        - HMI V14
        - HMI V14.1
        - HMI V15
        - HMI V15.1
        - HMI V16
    - Variablen (für alle Versionen zum Importieren)

In jedem Ordner stehen die Daten der entsprechen TIA-Portal-Version.

Laden sie die Daten herunter und entpacken Sie diese.

Bibliothek im TIA-Portal einbinden

1. Kopieren Sie den Bibliotheks-Ordner (z. B. "Virtuelle Anlagen V15_1") in den Standard-Ordner für ihre Automatisierungs-Projekte:

   > Dieser PC > Dokumente > Automatisierung

   Dieser Ordner ist bei der Installation des TIA-Portals automatisch angelegt worden. (Sie können natürlich auch einen anderen Ordner wählen, er sollte nur dauerhaft erreichbar sein, damit die Einbindung der Bibliothek erhalten bleibt.)

2. Im TIA-Portal auf der rechten Seite "Bibliotheken" auswählen.

3. "Globale Bibliothek öffnen" anklicken.

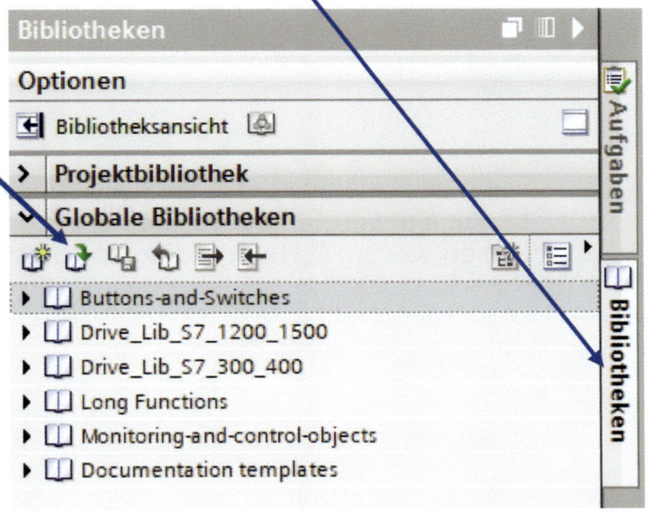

4. Unter

   > Dieser PC > Dokumente > Automatisierung > virtuelle Anlagen V15_1

   kann die Bibliothek nun mit einem Doppelklick geöffnet werden.

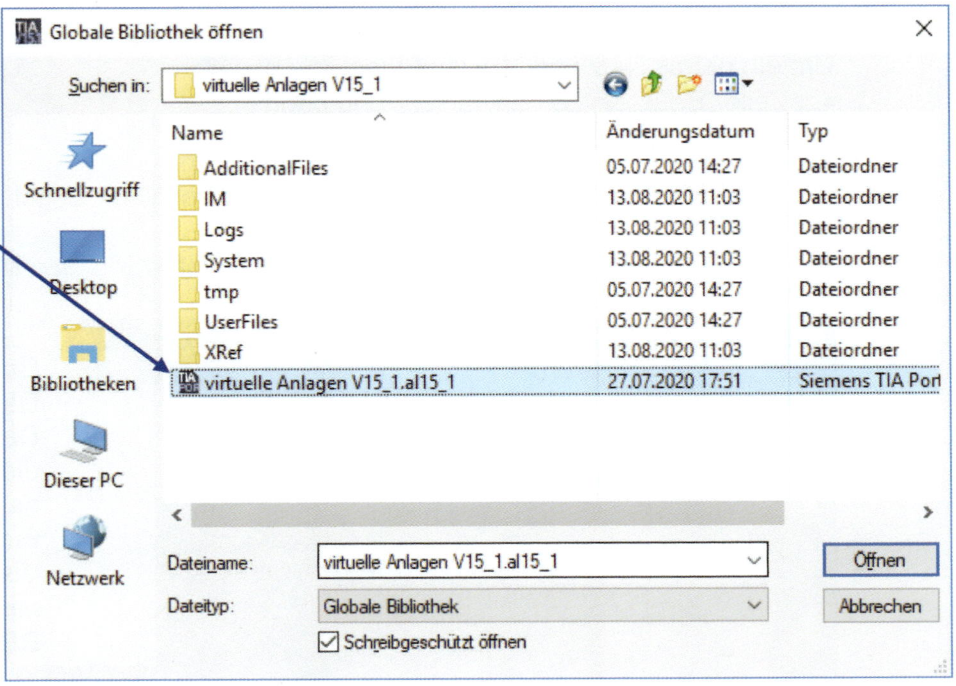

5. In der Bibliothek sind die **Kopiervorlagen** für alle virtuellen Anlagen.

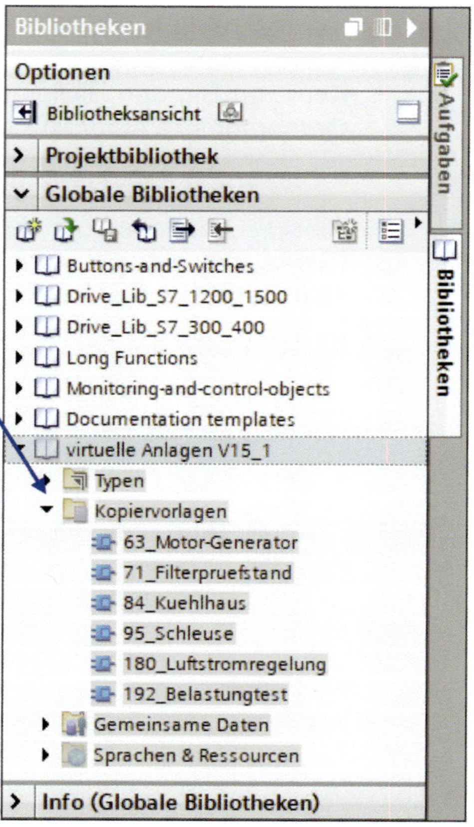

Die gewünschte virtuelle Anlage kann von hier aus bequem in den Programmbaustein-Ordner der PLC kopiert werden (z. B. per "drag and drop").

Aufrufen des Programmbausteins für die Simulation der virtuellen Anlage

1. Der Baustein (z. B. 84_Kuehlhaus) muss im Netzwerk 1 des Main (OB1) aufgerufen werden. Dazu nun den Main (OB1) öffnen.

   Um ein neues Netzwerk 1 einzufügen:

   - Zeile "Bausteintitel" anwählen, und dann
   - den Button "Netzwerk einfügen" anklicken.
     ➔ Das bisherige Netzwerk 1 ist nun in das Netzwerk 2 „gerutscht".
   - Den Simulations-Programmbaustein in das Netzwerk1 des Main (OB1) einfügen.

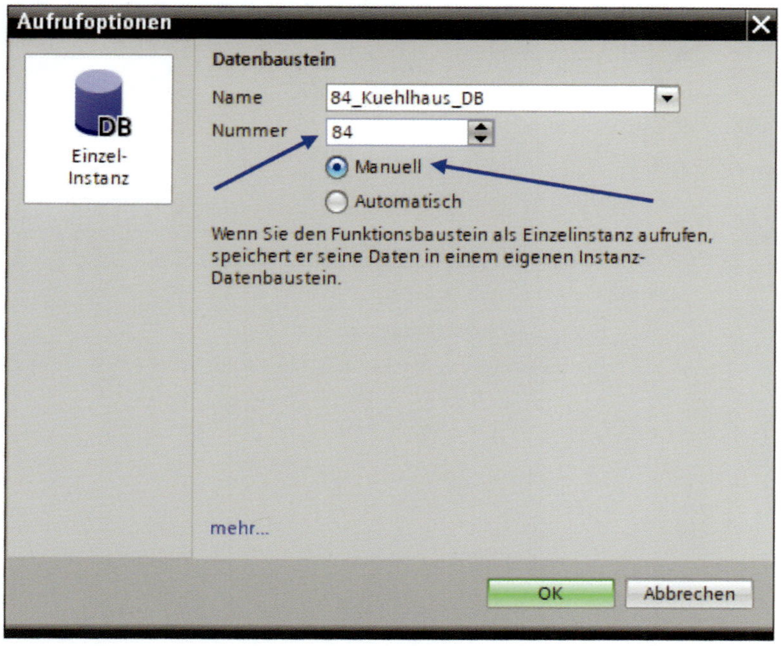

Es wird nun der Instanz-Datenbaustein angelegt. Der Datenbaustein **muss** dieselbe Nummer (hier **84**) haben wie der Funktionsbaustein, da die Visualisierung auf genau diesen Datenbaustein (hier **DB84**) zugreift!!

Dazu erst "Manuell" auswählen und dann die Nummer (hier **84**) eingeben!!

Die Variablen-Namen "Tag_1", "Tag_2" und "Tag_3" werden automatisch angelegt, wenn die Ein- und Ausgangswörter (%QW0, %IW0 und %IW2) wie dargestellt eingetragen werden.

Die Ein- und Ausgänge müssen übrigens scheinbar falsch herum angeschlossen werden!

Warum? ➔ siehe folgende Hinweise!

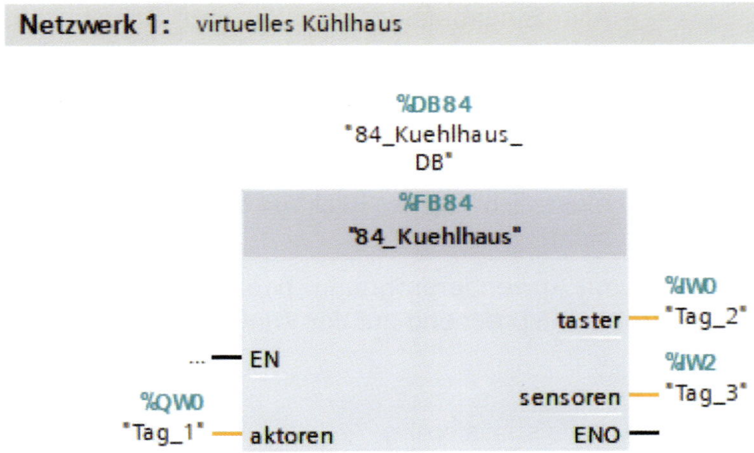

⚠ **schon gespeichert??**

Hinweise zur virtuellen Anlage

Der FB der "virtuellen Anlage" emuliert eine reale Anlage oder einen realen Prozess. Dazu liest er die Aus- und überschreibt die Eingänge (hier im Format WORD (16 Bit)). Die Ein- und Ausgänge müssen -wie im Programm verwendet- zugeordnet werden. Die Standard-Einstellungen stehen meist als Kommentare an den entsprechenden Ein- und Ausgängen zur Verfügung.

Der Funktionsbaustein FB der virtuellen Anlage:

- liest das Prozessabbild der Ausgänge
- emuliert die Anlage
- überschreibt das Prozessabbild der Eingänge (muss daher im 1. Netzwerk stehen).

Wichtig zum Verständnis:

Die Eingänge der virtuellen Anlage sind die	=	Ausgänge der PLC
Die Ausgänge der virtuellen Anlage sind die	=	Eingänge der PLC

Die virtuelle Anlage besteht jeweils aus zwei Komponenten:

- dem Funktionsbaustein FB der virtuellen Anlage zur Emulation des Prozesses
  FB: **84_Kuehlhaus**
- der WinCC-Advanced-Runtime-Version zum Bedienen und Beobachten
  virt_Kuehlhaus-V15_1.fwc

Die Visualisierung der virtuellen Anlage steht als **Runtimeversion in WinCC-Advanced** zur Verfügung (ab der TIA-Version V14).

Zum **Starten der Visualisierung** ist die folgende Reihenfolge **zwingend erforderlich**:

3. Starten der Simulationssoftware S7-PLCSIM
   oder:
   Anschließen der echten PLC und übertragen des Programms.
4. Starten der Runtime von WinCC-Advanced mittels Doppelklick.

Die Eingänge (Taster und Schalter) werden nun über die WinCC-Advanced-Oberfläche der virtuellen Anlage und die Sensoren über den Simulations-Funktionsbaustein (FB84) geschaltet. Sie können nicht mehr über PLCSIM oder an der echten PLC beeinflusst werden.
➔ Das Prozessabbild der Eingänge wird überschrieben!

Hinweis Alle Eingabefelder (Taster und Schalter) in der WinCC-Advanced-Oberfläche der virtuellen Anlage werden beim Überfahren mit der Maus durch einen Blitz gekennzeichnet. Sie lassen sich neben der Mausbedienung z.T. auch über Funktionstasten (F1, F2, ..) bedienen.

Hinweis Bei der Mausbedienung sei darauf hingewiesen, dass der "Klick" ca. 100ms lang sein muss. Ein "Gamer-Klick" ist oft nur 1 bis 10ms lang. Darauf reagiert die Oberfläche meist nicht!

Die vom Anwenderprogramm beeinflussten Ausgänge für die Leuchten oder für die Motoren werden entsprechend auf der WinCC-Advanced-Oberfläche dargestellt.

Bedienung der Visualisierung

<u>**Nach**</u> **dem Starten des Simulators** oder dem Laden in das Gerät wird die WinCC-Advanced- Runtime gestartet, hier: **virt_Kuehlhaus-V15_1.fwc**

Wenn die Verbindung zum Simulator nicht automatisch aufgebaut wird, dann erscheint ein Fenster, in dem die IP-Adresse des Simulators bzw. der PLC eingestellt werden muss.

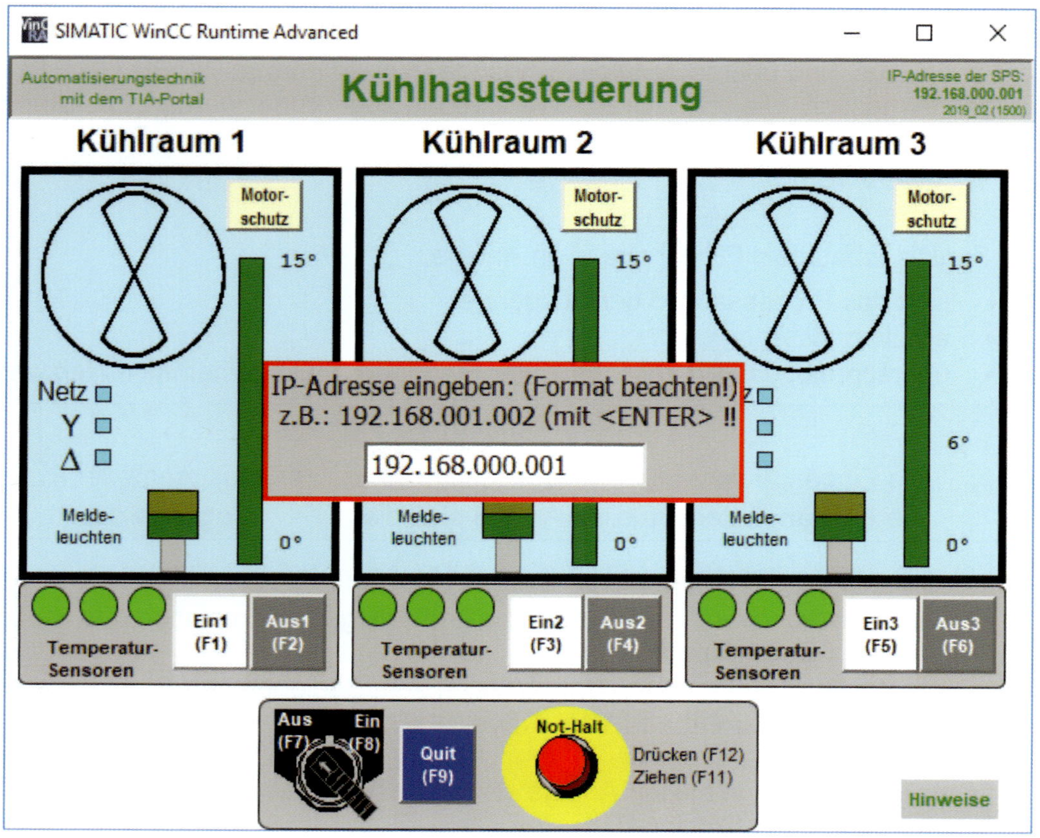

Bei der Eingabe der IP-Adresse muss das Format unbedingt eingehalten werden, d.h. es müssen 4x3 Ziffern mit jeweils einem Punkt dazwischen eingegeben werden, z. B.:

192.168.000.001

Die Eingabe muss mit <ENTER> abgeschlossen werden.

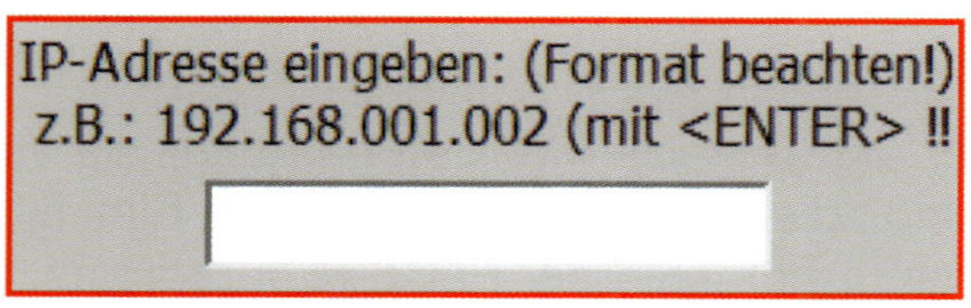

Wenn die Verbindung aufgebaut wurde, dann verschwindet dieses Fenster.

Troubleshooting

"Erreichbare Teilnehmer" finden

In der Projektnavigation (fast ganz unten) ist der Eintrag "Online-Zugänge". Wenn man den öffnet, werden alle installierten Schnittstellen angezeigt. Rechts daneben wird der Status der Schnittstelle angezeigt:

? = unbekannt

X = keine Verbindung

Die entsprechende Schnittstelle kann geöffnet werden.

Dann müssen die "erreichbaren Teilnehmer" aktualisiert werden.

Die erreichte PLC (hier "cpu11") ebenfalls öffnen, es wird der Punkt "Online & Diagnose" angezeigt.

Wird dieser mit einem Doppelklick angewählt, dann wird die Online-Verbindung aktiviert und es öffnet sich im Editorfenster der Bereich "Diagnose" und "Funktionen"

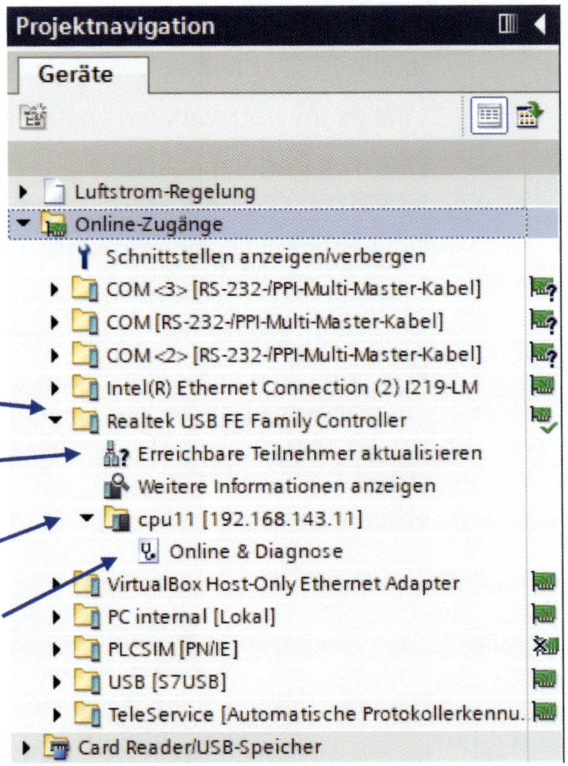

Wenn das sehr lange dauert und unter Diagnose nicht viel angezeigt wird (alles grau und mit "---" ausgefüllt), dann sind PLC und PC vermutlich nicht in demselben Subnetz. Es stehen dann nur die Funktionen "IP-Adresse zuweisen" und "PROFINET-Gerätename vergeben" zur Verfügung.

Es sollte die PC-Schnittstelle so geändert werden, dass sie sich in demselben Subnetz befindet.

Die Eigenschaften der Schnittstelle des PC können über:
- rechte Maustaste auf die Schnittstelle – Eigenschaften

nur angezeigt aber leider nicht geändert werden. Dazu die Windowstools nutzen.

Wenn die PC-Schnittstelle eingestellt ist, dann wieder "Erreichbare Teilnehmer aktualisieren" anklicken. Wenn die Kommunikation steht, dann geht es deutlich schneller und es werden weitere Punkte angezeigt.

Unter "Online & Diagnose" können nun auch alle Informationen der PLC abgefragt werden.

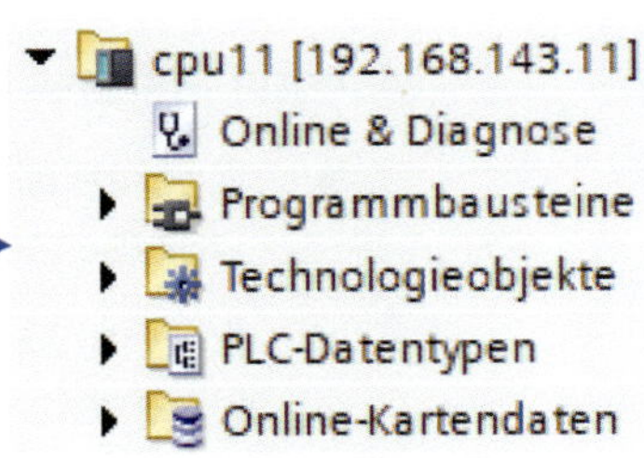

Version / Firmware der vorhandenen PLC

Wenn die PLC ein Display hat, dann kann dies über "Info" im Display angezeigt werden.

Die Firmware kann auch über die Online-Diagnose (siehe "erreichbare Teilnehmer") ermittelt werden. - Online-Zugänge – "PC-Schnittstelle" – plc – Online & Diagnose - Diagnose - Allgemein

Bei "Erreichbare Teilnehmer" wird die PLC nicht gefunden

Beim Suchen keine PLC gefunden?

- PLC angeschlossen und die LED über dem Netzwerkanschluss der PLC leuchtet Grün / Wechsel mit Orange?
- Ist die PLC in demselben Netzwerk wie der PC? ➔ "Ping" möglich?
- Gibt es im Netzwerk ein weiteres Gerät mit derselben IP-Adresse?
- Das TIA-Portal muss als Administrator ausführt werden! (Häufig das Problem bei Netzwerk-Installationen)
- PC direkt mit PLC verbunden: Treiberprobleme oder Einstellungsprobleme?
- Firewall und Antiviren-Programme blockieren manchmal das Suchen auf der MAC-Adressen-Ebene. ➔ Versuchsweise deaktivieren.
- Das Programm "Security Controller" setzt alle Einstellungen. Es wird bei der Installation von TIA mitinstalliert und ist zu finden unter:
  "Start" "Alle Programme" "Siemens Automation"
  Wenn man dort "Einstellungen wiederholen" anklickt, werden alle Einstellungen vorgenommen

Beim "Laden" wird die PLC nicht gefunden

- Richtige PG/PC-Schnittstelle ausgewählt? ➔ PN/IE und die Netzwerk-Karte kontrollieren
- Ist die projektierte und die reale PLC identisch? Es werden nur die kompatiblen Teilnehmer angezeigt! Wenn die PLC unter "Erreichbare Teilnehmer" angezeigt wird, dann ist dies meistens der Fehler.
- Gibt es im Netzwerk ein weiteres Gerät mit derselben IP-Adresse? ➔ ein Gerät vorübergehend vom Netz nehmen und Adresse ändern.

Programm-Übertragen bricht mit Fehlermeldung ab

- Gerätekonfiguration und Programm fehlerfrei übersetzt?
- Manchmal muss man alles neu übersetzen:
  - Rechte Maustaste auf den Projekt-Ordner:
    Übersetzen – Hardware (komplett übersetzen)
  - Rechte Maustaste auf den Projekt-Ordner:
    Übersetzen – Software (komplett übersetzen)

Bedienoberfläche / Runtime kann nicht gestartet werden

Beim Starten der Bedienoberfläche einer virtuellen Anlage kommt folgende Meldung:

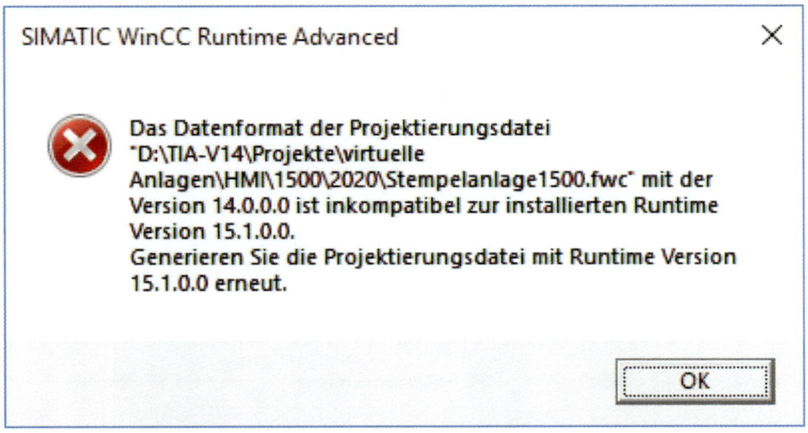

Auf dem PC kann nur eine WinCC Runtime-Version installiert sein. In diesem Fall ist das die Version 15.1.0.0. Eine WinCC Runtime mit einer älteren Version (hier 14.0.0.0) ist dann nicht mehr lauffähig, auch wenn das TIA-Portal V14 installiert ist und damit programmiert wird.

Die Bedienoberfläche / Runtime verbindet sich nicht mit dem PLCSIM

Die Runtime kommuniziert mit der Simulation S7-PLCSIM über die PG/PC-Schnittstelle **PLCSIM S7-1200/S7-1500**. Diese Schnittstelle muss also als Zugangspunkt ausgewählt sein. Der Aufbau der Verbindung wird meistens mit einem Popup-Fenster gemeldet.

Falls eine Kommunikation nicht zustande kommt, so muss die PG/PC-Schnittstelle von Hand eingestellt werden. Dazu das Programm "**PG/PC-Schnittstelle einstellen**" starten und die Schnittstelle auswählen ("Schnittstelle".TCPIP.1)

Das Programm ist in der Systemsteuerung zu finden.

Es gibt Versionen für die **300er** und andere für die **1500er**. Sie sind nicht kompatibel!

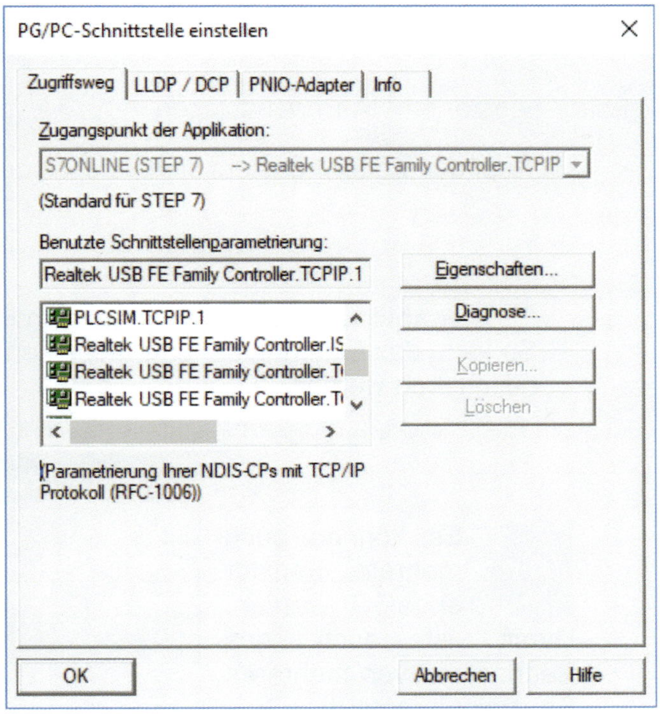

TIA-Portal kommt mit Fehlermeldung "... muss beendet werden"

Das ist ganz schlecht, da das TIA-Portal keine automatische Zwischenspeicherung (wie z. B. Office) hat.

Einziges Gegenmittel: alle paar Minuten auf den Speicher-Button klicken!

- Beim Programmieren mit S7-Graph taucht diese Meldung leider immer mal wieder auf. Daher ist hier das **regelmäßige Speichern ganz wichtig**!!

Es fehlen Bereiche / Fenster im TIA-Portal

Unter dem Menü-Punkt "Ansicht" kann alles Mögliche ein- und ausgeschaltet werden. Im Standardfall sollte es so aussehen ➔

Unter dem Menü-Punkt "Fenster" sind auch noch Einstellungen und Änderungen möglich.

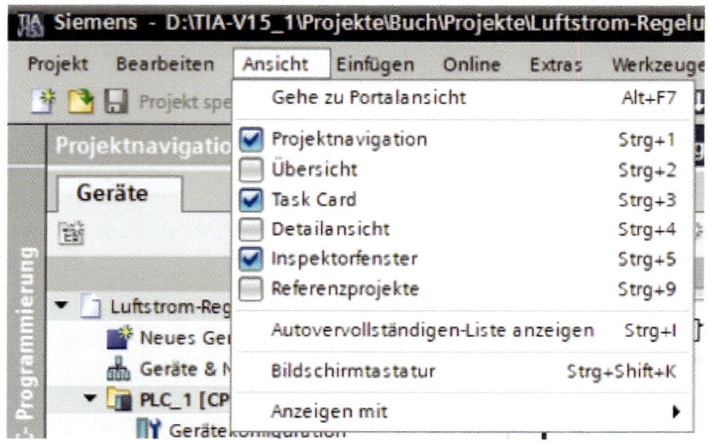

Editor-Fenster im TIA-Portal teilen

Mit den beiden Buttons kann das Editorfenster (nur das!) horizontal oder vertikal geteilt werden:

Editor-Fenster im TIA-Portal ablösen

Im Kopf des Editor-Fensters sind verschiedene Button, um das Editor-Fenster zu verändern:

Fenster **schließen**

Fenster **maximieren** (Vollbild)

Fenster **ablösen**: Es wird als eigenständiges Fenster geöffnet. So kann das Editorfenster z. B. auf einen anderen Bildschirm geschoben werden.

Fenster in der Taskleiste des TIA-Portal ablegen (**minimieren**)

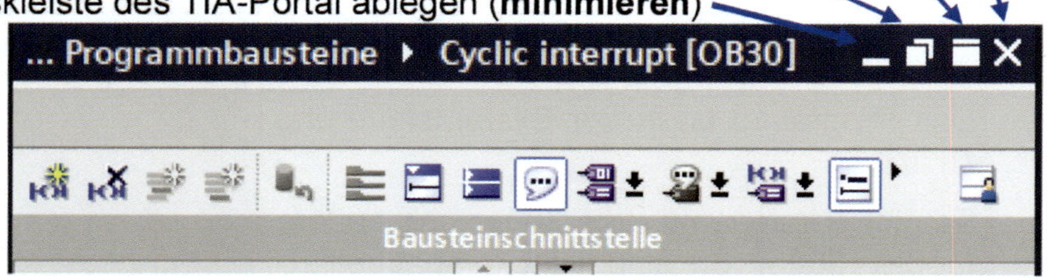

Tipp Es können auch mehrere Fenster abgelöst werden. Damit ist auch das Beobachten von mehreren Bausteinen möglich.

Die Darstellung im Programmierfenster ist nicht FUP

Beim Anlegen eines Bausteins wird die Programmiersprache festgelegt. Sie kann anschließend in den Eigenschaften des Bausteins nur sehr eingeschränkt wieder geändert werden.

S7-1500	FUP ⇔ KOP	jederzeit änderbar
	SCL	nicht änderbar
	GRAPH	nicht änderbar
	AWL	nicht änderbar
S7-300	FUP ⇔ KOP ⇔ AWL	jederzeit änderbar *
	SCL	nicht änderbar
	GRAPH	nicht änderbar

* Nach Änderungen in AWL ist meistens eine Darstellung in FUP / KOP nicht mehr möglich. Einzelne Netzwerke bleiben dann beim Umschalten nach FUP/KOP in AWL stehen.

Probleme beim Archivieren / Dearchivieren von Projekten

Das Archivieren schlägt fehl, wenn der Pfad zu lang ist. Es sind maximal 143 Zeichen zulässig! Das passiert gerne, wenn z.B. in ein OneDrive-Verzeichnis archiviert werden soll.

Abhilfe: Lokal archivieren und anschließend in das gewünschte Verzeichnis verschieben.

Das gleiche Problem tritt beim Dearchivieren auf. Der Pfad des Verzeichnisses, in dem das Projekt liegen soll darf nicht länger als 143 Zeichen sein.

Beim Übersetzen der Hardware / eines Programms treten Fehler auf

Beim Benutzen des Buttons "Übersetzen" wird immer nur das übersetzt, was aktuell markiert ist und noch nicht übersetzt wurde:

Markiert	**übersetzt wird**
Editor mit Baustein aktiv	nur dieser Baustein
ein Baustein in Projektnavigation	nur dieser Baustein
"Programmbausteine" in Projektnavigation	alle Bausteine
PLC / CPU	Hardwarekonfiguration und alle Bausteine

Wenn Fehler sich nicht beheben lassen, dann ist es oft sinnvoll, dass die Hardwarekonfiguration und die Programmbausteine komplett neu übersetzt werden. Dazu muss mit der rechten Maustaste auf die PLC / CPU geklickt werden:

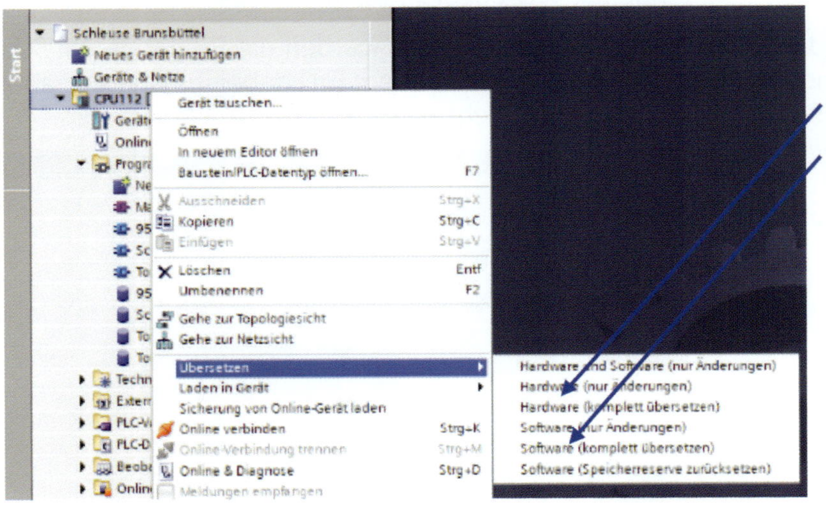

Dabei sollte folgende Reihenfolge eingehalten werden:

Hardware (komplett übersetzen)

Software (komplett übersetzen)

Nach dem Übersetzen z. B. der Hardware könnte es so aussehen:

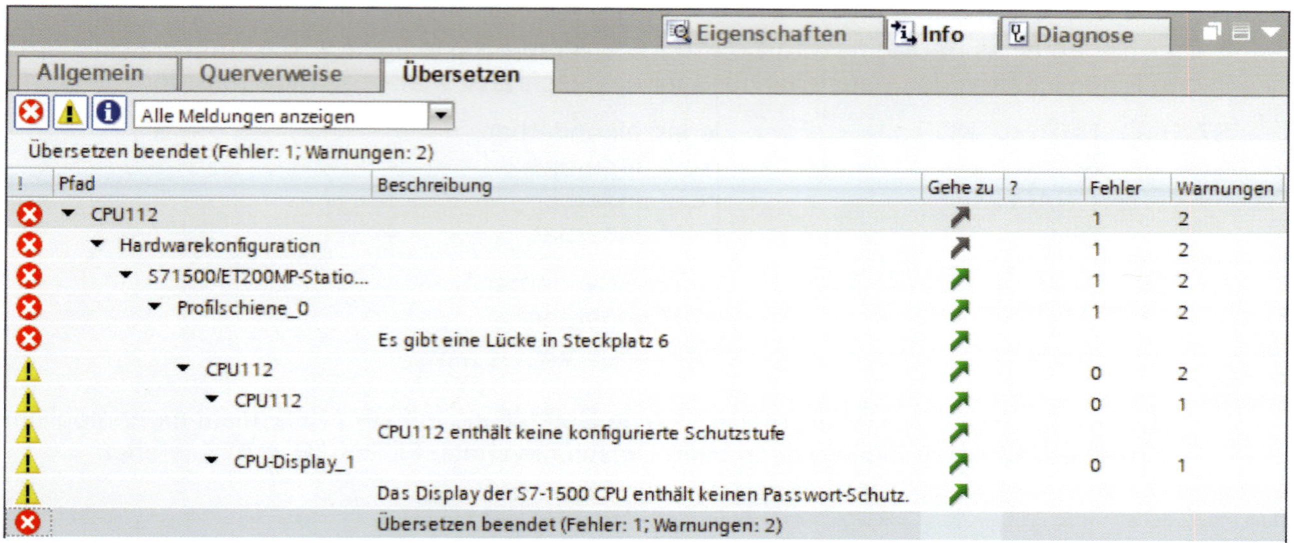

In den Zeilen, in denen eine "Beschreibung" steht, sind die Fehler bzw. Warnungen beschrieben.

- Fehler müssen behoben werden!
- Warnungen können ignoriert werden.

Durch Anklicken des grünen Pfeils kommt man zu der fehlerhaften Stelle.

Hinweis In den Bausteinen für die virtuelle Anlagen sind oft Warnungen. Sie können ignoriert werden!

Mehrere Programmierer wollen an einem Projekt arbeiten

Im TIA Portal ab V14 stehen Ihnen verschiedene Server-Konstellationen für die Funktionalität von Multiuser Engineering zur Verfügung.

https://support.industry.siemens.com/cs/attachments/109740141/109740141_MultiUser_Engineering_DOC_v14_de.pdf

Darstellung IEC-konform oder wie bei Step7

Die Standard-Ansicht ist die IEC-konforme Ansicht, bei Siemens "International" genannt. Dann werden die Eingänge mit %I und die Ausgänge mit %Q bezeichnet.

Bei Step7 Classic war die Standard-Einstellung "Deutsch". Dann werden die Eingänge mit %E und die Ausgänge mit %A bezeichnet. Das "%"-Zeichen ist in jedem Fall dabei, um die Variable als global zu kennzeichnen. Das war bei Step7 Classic nicht so.

Umschalten der Ansicht unter:

- Menü: Extras – Einstellungen
  – Allgemein – Mnemonik

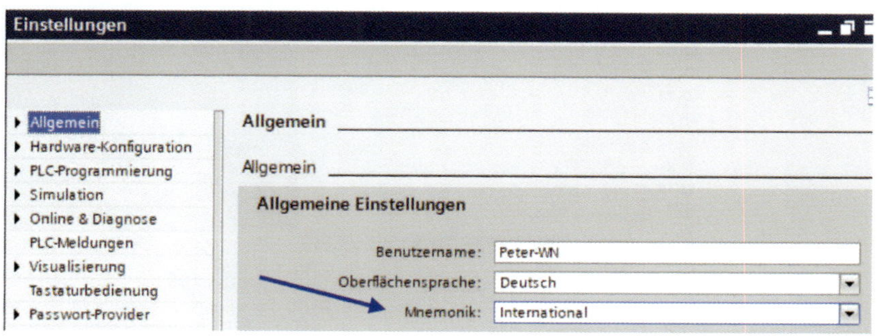

Gerät ist nicht in der Auswahl-Liste

Im Hardwarekatalog des TIA-Portal stehen natürlich nur die Geräte zur Verfügung, die bei Veröffentlichung der Softwareversion existierten. Wenn ein Gerät in dem Hardwarekatalog nicht gelistet ist, dann ist die Software älter als die Hardware.

Wenn der Unterschied nur in der Hard- oder Firmwareversion besteht, dann ist die einfachste Lösung, dass man die Vorgänger-Version auswählt. Der einzige Nachteil ist der, dass dann evtl. nicht alle Parameter zur Verfügung stehen.

Ist das Gerät gar nicht gelistet, dann muss der Hardwarekatalog im TIA-Portal aktualisiert werden. Das Vorgehen ist im (Siemens-) FAQ, Beitrags-ID 54163658 beschrieben.

(https://support.industry.siemens.com/cs/at/de/view/54163658)

Voraussetzung ist hier, dass man bei Siemens registriert ist, da man sich für das Herunterladen der HSPs (Hardware Support Packages) anmelden muss.

In der Online-Ansicht mit PLCSIM werden Warnungen oder Fehler angezeigt

Die Warnungen / Fehler weisen darauf hin, dass es zwischen der Online- (PLC) und der Offline-Version (PC-Projekt) Unterschiede gibt. Meist reicht ein erneutes Übertragen des Projektes.

Dabei ist folgendes zu beachten:

- Ist ein Baustein markiert, dann wird nur der Baustein übertragen.
- Um die Gerätekonfiguration zu übertragen muss die Online-Verbindung erst getrennt werden!

Um das gesamte Projekt komplett zu übertragen muss also:

- die Online-Verbindung getrennt werden, und
- die PLC markiert werden.
- Jetzt auf "Laden in Gerät" klicken.

Eingestellte Parameter (z.B. Taktmerker) wurden nicht übertragen / funktionieren nicht

Die aktuelle Gerätekonfiguration wurde offensichtlich nicht geladen.

Um das gesamte Projekt komplett zu übertragen muss:

- die Online-Verbindung getrennt werden, und
- die PLC markiert werden.
- Jetzt auf "Laden in Gerät" klicken.

Datenbausteine reinitialisieren

Beim Laden eines geänderten Programms kommt häufig die Meldung:

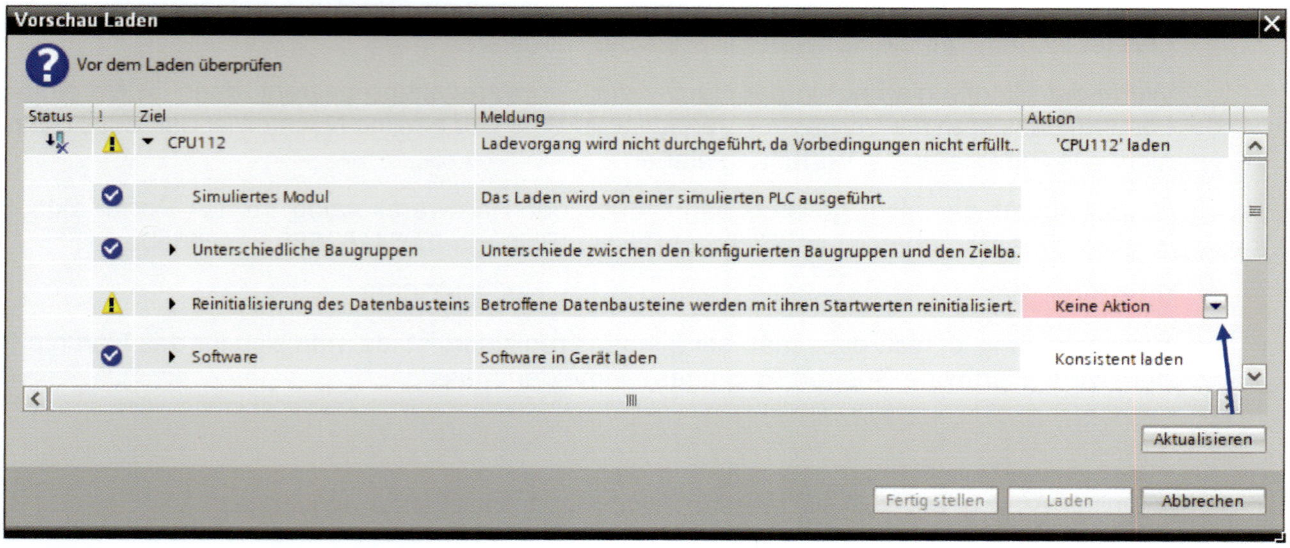

Ein Laden ist so nicht möglich. Es muss erst **reinitialisieren** ausgewählt werden.

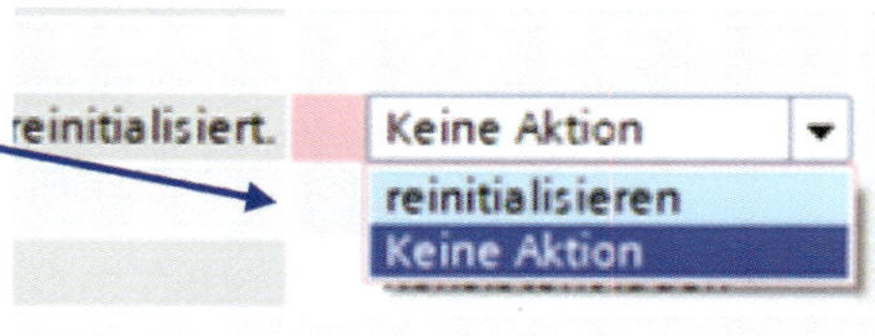

Was passiert beim **Reinitialisieren**?

➔ Die Werte im Datenbaustein werden auf die Start-Werte zurückgesetzt.

Dadurch werden z.B. Schrittketten in den Initialzustand versetzt oder gesetzte Werte wieder zurückgesetzt.

Dieses **Reinitialisieren** wird immer dann notwendig, wenn an der Schnittstelle eines FBs Änderungen vorgenommen wurden und der Instanz-DB sich dadurch geändert hat.

Kann man einen Datenbaustein auch "von Hand" reinitialisieren?

Ja, das geht mit wenigen Klicks:

1. Online Verbinden
2. Mit der rechten Maustaste auf den gewünschten Datenbaustein klicken.
3. Im Kontext-Menü das Feld "Startwerte als Aktualwerte laden" anklicken.

➔ Die Werte im Datenbaustein werden auf die Start-Werte zurückgesetzt.

Stichwortverzeichnis

GRAFCET nach DIN EN 60848 umsetzen mit S7-GRAPH (TIA-Portal)

Unterstützung bei der konkreten Programmierung eines S7-GRAPH-Programms

S. Grohmann, D. Papendieck, P. Westphal-Nagel

2. überarb. u. erw. Auflage 10/2020
54 Seiten, 17x24 cm, zahlr. farb. Abb.
EUR 9,95 (inkl. MwSt.)
ISBN 978-3-947167-99-9

Mit GRAFCET geplante Ablaufsteuerungen können mit unterschiedlichen Programmiersprachen wie mit der Funktionsbausteinsprache, mit dem strukturierten Text oder mit grafischen Ablaufsprachen realisiert werden. Im TIA-Portal der Fa. Siemens wird dem Programmierer die grafische Programmiersprache S7-GRAPH als SPS-Ablaufsprache angeboten.

In der beruflichen Aus- und Weiterbildung gewinnt GRAFCET zunehmend an Bedeutung. In den Berufen der Metall- und Elektroindustrie, wie z.B. bei den Automatisierungstechnikern und den Mechatronikern, müssen die mit GRAFCET dargestellten Abläufe ergänzt, modifiziert und mit einem PLC-Programm umgesetzt werden.

Diese Fibel GRAFCET nach DIN EN 60848 umsetzen mit S7-Graph (TIA-Portal) soll dem Anwender helfen, einen in GRAFCET dargestellten Steuerungsablauf mit einem S7-Graph Programm umzusetzen.

Automatisierungstechnik mit Simatic S7

Programmierprojekte für die berufliche Aus- und Weiterbildung

S. Grohmann, D. Papendieck, P. Westphal-Nagel

5., überarb. und akt. Auflage 2017
160 Seiten, DIN A4, zahlr. farb. Abb.
EUR 24,80 (inkl. MwSt.)
ISBN 978-3-943403-95-4

In der Automatisierungstechnik ist nach dem Hard- und Softwarewechsel von Simatic S5 auf Simatic S7 die Umstrukturierung zum normgemäßen Programmieren nach IEC-61131 weltweit im vollen Gange. Neu erstellt werden strukturierte Programme mit bibliotheksfähigen Funktionsbausteinen. Die Verwendung von Symbolnamen und lokalen Variablen wird dabei ebenso konsequent genutzt, wie der Gebrauch der IEC-Timer und der IEC-Counter. Mit der Neuordnung in der beruflichen Aus- und Weiterbildung ist angesagt, die vorgesehenen lernfeldorientierten Lerninhalte an ganzheitlichen Projekten in kleinen Lernteams oder zunehmend selbständig zu erarbeiten.

Drei unterschiedliche - auf einander aufbauende - Programmierprojekte stehen in diesem Arbeitsheft zur Verfügung, um die fachliche Vielfalt der Automatisierungstechnik mit Simatic S7 zu erarbeiten.

Alle Automatisierungsprojekte sind strukturiert angelegt. Die einzelnen Kapitel führen den Lernenden bei seiner Programmierarbeit anhand von Beschreibungen und Screenshots durch die Fachthematik. Der Umgang mit der S7-Software wird dabei ebenso unterstützt wie das konsequente Anwenden von IEC-61131-konformen S7-Programmelementen. Ein abschließendes Projekt »Kombischütten-Steuerung« bietet die Möglichkeit zur Überprüfung der erlernten grundlegenden Programmierkenntnisse. Für die Programmvisualisierung steht jeweils ein virtuelles Modell mit WinCC flexible und ProTool Pro zur Verfügung.